《中蒙俄国际经济走廊多学科联合考察》

丛书出版得到以下项目资助：

科技基础资源调查专项“中蒙俄国际经济走廊多学科联合考察”项目（2017FY101300）

中国科学院战略性先导科技专项（A类）“泛第三极环境变化与绿色丝绸之路建设”项目“重点地区和重要工程的环境问题与灾害风险防控”课题“中蒙俄经济走廊交通及管线建设的生态环境问题与对策”（XDA20030200）

“十四五”时期国家重点出版物出版专项规划项目

中蒙俄国际经济走廊多学科联合考察

丛书主编　董锁成　孙九林

中蒙俄国际经济走廊植被变化与生态灾害研究

时忠杰　杨晓晖　曹晓明 等　著

科学出版社
龍門書局
北 京

内 容 简 介

本书以亚洲丝绸之路经济带，特别是中蒙俄国际经济走廊为研究区，针对区域的植被变化、干旱、荒漠化、沙尘暴以及火灾等生态灾害，基于植被生态遥感与统计分析等技术方法，分析不同时期内蒙古、京津风沙源区等区域的植被变化，评估土地退化的时空格局，揭示不同区域土地退化的驱动因子，分析评估中蒙俄国际经济走廊典型地区的干旱、荒漠化与沙尘暴、森林草原火灾等生态灾害的时空演变与风险，最后提出中蒙俄国际经济走廊生态灾害风险防控的对策与建议。

本书可供自然地理学、生态学、环境科学、自然灾害学等学科的科研人员、研究生和高校教师参考，也可为区域开发、国土空间整治、生态保护与修复、生态灾害防控等领域的科研与技术人员、管理人员提供借鉴。

审图号：GS 京(2023)2037 号

图书在版编目(CIP)数据

中蒙俄国际经济走廊植被变化与生态灾害研究 / 时忠杰等著. —北京：科学出版社，2023. 10

(中蒙俄国际经济走廊多学科联合考察 / 董锁成，孙九林主编)

“十四五”时期国家重点出版物出版专项规划项目　国家出版基金项目

ISBN 978-7-5088-6356-6

Ⅰ. ①中…　Ⅱ. ①时…　Ⅲ. ①地面植被-变化-研究-中国、蒙古、俄罗斯　Ⅳ. ①Q948. 15

中国国家版本馆 CIP 数据核字（2023）第 213277 号

责任编辑：周　杰 / 责任校对：樊雅琼

责任印制：徐晓晨 / 封面设计：黄华斌

科学出版社 出版

北京东黄城根北街 16 号

邮政编码：100717

http://www.sciencep.com

北京中科印刷有限公司 印刷

科学出版社发行　各地新华书店经销

*

2023 年 10 月第　一　版　开本：787×1092　1/16

2023 年 10 月第一次印刷　印张：12 3/4

字数：300 000

定价：160. 00 元

（如有印装质量问题，我社负责调换）

《中蒙俄国际经济走廊多学科联合考察》
学术顾问委员会

项目专家组

《中蒙俄国际经济走廊多学科联合考察》
丛书编写委员会

《中蒙俄国际经济走廊植被变化与生态灾害研究》

撰写委员会

主　　笔　时忠杰

参与人员　杨晓晖　曹晓明　刘晓曼　张　晓
单　楠　徐书兴　李瀚之　吴倩倩
潘磊磊　李雨衡　温　烁

总 序 一

科技部科技基础资源调查专项“中蒙俄国际经济走廊多学科联合考察”重点项目，经过中蒙俄三国二十多家科研机构百余位科学家历时五年的艰辛努力，圆满完成了既定考察任务，形成了一系列科学考察报告和研究论著。

中蒙俄国际经济走廊是“一带一路”首个落地建设的经济走廊，是俄乌冲突爆发后全球地缘政治研究的热点区域，更是我国长期研究不足、资料短缺，亟待开展多学科国际科学考察研究的战略重点区域。因此，该项考察工作及成果集结而成的丛书出版将为我国在该地区的科学数据积累做出重要贡献，为全球变化、绿色“一带一路”等重大科学问题研究提供基础科技支持，对推进中蒙俄国际经济走廊可持续发展具有重要意义。

该项目考察内容包括地理环境、战略性资源、经济社会、城镇化与基础设施等，是一项科学价值大、综合性强、应用前景好的跨国综合科学考察工作。五年来，项目组先后组织了15次大型跨境科学考察，考察面积覆盖俄罗斯、蒙古国43个省级行政区及我国东北地区和内蒙古自治区的920万平方公里，制定了12项国际考察标准规范，构建了中蒙俄国际经济走廊自然地理环境本底、主要战略性资源、城市化与基础设施、社会经济与投资环境等领域近300个综合数据集和地图集，建立了多学科国际联合考察信息共享网络平台；获25项专利；主要成果形成了《中蒙俄国际经济走廊多学科联合考察》丛书共计13本专著，25份咨询报告被国家有关部门采用。

该项目在国内首次整编完成了统一地理坐标参考和省、地市行政区的1∶100万中蒙俄国际经济走廊基础地理底图，建立了中蒙俄国际经济走廊“点、线、带、面”立体式、全要素、多尺度、动态化综合数据集群；全面调查了地理环境本底格局，构建了考察区统一的土地利用/土地覆被分类系统，在国内率先完成了不同比例尺中蒙俄国际经济走廊全区域高精度土地利用/土地覆被一体化地图；深入调查了油气、有色金属、耕地、森林、淡水等战略性资源的储量、分布格局、开发现状及潜力，提出了优先合作重点领域和区域、风险及对策；多尺度调查分析了中蒙俄国际经济走廊考察全区、重点区域和城市、跨境口岸城市化及基础设施空间格局和现状，提出了中蒙俄基础设施合作方向；调查了中蒙俄国际经济走廊经济社会现状，完成了投资环境综合评估，首次开展了中蒙俄国际经济走廊生态经济区划，揭示了中蒙俄国际经济走廊经济社会等要素“五带六区”空间格局及优先战略地位，提出了绿色经济走廊建设模式；与俄蒙共建了中蒙俄“两站两中心”野外生态实验站和国际合作平台，开创了“站点共建，数据共享，实验示范，密切合作”的跨国科学考察研究模式，开拓了中蒙俄国际科技合作领域，产生了重大的国际影响。

该丛书是一套资料翔实、内容丰富、图文并茂的科学考察成果，入选了“十四五”时期国家重点出版物出版专项规划项目和国家出版基金项目，出版质量高，社会影响大。在国际局势日趋复杂，我国全面建设中国式现代化强国的历史时期，该丛书的出版具有特殊的时代意义。

孙鸿烈

中国科学院院士

2022年10月

总 序 二

“中蒙俄国际经济走廊多学科联合考察”是“十三五”时期科技部启动的跨国科学考察项目，考察区包括中国东北地区、蒙古高原、俄罗斯西伯利亚和远东地区，并延伸到俄罗斯欧洲部分，地域延绵6000余公里。该区域生态环境复杂多样，自然资源丰富多彩，自然与人文过程交互作用，对我国资源、环境与经济社会发展具有深刻的影响。

项目启动以来，中国、俄罗斯和蒙古国三国科学家系统组织完成了十多次大型跨国联合科学考察，考察范围覆盖中俄蒙三国近五十个省级行政单元，陆上行程近2万公里，圆满完成了考察任务。通过实地考察、资料整编、空间信息分析和室内综合分析，制作百余个中蒙俄国际经济走廊综合数据集和地图集，编写考察报告7部，发表论著一百多篇（部），授权二十多项专利，提出了生态环境保护及风险防控、资源国际合作、城市与基础设施建设、国际投资重点和绿色经济走廊等系列对策，多份重要咨询报告得到国家相关部门采用，取得了丰硕的研究成果，极大地提升了我国在东北亚区域资源环境与可持续发展研究领域的国际地位。该考察研究对于支持我国在全球变化领域创新研究，服务我国与周边国家生态安全和资源环境安全战略决策，促进“一带一路”及中蒙俄国际经济走廊绿色发展，推进我国建立质量更高、更具韧性的开放经济体系具有重要的指导意义。

《中蒙俄国际经济走廊多学科联合考察》丛书正是该项目成果的综合集成。参与丛书撰写的作者多为中蒙俄国立科研机构和大学的著名院士、专家及青年骨干，书稿内容科学性、创新性、前瞻性、知识性和可参考性强。该丛书已入选“十四五”时期国家重点出版物出版专项规划和国家出版基金项目。

该丛书从中蒙俄国际经济走廊不同时空尺度，系统开展了地理环境时空格局演变、战略性资源格局与潜力、城市化与基础设施、社会经济与投资环境，以及资源环境信息系统等科学研究；共建了两个国际野外生态实验站和两个国际合作平台，应用“3S”技术、站点监测、实地调研，以及国际协同创新信息网络平台等技术方法，创新了点—线—面—带国际科学考察技术路线，开创了国际科学考察研究新模式，有力地促进了地理、资源、生态、环境、社会经济及信息等多学科交叉和国内外联合科学考察研究。

在“一带一路”倡议实施和全球地缘环境变化加剧的今天，该丛书的出版非常及时。面对百年未有之大变局，我相信，《中蒙俄国际经济走廊多学科联合考察》丛书的出版，将为读者深入认识俄罗斯和蒙古国、中蒙俄国际经济走廊以及“一带一路”提供更加特别的科学视野。

中国科学院院士

2022年10月

总 序 三

中蒙俄国际经济走廊覆盖的广阔区域是全球气候变化响应最为剧烈、生态环境最为脆弱敏感的地区之一。同时，作为亚欧大陆的重要国际大通道和自然资源高度富集的区域，该走廊也是全球地缘关系最为复杂、经济活动最为活跃、对全球经济发展和地缘安全影响最大的区域之一。开展中蒙俄国际经济走廊综合科学考察，极具科研价值和战略意义。

2017 年，科技部启动科技基础资源调查专项“中蒙俄国际经济走廊多学科联合考察”项目。中蒙俄三国二十多家科研院校一百多位科学家历时五年的艰苦努力，圆满完成了科学考察任务。项目制定了 12 项项目考察标准和技术规范，建立了 131 个多学科科学数据集，编绘 133 个图集，建立了多学科国际联合考察信息共享网络平台并实现科学家共享，培养了一批国际科学考察人才。项目主要成果形成的《中蒙俄国际经济走廊多学科联合考察》丛书陆续入选“十四五”时期国家重点出版物出版专项规划项目和国家出版基金项目，主要包括《中蒙俄国际经济走廊多学科联合考察综合报告》《中蒙俄国际经济走廊地理环境时空格局及变化研究》《中蒙俄国际经济走廊战略性资源格局与潜力研究》《中蒙俄国际经济走廊社会经济与投资环境研究》《中蒙俄国际经济走廊城市化与基础设施研究》《中蒙俄国际经济走廊多学科联合考察数据编目》等考察报告，以及《俄罗斯地理》《蒙古国地理》等国别地理、《俄罗斯北极地区：地理环境、自然资源与开发战略》等应用类专论等 13 部。

这套丛书首次从中蒙俄国际经济走廊全区域、“五带六区”、中心城市、国际口岸城市等不同尺度系统地介绍了地理环境时空格局及变化、战略性资源格局与潜力、城市化与基础设施、社会经济与投资环境以及资源环境信息系统等科学考察成果，可为全球变化区域响应及中蒙俄跨境生态环境安全国际合作研究提供基础科学数据支撑，为“一带一路”和中蒙俄经济国际走廊绿色发展提供科学依据，为我国东北振兴与俄罗斯远东开发战略合作提供科学支撑，为“一带一路”和六大国际经济走廊联合科学考察研究探索模式、制定技术标准规范、建立国际协同创新信息网络平台等提供借鉴，对我国资源安全、经济安全、生态安全等重大战略决策和应对全球变化具有重大意义。

这套丛书具有以下鲜明特色：一是中蒙俄国际经济走廊是国家“一带一路”建设的重要着力点，社会关注度极高，但国际经济走廊目前以及未来建设过程中面临着生态环境风险、资源承载力以及可持续发展等诸多重大科学问题，亟须基础科技数据资源支撑研究。中蒙俄科学家首次联合系统开展中蒙俄国际经济走廊科学考察研究成果的发布，具有重要的战略意义和极高的科学价值。二是这套丛书深入介绍的中蒙俄经济走廊地理环境、战略性资源、城市化与基础设施、社会经济和投资环境等领域科学考察成果，将为进一步加强我国与俄蒙开展战略资源经贸与产能合作，促进东北振兴和资源型城市转型，以及推动兴边富民提供科学数据基础。三是将促进地理科学、资源科学、生态学、社会经济科学和信息科学等多学科的交叉研究，推动我国多学科国际科学考察理论与方法的创新。四是丛书主体内容中的 25 份咨询报告得到了中央和国家有关部门采用，为中蒙俄国际经济走廊建设提供了重要科技支撑。希望项目组再接再厉，为中国的综合科学考察事业做出更大的贡献！

孙九林

中国工程院院士

2022 年 10 月

前　　言

“中蒙俄国际经济走廊”作为丝绸之路经济带六大经济走廊的一部分，是中国对接蒙古国“草原之路”和俄罗斯“欧亚大陆桥”倡议的重要部分，是中国同中亚、蒙古国、俄罗斯合作的重要经济通道。然而，由于中蒙俄国际经济走廊大部分区域地处亚洲内陆干旱半干旱区，生态环境十分脆弱，植被稀疏，干旱、荒漠化与沙尘暴、森林与草原火灾、雪灾等灾害频发，加之全球气候变暖及人类对水土资源的不合理利用，该区域植被退化严重，不利于区域合作和生态-经济-社会的可持续发展。

植被作为生态系统的重要组成部分，不仅能改善生态环境，还可反映生态环境状况的重要指示特征。随着全球气候变化以及人类活动的加剧，全球多个地区植被发生改变，但人类为改善生态环境而实施的重大生态恢复工程有助于促进区域植被恢复和环境改善。大量研究认为，植被变化是人类活动和自然因素共同作用的结果，而植被变化与干旱等气候灾害叠加又可能会加剧区域土地退化或荒漠化甚至沙尘暴。另外，植被变化与干旱灾害的综合作用也可能影响森林和草原火灾的发生，进而严重影响区域生态安全，对经济、社会和生态系统造成毁灭性破坏。当前，植被变化与生态灾害研究是地理学和生态学研究的前沿和热点问题。植被变化与生态灾害研究已经进入多学科交叉融合发展期，本书试图通过多种手段分析植被与生态灾害的变化，评估土地退化与生态脆弱性，探讨其变化的时空格局、原因与机制，提出有效的土地退化与荒漠化等生态灾害防控的对策建议。

全书共 7 章，第 1 章回顾近年来植被变化与生态灾害等研究的主要进展；第 2 章针对中国内蒙古自治区，研究植被覆盖时空变化以及植被变化与气候变化之间的互馈与响应；第 3 章以京津风沙源区为研究对象，分析工程区植被变化及其对气候变化和工程实施的响应；第 4 章针对中蒙俄国际经济走廊和蒙古高原地区，分析干旱的时空演变规律与特征；第 5 章主要分析中蒙俄国际经济走廊地区的土地荒漠化时空格局，并针对典型沙尘暴事件，分析大型沙尘暴事件的特征与影响；第 6 章针对中蒙俄跨境地区森林与草原火灾高发频发区域，分析中蒙俄跨境地区野火发生的时空格局与动态，揭示影响野火发生的气候和大气环流因子，并结合机器学习等算法，模拟中蒙俄跨境地区野火发生风险；第 7 章在上述研究基础上，提出中蒙俄国际经济走廊地区生态灾害风险防控对策建议。

本书是多位作者合作的结晶，写作分工如下：全书由时忠杰负责结构设计与统稿，李瀚之、吴倩倩、潘磊磊、李雨衡和温烁等参与校稿，第 1 章由时忠杰、张晓、单楠和徐书兴等撰写，第 2 章由时忠杰和张晓等撰写，第 3 章由单楠、时忠杰和杨晓晖等撰写，第 4 章由曹晓明撰写，第 5 章由时忠杰和曹晓明等撰写，第 6 章由徐书兴、时忠杰和张晓等撰写，第 7 章由时忠杰、杨晓晖和刘晓曼等撰写。

本书得到了科技基础资源调查专项子课题（2017FY101301）和国家自然科学基金项目（31670715，32071558）的资助。

由于作者水平有限，本书难免有不足之处，敬请各位读者批评指正。

作　者

2023 年 7 月

目　录

第1章　　　　绪　　论

随着工业化和经济社会的快速发展，人类正以空前速度和规模改变着自然植被覆盖度和景观格局，由人类自身活动和气候变化引起的植被变化及由此产生的环境变化，已经达到前所未有的强度，甚至对人类社会的生存和发展构成极大的威胁，如全球范围的干旱、火灾、土地退化与荒漠化、沙尘暴等。特别是自工业革命以来的气候变化已经引起世界各国政府、非政府组织和学术界的广泛关注。目前，国际上已经相继签订了一系列的国际公约，如《联合国气候变化框架公约》《京都议定书》《生物多样性公约》《联合国防治荒漠化公约》《国际湿地公约》等，以共同防治全球变暖，维护地球生态环境与可持续发展。

2021 年，政府间气候变化专门委员会（Intergovernmental Panel on Climate Change，IPCC）发布了第六次评估报告第一工作组报告《气候变化 2021：自然科学基础》（*Climate Change 2021：the Physical Science Basis*）。该报告认为，气候变化通过多种方式影响着全球不同的地区，全球变化将随着全球不断地升温而加剧，而人类活动又使大气圈、水圈、冰冻圈和生物圈发生了广泛而迅速的变化。至少在过去 2000 年间，自 1970 年以来的全球地表升温速度比任何其他 50 年间的速度都更快。该报告还明确提出，自 1750 年以来，温室气体浓度的增加主要是人类活动造成的，而气候系统的很多变化与日益加剧的全球变暖直接相关，主要表现包括极端高温热浪事件、海洋热浪和强降水的频率和强度增加，部分地区出现农业和生态干旱，强热带气旋的比例增加，以及北极海冰、积雪和多年冻土的减少等。另外，该报告还指出，当前全球地表平均温度较工业化前高出约 1℃，而未来 20 年平均温度变化预估分析也表明全球升温幅度预计将达到或超过 1.5℃。而在考虑所有排放情景情况下，至少到 21 世纪 50 年代，全球地表温度将持续升高，除非未来几十年内各国大幅减少 CO_2 和其他温室气体排放。预计全球持续变暖将进一步加剧全球植被变化以及各种自然灾害的发生（IPCC，2021）。

作为一种非可再生的自然资源，土地是一个由植被、土壤等多种自然因素相互作用的系统，可为人类生产提供基本的资料以及人类生存的必要环境，是生态系统中一切生命存在的物质基础。社会经济的快速发展和人口数量的不断增加，使人类对土地资源的利用和改造能力也在不断增强。为了满足人类日益复杂的社会化需求，人类不断地改变着土地资源的物质组成和质量，与此同时，一些不合理的土地利用方式加大了对生态环境的压力，土地沙化、物种多样性下降和水土流失等土地退化现象日趋普遍和严重，不仅破坏了自然生态系统物质和能量的动态平衡，而且改变着自然界的碳水循环，对水文循环、生物多样性等生态系统的结构和功能产生深远影响（Adewuyi and Baduku，2012），植被变化、土地退化与荒漠化以及各类生态灾害越来越危及人类的生存，目前已经受到世界各国政府、国际机构以及公众的广泛关注。

2008年联合国粮食及农业组织（Food and Agriculture Organization of the United Nations，FAO）估计全球共有20亿hm^2的土地发生不同程度的退化/荒漠化，其中包括30%的森林、20%的耕地和10%的草原，15亿人口受到土地退化/荒漠化的影响（Bai et al.，2008a）。土地退化与荒漠化以及各类生态灾害问题已成为全球性的生态环境问题和重大的社会经济问题（柯新利等，2012；李鹏杰等，2012；刘志有等，2013；Landmann and Dubowyk，2014），受到了各国政府和学者的广泛关注（Bisigato et al.，2013；Zhou et al.，2015）。土地退化是在自然因素和人类活动影响下土地生产能力和利用价值显著下降的过程。土地退化不仅导致人类生产生活环境的破坏，威胁着全球食物安全和人类健康，而且严重阻碍经济社会的可持续发展。目前保护人类赖以生存的土地资源是实现土地可持续管理的首要任务（江泽慧，2013）。虽然在积极的治理下区域土地退化得到一定的改善和控制，但总体退化状况仍非常广泛并呈恶化趋势，给人类社会造成巨大的经济损失（吴剑等，2006）。了解气候变化背景下植被变化、土地退化与荒漠化以及主要生态灾害的发展趋势，加强植被变化、土地退化与荒漠化以及生态灾害监测指标体系的建立和评价技术的研究，分析导致植被变化、土地退化与荒漠化以及主要生态灾害发生的主导因素，提出科学的预防措施，探索土地退化与生态灾害防控的新途径，从而达到合理利用各种土地资源，科学规划人类生产经济活动，增强适应气候变化的能力，维持土地资源的综合生产潜力，这是实现自然和人类社会和谐发展的迫切需要和人类亟待解决的问题。

近百年来，人类活动释放的CO_2、CH_4等温室气体浓度持续增加，其导致的温室效应使地球气候显著变暖，并与植被变化、土地退化与荒漠化以及生态灾害之间相互影响。干旱地区降水变率大（Narisma et al.，2007），生态系统对气候变化极为敏感，在气候变化和人类不合理活动的影响下，土地极易出现严重的退化。干旱地区的土地退化基本等同于荒漠化（景可，1999），即干旱半干旱和亚湿润干旱区由于气候变化和人类活动导致的土地退化。全球气候暖干化导致干旱地区的降水量减少，蒸发量增加，土地干旱化和荒漠化程度日趋严重。荒漠化的发展也会对全球气候产生一定的反馈作用，主要体现在地球生物量和生产力的损失以及全球生物地球化学循环的改变，导致地表反射率的改变。全球41%的干旱土地正在发生退化，超过2.5亿人正遭受着土地荒漠化的影响（Adger et al.，2000），全球每年因土地荒漠化造成的经济损失超过40亿美元（席来旺和吴云，2010）。作为全球变化研究中的重要组成部分，植被变化、土地退化与荒漠化以及生态灾害成为地理、生态、环境等多学科共同关注的热点问题，具有举足轻重的理论价值和指导意义。

2013年9月7日，中国国家主席习近平访问哈萨克斯坦时首次提出了共同建设“丝绸之路经济带”的倡议。复兴丝绸之路能带动我国经济实力较为薄弱的中西部地区的经济发展，为中国与丝绸之路沿线国家的友好交流营造良好的政治环境，并可推进区域之间的经济联系，有利于推进区域合作水平和更高水平的开放，促进中国西部大开发和东部再改革的格局。但是，亚洲内陆的中亚、中蒙俄次区域等作为丝绸之路经济带的重要组成部分，大部分地区处于亚洲大陆干旱半干旱区内，区域生态环境十分脆弱、植被稀疏，加之人类对水土资源的不合理利用，导致区域内水土流失和土地荒漠化问题非常严重，不利于区域经济合作和可持续发展，因此有必要对该区域的植被变化与生态灾害开展系统性的科学研究。

1.1 植被变化

1.1.1 植被变化研究

植被作为陆地生态系统的重要组成部分，对气候变化十分敏感，是全球变化的“指示器”（Sun et al.，2015；孙锐等，2019）。植被连接了土壤圈、水圈和大气圈的物质循环和能量流动（Peng et al.，2012；杜加强等，2015），在调节陆地碳平衡和气候系统方面发挥了重要作用（张戈丽等，2011）。而植被变化，包括年际尺度和季节尺度上的变化，影响着陆地生态系统的能量流动与物质循环，改变了碳水循环及气候系统的稳定性（Piao et al.，2011；赵卓文等，2017）。

近几十年来，遥感科学技术迅猛发展，遥感数据获取更加便捷，空间范围更加宏观，数据信息越来越丰富，通过遥感技术手段获取的地面植被信息，可定量反映地表植被的生长变化状况、植被的生物量、覆盖度、植被物候、土地退化与荒漠化、干旱与野火等生态灾害方面的信息，在地表植被观测中发挥着非常重要的作用。随着遥感对地观测技术的不断进步以及各类统计分析模型的发展，从多波段、多时相、多尺度的遥感信息中可以提取地表覆盖状况、植被所吸收的光合有效辐射、植被覆盖度等植被参数与环境变量，成为监测和研究地表植被的分布、季节变化动态及年际变化规律、土地退化与荒漠化、野火、干旱等植被变化与生态灾害发生的强有力的手段。通过可见光红光通道和近红外通道遥感数据反演得到的归一化植被指数（NDVI），是反映植被生长状态及植被覆盖度的最佳指标之一（Piao et al.，2006；杨达等，2021）。

近二十年来，国内外通过遥感技术开展了大量的植被覆盖或植被变化方面的研究工作，所涉及的遥感资料以 Landsat、SPOT、NOAA/AVHRR、MODIS 等为主。自 20 世纪 90 年代以来，以美国国家航空航天局（National Aeronautics and Space Administration，NASA）和美国国家海洋和大气管理局（National Oceanic and Atmospheric Administration，NOAA）的地球观测系统（EOS）建立的探路者数据库（Pathfinder Dataset）提供了多种空间分辨率、多时相的对地观测数据，包括全球变化研究所需的多种地表特征值，极大地推动了全球气候与环境变化研究。NOAA/AVHRR 数据由于具有高时间分辨率、容易获取等优势，在全球以及大中区域尺度的植被动态变化与生态灾害研究中得到广泛应用，在植被变化生态研究中被证明极具价值。2004 年 12 月，美国国家航空航天局全球监测与模型研究组（Global Inventory Modeling and Mapping Studies，GIMMS）发布了基于 NOAA/AVHRR 8km 分辨率的 GIMMS NDVI 资料，相较探路者数据库进行了更为严格的处理，并对云、大气溶胶等数据进行了订正，具有更高的精度，得到越来越多的应用。这一数据集目前已经进行了 3 次更新，第三代数据集已经更新至 2015 年，在中大尺度与全球植被遥感研究中备受关注，并被广泛应用。

1999 年 2 月，美国成功发射了第一颗先进的极地轨道环境遥感卫星 Terra，可实现对太阳辐射、大气、海洋和陆地的综合观测，可以获取陆地、海洋、冰雪圈和太阳动力系统等的信息，有助于进行土地利用和土地覆盖研究、气候季节与年际变化、自然灾害监测与分析等研究。2002 年 5 月美国又成功发射了卫星 Aqua，此后每天可以实现接收两颗卫星的资料。搭载于卫星 Terra 和 Aqua 上的中分辨率成像光谱仪（MODIS）是用于观测地球生物与物理过程的关键仪器，每 1 ~ 2 天可实现对全球地表观测一次，获取完全的陆地与海洋温度、初级生产率、陆地表面覆盖、云、气溶胶、水汽、火情等监测的图像。目前 NASA 已经反演生成了陆地、海洋等标准产品，包括植被指数 NDVI/EVI、温度异常/火产品、叶面积指数 LAI、光合有效辐射、总初级生产力和净初级生产力（net primary production，NPP）等大量产品，时间分辨率为 8 天或 16 天，空间分辨率有 250m、500m、1km 等，MODIS 数据或产品在植被变化与自然灾害监测方面发挥着重要作用，也得到了大量的应用。

植被动态变化研究方法多样，如地面样地反复观测法，但这种方法劳力耗时，成本高，并且观测范围有限，无法对较大区域开展高时空分辨率的观测工作。目前应用最多的是采用遥感数据获取植被与环境变化等的连续时空序列（侯美亭等，2013）。植被波动是指植被随季节或年际而发生的变化，是植被动态研究的重要内容（李瑞，2012）。长序列植被覆盖指数数据，不仅可以反映植被对环境连续变化的响应，也可以提升生态环境变化的评估能力（刘家福等，2018）。王彦颖等（2016）对东北地区植被动态进行研究，得出 1982 ~ 2013 年 NDVI 趋势呈负向变化，在冬季、春季和夏季负向变化较明显。除时间段之外，还应考虑空间尺度，不同区域空间尺度会影响气候因子的变化趋势，从而影响指标与气候适应情况（孙倩，2018）。田智慧等（2022）对黄河流域植被 NDVI 变化进行研究发现，2000 ~ 2020 年黄河流域生长季 NDVI 均值呈波动上升，植被明显改善的区域主要分布于流域中游的秦岭山系、陕北高原和吕梁山系。于惠等（2013）研究了青藏高原草地变化及其对气候的响应，得出青藏高原草地生长季最大 NDVI 空间分布差异显著，存在明显的经向地带性，在不同季节，青藏高原草地植被对气温和降水的变化表现出不同的响应特征。徐勇等（2022）对我国西南地区植被 NDVI 时空变化特征及气候变化和人类活动对植被 NDVI 变化的驱动机制进行研究后发现，研究时段内西南地区整体及各地貌单元植被 NDVI 均呈上升趋势，其中，广西丘陵和云贵高原植被 NDVI 上升趋势最为显著，青藏高原植被 NDVI 上升趋势最为微弱。另外，不同数据产品的研究结果可能会有不同。例如，常清等（2017）利用 GIMMS NDVI 数据对北半球遥感植被物候提取验证及动态进行了研究，发现 1 代产品的植被物候生长季开始期比 3 代产品晚。除考虑植被与气候的线性回归之外，植被动态模型能直接表现出植被与气候之间的相互作用及影响。

在植被动态及变化趋势研究中，多数国外学者以植被指数如 NDVI 或 EVI 等的时间序列为基础进行研究。由于气候的变化，特别是水分相关因子的变化导致植被对气候变化有一定的滞后性，十多年来关于 NDVI 响应降水变化的滞后性也成为植被变化及其气候响应研究的重点内容。气候、地形、地貌、土壤等多因子的时空变化趋势存在很大的差异性，导致不同影响植被变化的主导因子及不同因子之间相互作用的差异，从而引起不同地区植被变化存在很大的差异性。Weiss 等（2004）运用 NDVI 时序数据来研究美国新墨西哥州 6 种半干旱环境下的植被群落，发现 NDVI 每年有两个峰值，分别出现在春季和夏季，对应植物的生长高峰期，其中 6 个群落的春季 NDVI 的空间异质性更强。Shabanov 等（2002）分析了 45°N 区域导致植被生长季节长短变化的因素，发现植被生长季节长短会有不同的变化是由地域和植被类型的不同导致的。

1.1.2 植被变化对气候变化的响应

植被变化受很多因素的影响，如温度、降水、干旱等水热环境因子，即气候变化是干旱区植被变化的重要驱动因素。目前国内外对植被变化与水热因子等气候变化因子的关系进行了大量的研究，也取得了大量的研究成果。Ichii 等（2001）认为 NDVI 与气象因子间的相互关系会随着纬度的不同而有所差异，在高纬度地区，NDVI 与温度的变化在春夏季呈显著相关关系，然而在半干旱地区，NDVI 不仅与温度具有显著相关关系，与降水的相关性也非常显著。Zhou 等（2001）对欧亚及北美大陆的生长季植被变化进行了探索研究，发现区域内植被活动呈增强趋势，欧亚大陆 60% 地区的植被呈变好趋势，而其他一些地区的植被则呈变坏趋势，这可能与干旱有关，而降水少、温度高是其更深层次的原因。气温是北美地区植被变化的主要驱动因子，与植被活动有非常密切的关系，而欧亚大陆的植被变化是由气温和降水因素所共同驱动的，并且呈现出植物发育提前至早春和结束于晚秋的状况，即生长季延长。何玉杰等（2022）针对我国北方温带草地植被变化及其影响因子的分析发现，1982～2015 年中国温带草地生长季 NDVI 的年际变化由降水因子主导，特别是在 1999 年之后，降水对中国温带草地生长季 NDVI 年际变化的影响更为显著，而这一时期 NDVI 的增长趋势主要受生长季热量条件（温度和太阳辐射）的显著上升控制。杨达等（2021）分析气候对植被生长变化的影响发现，气温是影响青藏高原湿润气候区和半湿润气候区 NDVI 变化的主导因子，而在干旱气候区，降水对 NDVI 的影响明显强于其他气候因子。气温对整个青藏高原植被生长季 NDVI 的驱动作用强于降水和相对湿度。黄豪奔等（2022）对新疆阿勒泰地区 NDVI 时空变化特征及其对气候变化的响应研究发现植被 NDVI 整体呈上升趋势，NDVI 与降水、气温、极端气温、水汽压和潜在蒸散呈正相关，其中降水因素在季尺度上的相关性高于月尺度。

Moulin 等（1997）发现气温是寒带落叶林 NDVI 变化的主要驱动因素，而降水是温度较高的热带稀树草原地区植被 NDVI 变化的主要限制性因子。李旭谱等（2012）通过 SPOT VGT-NDVI 影像数据，采取最大值合成法、均值法、线性回归以及最小二乘法等研究方法分析了西北五省 1999～2007 年的植被覆盖时空演变与动态变化规律，结果表明我国西北地区的植被覆盖呈明显改善趋势，但部分地区植被覆盖也有退化趋势。花立民等（2012）利用 1982～2005 年 NASA GIMMS 半月合成植被指数数据，结合气候与家畜资料分析了河西走廊北部风沙源区东部民勤、中部酒泉和西部玉门的 NDVI、气温、降水和家畜数量年变化及其关系，以探讨河西走廊北部风沙源区植被覆盖变化对气候变化和人类活动的响应。

徐浩杰等（2012）利用 2000～2010 年 MODIS NDVI 数据和对应的气候资料研究了 2000～2010 年祁连山植被时空变化及其影响因素，结果表明祁连山年最大 NDVI 增加了 2.4%，但祁连山不同植被类型年最大 NDVI 的年际变化趋势不同，灌丛、荒漠草原、高寒稀疏草甸植被呈快速增加趋势。王鸽（2012）基于 NDVI 数据，采取线性相关等分析方法，定量分析了金沙江流域生态建设工程对流域植被的影响，发现 1999～2008 年金沙江流域年均 NDVI 在波动中呈显著增加趋势，且变化趋势空间分布存在明显的区域差异；季节平均的NDVI空间分布与年内变化具有明显的空间分异性，春、夏、秋三季灌丛NDVI增加占主导地位，冬季则是草地NDVI增加占主导地位。杨延征（2012）利用1998～2010年SPOT-VGT NDVI影像对陕北地区植被的时空变化进行了分析，发现陕北地区NDVI的季相变化明显，月均最高值出现在8月，最小值出现在1月，其年均值总体呈上升趋势；在空间上，植被改善地区集中于陕北中南部，生态环境退化地区集中在长城以北的风沙区；气温和降水是影响植被变化的重要气候因子。

毛德华等（2012）采用逐像元回归法研究了植被NDVI变化及其与年平均气温、年降水量的关系，发现东北地区植被的主要驱动力为气温。气温对植被的影响会因植被类型而异。森林受气温影响最强，而草地受降水影响最强。崔林丽等（2012）利用遥感和气候资料研究了1998～2011年我国华东及其周边地区NDVI对气温和降水变化的响应特征，发现气温对整个研究区NDVI的影响大于降水，NDVI与气温相关性在夏季和秋季较高，与降水相关性在秋季和春季较高。NDVI对气温响应的滞后期在春季和秋季较短，对降水响应的滞后期在冬季较短，夏季NDVI对气温和降水响应的滞后期都较长。NDVI对气温变化响应的滞后期在春季、夏季和秋季具有较明显的南北差异，对降水变化响应的滞后期除在夏季具有一定的南北差异外，在其他季节空间分布规律性不显著。

Zhou等（2003）的研究发现，在1982～1999年，北半球40°～70°N区域NDVI呈显著增加趋势，以春季变化最为强烈，不仅植被生长活动增强，而且生长季开始时间也有明显提前；Kawabata等（2001）分析了1982～1990年全球尺度年/季节尺度上植被活动的年际变化，发现北半球中高纬度及热带地区植被活动均因温度升高而广泛增加，南半球干旱半干旱地区光合作用由于降水减少而明显减弱。Nemani等（2003）分析1982～1999年全球变化对植被NPP的影响后发现，全球变化减弱了许多影响植被生长的临界气候条件约束，18年间全球NPP增加6%，增加最多的为热带生态系统。另外，Schmidt和Gitelson（2000）利用NOAA AVHRR NDVI研究了以色列南北样带上不同植被对降水的响应，结果发现植被过渡带的NDVI对降水非常敏感。何月等（2013）研究了浙江植被NDVI对气候变化的响应，结果表明降雨及干湿程度是影响植被变化的直接因素。杜玉娥（2018）研究了柴达木盆地植被与气候的响应，发现植被变化与降水量呈正相关。杜加强等（2015）研究了1982～2012年新疆的植被NDVI对气候的响应，指出水热条件、人类活动对植被影响较为直接，此外，秋季气温和夏季降水对植被生长的影响显著。

针对全球、半球或全国NDVI与主要气候因子的关系的研究也较多。龚道溢等（2002）研究了北半球春季植被NDVI对温度变化响应的区域差异，发现NDVI与温度的相关性非常高；谢力等（2002）研究了中国植被覆盖季节变化和空间分布对气候的响应；孙红雨等（1998）分析了中国地区植被变化与气候的关系，发现植被指数变化受水热条件驱动，其中在东部湿润季风区，地表植被指数主要受热量条件影响，在西北干旱半干旱区，地表植被指数和月平均降水量有较大正相关；李本纲等（2000）的研究发现，在全国范围内，NDVI与气温和降水显著相关，但在完全靠灌溉的干旱区绿洲，NDVI与降水量的相关性最低。李春晖和杨志峰（2004）对黄河流域NDVI时空变化及其与降水/径流的关系进行了研究，发现各区域NDVI变化与降水、径流变化呈明显正相关。陈云浩等（2001，2002）在中国陆地NDVI变化的气候因子驱动分析中，把塔里木盆地、准噶尔盆地、阿拉善高原定为气温、降水驱动区，把新疆西部山地定为弱降水驱动区；李谢辉（2006）对新疆和田绿洲对温度、降水和湿度三者的敏感性程度进行排序，结果显示和田绿洲对温度的敏感性最大，对湿度的敏感性次之，对降水的敏感性相对最小。

植被变化在土地退化与荒漠化方面的指示研究主要体现在荒漠化程度的研究与预测上。植被覆盖度可以体现植被冠层叶绿素吸收的有效辐射量，是描述区域表面绿度水平的良好替代指标（张佳等，2017）。陈文倩等（2018）采用 NDVI 数据对中亚地区的荒漠化变化进行了研究，分析出中亚五国荒漠化程度逐渐增加。徐勇等（2022）研究发现，2000～2020 年我国西南地区植被 NDVI 与气温和降水呈正相关，与相对湿度和日照时数呈负相关，且气温是影响西南地区植被 NDVI 变化的主导气候因子。城市扩张在一定程度上减少了区域植被覆盖，但得益于适宜的气候条件以及林业生态工程的实施，西南地区整体植被覆盖度以上升为主。

1.1.3 植被变化对人类活动的响应

植被动态变化是人类活动和自然因素共同作用的结果（左小安等，2005）。随着遥感科学与计算机技术、统计学与机器学习技术的发展，近十年来，关于人类活动如何与气候变化共同影响植被变化，特别是土地退化的研究越来越受到重视，区分人类活动与气候变化对植被变化影响的研究也逐渐深入，学者们开展了大量的研究工作。

田智慧等（2022）采用 Theil-Sen 估算、Mann-Kendall 检验、相关性分析和残差分析等方法研究了 2000～2020 年黄河流域植被时空演化驱动机制，结果发现，黄河流域生长季降水对植被的影响高于气温；人类活动对植被生长起明显改善的区域主要分布在流域中部的陕北高原、吕梁山系和宁夏南部等区域，其中对植被生长起抑制作用的区域主要分布在银川、包头、西安、洛阳、郑州和太原等人类活动强烈的城市区域；人类活动和气候变化对黄河流域植被变化贡献率分别为 72% 和 28%，在人类活动和气候变化的驱动下，黄河流域植被生长得到改善的面积占流域面积的 96.4%，其中人类活动贡献率大于 80% 的区域面积占 34.3%，主要分布在流域中部和东南部，气候变化贡献率大于 80% 的区域面积占 4.2%，主要分布在流域内川藏高原和陇中黄土高原等区域。我国西南地区植被 NDVI 在 2000～2020 年整体呈波动上升趋势，气候变化和人类活动对西南地区植被 NDVI 均以促进作用为主，且对广西丘陵植被生长的促进作用强于其他地貌单元（徐勇等，2022）。杨丹和王晓峰（2022）研究发现我国黄土高原地区的植被 NPP 总体呈增加趋势，气候变化和人类活动对植被 NPP 变化的贡献率分别为 48.78% 和 51.22%。张心茹等（2022）研究发现，2000～2017 年黄河三角洲植被覆盖度、叶面积指数（LAI）和净初级生产力（NPP）均呈显著增加趋势，即 2000～2017 年黄河三角洲植被生长状况趋好、植被生产力提高。降水对植被 NPP 变化的贡献最大，而人类活动对黄河三角洲植被变化的贡献占主导地位。

刘炜等（2021）利用趋势分析法和多元回归残差分析法分析了气候变化及人类活动对贵州 1998～2018 年 NDVI 的影响，结果发现贵州植被 NDVI 年际变化呈震荡上升趋势，约有 88.05% 的区域植被呈增加趋势，气候变化贡献率超过 50% 的地区主要有黔东南和贵阳两个地区，而人类活动和气候变化共同作用的区域贡献率超过 50% 的地区有 7

个，贡献率占比较高的为六盘水（73.67%），其余贡献率均在70%以下。总体来看气候变化对贵州植被起促进作用，人类活动的促进作用大于抑制作用，即气候变化和人类活动的共同作用是贵州多数地区植被恢复的原因。

杜加强等（2015）研究了中国典型干旱区新疆1982～2012年植被生长动态变化，并探讨了气候变化和人类活动对植被生长的影响。结果表明，在区域尺度上，生长季植被NDVI呈极显著增加趋势，但NDVI变化趋势存在明显阶段性，1998年前后分别呈极显著增加和显著减少，生长季NDVI变化趋势的逆转主要发生在夏秋季。在像元尺度上，农业区NDVI增加趋势显著；NDVI变化呈两极分化现象，剧烈变化区域多随时段长度延长而增加，尤其是显著减少区域范围快速扩张，导致区域尺度NDVI增加停滞或放缓。研究区域植被生长受水热条件和人类活动共同控制，春、秋季气温发挥主导作用，而在夏季，植被生长主要受到降水量的影响。大量施肥、灌溉面积增加等生产活动提高了农田植被覆盖，种植结构、灌溉方式等的改变降低了春季农田的NDVI，载畜量的增加则降低了部分草地的NDVI。

陈宽等（2021）针对内蒙古地区植被NDVI变化驱动力的分析发现，在牧业旗县，植被NDVI变化受乡村户数和牲畜数量的交互影响最为突出。在非牧业旗县，植被NDVI变化受土壤类型和粮食产量的交互影响最为明显。金凯等（2020）采用变化趋势分析和多元回归残差分析等方法研究了1982～2015年中国植被NDVI变化特征及其主要驱动因素（即气候变化和人类活动）的相应贡献，发现气候变化和人类活动的共同作用是中国植被NDVI呈现整体快速增加和巨大空间差异的主要原因。气候变化和人类活动对中国近34年来植被NDVI增加的贡献率分别为40%和60%；人类活动贡献率超过80%的区域主要集中在黄土高原中部、华北平原以及中国东北和西南等地；人类活动贡献率大于50%的省份有22个，其中贡献率最大的3个地区为上海、黑龙江和云南。

李晶等（2022）对呼伦贝尔市植被覆盖度时空变化及驱动力进行了分析，结果表明地形因素奠定了植被覆盖度“西低东高”的空间分布格局，气候和人类活动因素影响植被覆盖度的年际变化，位于研究区西南部的新巴尔虎右旗、新巴尔虎左旗、鄂温克族自治旗、陈巴尔虎旗和东南部的阿荣旗以气候因素为主导，位于中部大兴安岭上的牙克石市、额尔古纳市、根河市和扎兰屯市以人类活动因素为主导，满洲里市、海拉尔区和鄂伦春自治旗则受气候因素与人类活动因素的综合影响。

1.1.4 土地利用/植被覆盖变化对气候的影响

土地利用/植被覆盖变化是自然变化和人类活动共同驱动的结果，同时又对区域气候产生反馈作用。土地利用/植被覆盖变化对区域气候的影响是各种界面相互作用的结果，近几十年来，各国科学家对土地利用/植被覆盖变化的气候响应也进行了大量的研究工作。马迪（2013）利用CCSM模式研究了东亚季风区森林覆盖度增加对局地气候的短期影响，发现森林覆盖度增加后，全年平均气温降低0.93℃，其中夏季降低1.46℃，冬季降低0.40℃，有利于缓解全球变暖的影响；而森林覆盖度增加后，全年平均降水增加，其中4月降水增加最显著，达到7%；森林覆盖度增加后植被的蒸散作用增加是导致该地区降温的主要原因；蒸散增大的同时也导致了大气中水汽含量增加，再加上森林覆盖度增加引起地表粗糙度增加，从而形成气旋式辐合及异常的垂直上升运动，导致降水增加。范广洲等（2008）系统综述了青藏高原植被变化及其对区域气候的影响，发现青藏高原植被改善后，各季节地表热源以增加为主，尤其夏季，热源增量最大；冬、春季感热对地表热源增量贡献较大，潜热贡献相对较小；夏、秋季感热与潜热对地表热源增量贡献同等重要。另外，青藏高原冬、春季植被对我国西南地区夏季降水也有较明显的影响，且这种影响也存在一定的区域差异。而青藏高原冬季 NDVI 大小对我国中东部的春季降水也有较为明显的影响。姚文俊（2014）在分析陕北黄土区植被恢复对气候变化的影响后发现，植被覆盖度的增加对秋季温度和湿度的影响较大，退耕前植被覆盖度越低，植被覆盖度增加幅度越大，减缓气温升高以及增加湿度的作用越明显。苗文辉（2018）利用 WRF 模式模拟分析了 1979 ~ 2008 年我国西北地区植被变化对我国夏季气候的影响，发现当土地利用类型由荒漠转变为草地之后，植被变化地区向下短波辐射和向上短波辐射减少，向下长波辐射和向上长波辐射增加，植被变化会导致蒸腾作用、地表比辐射率、反照率的改变，而反照率的变化对温度的影响占主导，使得植被变化区域夏季平均温度升高。此外，我国西北地区植被变化后，新疆、内蒙古、东北三省、华东和西南地区夏季降水增加，而甘肃中南部、宁夏、陕西、山西、河北等地降水略有减少。

区域植被的变化也会对其气候变化的趋势产生影响。通常植被变好可以减缓气候变暖趋势，增加大气湿度与降水。例如，Xu 等（2017）针对黄土高原中南部农业地区，分析了不同土地利用类型（自然植被、农田、城市）的气候变化和潜在蒸散变化趋势后发现，耕地面积每增加 10%，区域夏季平均气温、最高气温、最低气温和日温差的变化趋势率分别降低 0.065℃/10a、0.073℃/10a、0.054℃/10a 和 0.025℃/10a，净太阳辐射减少 0.0325MJ/(m^2 · d · 10a)，相对湿度增加 0.255%/10a；随着灌溉面积的扩大，植被的制冷效应更加明显，特别是在夏季，灌溉区与非灌溉区相比较，气温增加趋势率每 10 年分别降低 0.192℃、0.193℃、0.142℃ 和 0.058℃（夏季平均气温、最高气温、最低气温和日温差），而相对湿度增加 0.916%，净太阳辐射减少 0.230MJ/(m^2 · d)；灌溉导致的致冷效应部分掩盖了温室气体诱导的气候变暖效应。Shan 等（2018）针对我国西部极端干旱区的绿洲与荒漠地区气候变化的分析发现，随着绿洲的扩张，绿洲地区的气温增加趋势率显著降低，相对湿度增加趋势率显著增加。时忠杰等（2011）利用 1982 ~ 2006 年内蒙古地区 GIMMS NDVI 数据和降水量、气温数据，分析了不同植被类型对气温和降水变化趋势的影响，不同植被类型 NDVI 与平均气温和降水量的变化趋势率相关分析表明，NDVI 值越低，升温趋势越明显，其中春季和秋季各植被类型间 NDVI 与季均气温呈显著和较显著相关，夏、冬季关系不明显；植被 NDVI 越高，降水量减少趋势越明显。基于栅格的 NDVI 与气温、降水变化趋势的相关分析表明，年均气温升高幅度基本随 NDVI 的增加而降低，其中春、夏和秋季的季均气温升高幅度均随 NDVI 的增加而显著降低，冬季趋势不明显；而年降水量减小趋势率随植被 NDVI 的增加而显著增加，其中春季和冬季 NDVI 变化对降水的变化几乎没有影响；夏季和秋季均表现为随 NDVI 的增加，降水减小趋势率呈增加趋势。

1.2 土地退化与荒漠化

20 世纪 70 年代，联合国粮食及农业组织在 *Land Degradation*（杨霞，2007）中第一次提出了土地退化的概念。后来，不同的国际学术组织和学者根据其研究目的和角度的不同，相继对土地退化提出了一些新的观点与看法。土地退化是在自然和人为因素共同作用下土地质量下降的结果，土地质量是不同土地利用类型的土地综合属性（FAO，1976）。1987 年，Chartres 提出土地退化是组成土地的各种因子相互作用造成的，包括土地物理化学性质的改善以及生物性状的变化（孙华等，2001）。1994 年 6 月，联合国通过了《联合国防治荒漠化公约》，公约详细地阐述了土地退化的概念和具体内容（罗明和龙花楼，2005）。国内的很多学者从自己的研究角度出发，对土地退化的定义和内容提出了不同的见解。刘慧（1995）认为，不合理的人类活动和不利的自然因素导致具有生产能力的土地的生态平衡过程逐渐被破坏，甚至丧失的过程为土地退化，体现在土地质量恶化和土地的承载力降低。李博（2000）提出当土地的物理生物因子发生改变，土地生产力、经济潜力和服务性能等降低，土地退化发生。朱震达（1981）认为，土地退化就是土地发生荒漠化的过程，两者均会导致地表荒漠景观的出现、土地资源和生产能力的丧失。虽然目前土地退化的定义很多，但至今仍未就这一定义达成统一的意见。一般来说，土地退化是指由于使用土地或由于一种营力或数种营力结合，导致干旱、半干旱和亚湿润干旱地区雨浇地、水浇地或草原、牧场、森林和林地的生物或经济生产力和复杂性下降或丧失（李艳芳，2005）。土地退化是自然因素和人为因素共同作用、相互叠加的过程，是土地资源从量变到质变的复杂连续的动态过程，是适宜植物生长的环境恶化的过程，最终导致土地生产能力的下降或丧失（赵其国，1991；亢庆，2006；靳瑰丽和朱进忠，2007）。土地退化具有很强的时间概念（景可，1999；罗明和龙花楼，2005），若在一定时期内土地质量和数量未发生变化，则不能纳入土地退化，如沙漠、雪原等。由于人类改造利用土地的方式和强度的差异，不同区域土地退化的驱动力也不尽相同，土地利用方式和程度是土地退化发展或者逆转的主导因素（Lambin et al.，2000）。

作为当今人类面临的严重环境问题之一，土地退化致使地表组成物质和地表形态发生变化，土壤机械组成粗化，透水性增加而保肥性减弱，土壤养分流失加重，土壤生产能力下降，地表形态会出现流动沙丘或侵蚀沟等破碎化地形；荒漠化使植被的空间格局发生变化，群落结构简单和生活力衰退最终将导致生物多样性的丧失；林草退化改变了物种的生存空间，物种生存和生产能力降低，群落稳定的结构和多样性遭到破坏，最终导致生态环境恶化，生态系统功能的稳定性失衡。退化直接导致土地的生物或经济生产力下降乃至完全丧失，影响着全球碳平衡和生物多样性的保护。

1.2.1 土地退化评价理论

开展有效的土地退化监测与评价是制定国土资源规划及有效治理退化土地的科学基础。1997 年《世界荒漠化地图集》的出版推进了土地退化评价理论和方法的发展（Berry，1997），主要包括土地退化指标体系的建立和土地退化程度的判定等。后来联合国总结提出三种土地退化评价理论，即南亚及东南亚人为作用下的土壤退化（ASSOD）、全球人为作用下的土壤退化（GLASOD）和俄罗斯科学院提出的评价方法（RUSSIA）（程水英和李团胜，2004），在该理论的指导下，联合国在不同的地区进行监测实践，三种理论均代表了土地相对退化程度，间接地反映了土地退化程度的相对大小。

GLASOD 评价理论主要通过建立完整的指标体系对土地退化的现实状态进行评估，其结果直接反映了气候与人为活动共同作用下土地的绝对退化。1997 年出版的《世界荒漠化地图集》基于这个理论对世界范围内的许多地区做出了土地退化评价。ASSOD 的评价结果为土地的相对退化，将人为影响与退化现状结合起来，间接反映了土地退化的相对大小。RUSSIA 是一种综合的土地退化评价理论，结合地形、土壤和植被等因素，分别确定不同因子变异幅度的大小，综合成多样性指标对土地退化进行评价。差异性和多样性的不同决定着土地退化的状态，并间接反映了退化土地的恢复难度。

很多研究认为，完整的土地退化评价应当由现状评价（status）、发展速率评价（rate）和潜在危险性评价（risk）三个部分组成。土地退化现状评价是指在特定的时间和地域条件下土地单元的质量远离未退化土地的程度。土地退化现状评价是其他评价的基础，其核心是评价指标的选择、评价基准的确定以及等级的划分方法。土地退化发展速率评价是指土地退化向同一方向发展的速率，表征土地退化快慢程度。土地利用方式不同，土地退化发展速度不同，危险性不同，预防和治理措施也不同。如今多时相遥感数据的不断丰富为土地退化发展速率评价提供了更多的基础数据。土地退化潜在危险性评价也称土地退化敏感性评价，是在前两种评价的基础上结合自然条件和人类活动对土地退化所做的综合评价。考虑多方面因素，本书仅对土地退化现状进行评价。

对于干旱地区的土地退化评价而言，基准是土地退化/荒漠化监测评价的核心问题之一。作为荒漠化评价的起点，基准为确定土地是否退化以及不同退化土地相互比较提供了参考点。刘玉平（1998）认为荒漠化基准是在某种气候条件下，生态系统未受干扰时所能达到的最大潜在状态。孙武等（2000）认为荒漠化基准存在地带性差异，极旱荒漠地区不应属于荒漠化土地。基准是可以描述土地类型未发生退化的状态，且气候区和土地利用类型不同，基准也应该不同。若涉及社会经济指标，其基准也将存在差异。

1.2.2 土地退化监测评价指标

指标是评价技术的基本尺度和度量标准，决定着评价结果的可行性和准确度。评价指标体系是土地退化评价的核心内容和理论基础。根据不同的土地退化类型，选取能够真实反映土地退化程度的合理有效的指标，确定各土地退化类型的相对基准和阈值，建立完善、系统和操作性强的指标体系，反映土地退化的现状和发展程度。指标体系的科学与否直接决定土地退化监测与评价结果，是确定荒漠化分布范围和危害程度的基础，对土地退化防治效益的准确评估产生影响，因此土地退化监测评价指标的选取具有重要的理论意义。

评价指标的选择是建立在研究尺度和研究方法的基础之上的。国内外学者对土地退化指标的研究也从单一的定性指标过渡到综合的定量指标。1977 年，Berry 提出了第一套全球多尺度土地退化评价与监测指标体系，气候和土壤类型、植被种类和人类活动等影响均被考虑在内。之后，Reining（1978）认为在土地利用发生变化时，不同的立地条件下土地退化的表现不同，其选取的评价指标体系包括生物、物理和经济指标。Imeson（2000）根据“关键指标”的概念，选取水土保持功能、水调节功能和生态系统恢复功能三种丧失指标来评价土地退化程度。1984 年，联合国环境规划署（United Nations Environment Programme，UNEP）和联合国粮食及农业组织提出了一套较为完整、合理的指标体系，主要包括荒漠化现状、荒漠化速率、危险程度和人口压力等内容（Dregne et al.，1984），是迄今为止最为系统的荒漠化评价指标体系。我国的学者从不同学科角度也提出了多样的土地退化评价指标体系（丁国栋，1998；李锋和孙司衡，2001）。由于我国独特的土地特征，土地退化工作主要集中在荒漠化的监测与评价上。朱震达等首次提出了一套荒漠化评价指标体系，根据流沙面积的比例、沙漠化年扩大率、土地景观、植被覆盖度、生物生产量等指标，将沙漠化程度分为潜在、正在发展中、强烈发展中和严重 4 个等级（朱震达和刘恕，1984）。董玉祥等认为，沙漠化状态指标、沙漠化危险性指标和沙漠化危害指标可构成荒漠化监测指标体系（董玉祥和刘毅华，1992；董玉祥等，1995）。孙武等（2000）认为，地带性是建立评价指标体系必须要考虑的因素之一，要根据不同的生物气候带建立不同的指标体系。生态系统尺度上，荒漠化评价指标主要包括植被覆盖度、生物多样性指数、植被 NPP、土壤有机质含量和裸地占地率等。区域尺度上，土地退化评价中除了自然因子指标以外，还包括社会经济和人口等社会指标。

尽管土地退化评价指标多种多样，但都普遍存在不足，主要体现在：各指标间相互交叉、重复甚至冲突，因此多数学者尝试用数学方法对指标进行综合（胡孟春，1991；高尚武等，1998）；评价指标获取较困难，除了植被覆盖度等可利用遥感影像获取以外，其他指标野外实测耗时耗力，很难进行像元水平上的动态监测（孙武等，2000；刘爱霞，2004）；退化程度等级的阈值一般凭经验确定，存在很大的人为误差，且难以体现区域差异，很难用同一标准对不同自然条件下的土地退化程度进行评价（张广军，2005）；评价结果容易受到气候年际变化引起的植被波动的影响（高志海等，2005；Veron et al.，2006）。

随着遥感技术的应用与发展，直接从遥感影像数据获取土地退化评价指标成为可能，且其因信息量大、数据更新快等优势得到了广泛应用（王建等，2004）。土地退化评价应包括植被指标和土壤指标两大类。土壤质地、养分和机械组成等土壤指标一般通过实地调查或分析获得，适于小尺度的土地退化评价（Tongway and Hindley，2000）。植被覆盖和植被生物量等植被指标可通过遥感反演准确获取（曹鑫等，2006），其自身优越性为选取植被作为评价区域尺度土地退化的指标提供了可能（高志海等，2005）。Huenneke 等（2002）认为将植被生产力和植被覆盖度结合起来可以更加全面地进行土地退化评价。Symeonakis 和 Drake（2004）将植被覆盖度、植被降水利用效率等植被指标和土壤侵蚀、地表径流等因子结合，对非洲区域土地退化状况进行了综合评价。联合国环境规划署和《联合国防治荒漠化公约》等也将植被特征信息作为土地退化评价的主要指标，虽然植被作为土地退化监测的指标存在一定的局限性，但由于植被对气候变化极为敏感，因此其在评价人类活动对土地退化干扰方面具有独特的优势。目前，很多研究在考虑区域特征与土地退化类型的基础上，通过选取适宜的自然因素指标和社会经济发展指标来共同评估土地退化状况，但这些评估尚未形成统一标准，指标大多依据研究区域研究对象特征选择，不同尺度间的指标难以借鉴对比使用。建立一套相对合理完整和切实可行的量化指标体系仍是目前土地退化监测评价的关键问题。

1.2.3 土地退化监测评价方法

传统的土地退化评价方法是通过野外实地调查采样分析，对研究区进行长期定点观测来获取大量长时间序列的土地退化数据，精度高但耗时耗力，且在一些特定地区实际操作较困难，具有一定的局限性。遥感与全球定位系统不断发展，已成为全球与区域环境监测评价的首要手段，同时也为动态监测土地退化提供了有力的技术保障。与传统的依托于现场调查监测土地退化的方法相比，遥感技术以其获取信息简单、覆盖面积广、空间分辨率高等优势成为区域尺度土地退化评价的重要方法。最初国内外利用以目视解译为主的遥感技术对土地退化进行评价，通过影像判读结合野外关键地点考察完成土地退化图，在经验指标体系的指导下依靠常规技术完成土地退化图的绘制。人工目视解译是目前土地退化评价中最成熟的技术，精度较高是其突出优势，但需要大面积监测，人力物力投入大，且容易受太阳辐射角、云、烟等一些客观因素和解译人员的主观因素的影响（Turner et al.，2004）。从20世纪90年代开始，各种时空分辨率遥感数据层出不穷，利用ERDAS和ENVI等数据处理软件，采用多波段合成和建模等融合技术，可提取植物种类、植被指数、植被郁闭度、生物量等土地退化指标信息（Chavez，1996；Fiona，1997；林晓利，2007）。目前常用的土地退化遥感评价方法主要有两种：一种是将不同的权重给予不同指标，综合分析以后得出结果；另一种在图像处理软件基础上，采用监督分类与非监督分类对土地退化类型和程度进行直接划分（孙武和李森，2000）。高尚武等（1998）选取TM遥感资料和样地随机抽样相结合的方法，初步建立了沙质荒漠化监测评价指标体系，该体系中的三种指标主要包括植被覆盖度、土壤质地和裸沙占地比例。在干旱半干旱区内，张熙川和赵英时（1999）利用线性光谱混合模型和TM遥感影像，对地表差异较大的组分进行分离，在一定程度上可以有效地评价土地退化状况。对多种遥感影像数据在融合前进行特征增强可以很好地解决影像自动解译中信息源不足的问题（陈志军等，2000）。以遥感为基础的土地退化评价和监测技术仍然是目前较为先进且实用的技术手段，从高分辨率的遥感影像中获取植被信息能够实现对土地状况的即时监测，探索利用时间序列分析方法来构建有效的土地退化评估模型，从而更加准确地揭示植被的动态演变过程，实现土地退化评价。

土地退化评价研究采用的指标涉及社会、自然和生物三大领域，包括降水、土壤侵蚀和盐渍化、生物量、生活率、尘暴等多个指标，在利用遥感技术开展的土地退化评价中，高光谱技术的发展使土壤特征的定量提取成为可能，如对土壤有机质和有机碳的遥感反演。由于遥感数据植被信息提取较为简单，许多学者利用植被指数作为初级生产力的指标，来进行土地退化评价（Diouf and Lambin，2001；Holm et al.，2003；Wessels et al.，2007）。但在干旱半干旱区内，某些区域植被生长稀疏和地表异质化强烈，植被信息的探测和信号解译的难度很大，干旱地区弱信息的提取是植被遥感面临的重要问题。土地退化的指示特征是植被生产力的退化，简单的植被指数信息也并不能完全代表植被生产力，同时，干旱半干旱区植被生物量容易受降水量的影响（Nicholson et al.，1998；Wang et al.，2001），因此植被生产力无法作为该区域土地退化的指标，鉴于此，一些学者提出用植被降水利用效率（RUE）直接进行土地退化遥感评价的方法（Nicholson et al.，1998；Diouf and Lambin，2001；Holm et al.，2003；Bai et al.，2008b；

Landmann and Dubowyk，2014）。RUE 和降水存在着紧密联系，是一个描述生态系统植被生产力和健康状况的综合指标。另外，为了评价土地退化的主要驱动因子，各国学者尝试了大量的实验。目前，残差法被证明是相对较好的区分气候和人为因素导致的土地退化的评价方法，并且得到了广泛的应用（Nicholson et al.，1998；Wessels et al.，2007；2012；Li et al.，2012；Ibrahim et al.，2015）。

1.2.4 人类活动导致的土地退化遥感监测

联合国将气候变化和人类活动作为土地退化/荒漠化发生发展的两大成因。气候变化主要是指干旱程度对土地退化进程的加速或延缓，人类活动主要体现在森林植被的乱砍滥伐、草场的过度放牧等。区分气候变化和人类活动对土地退化的影响是当今土地退化监测的一个热点问题，具有重要的实践指导意义。在区域尺度上，有效区分气候变化和人类活动对土地退化的影响，有利于水土资源的合理配置、生态管理和资源的可持续发展。确定土地退化成因是监测和评价的重要目标之一（慈龙骏，1998），能够为荒漠化防治提供科学依据。本研究运用残差法来区分土地退化过程中气候变化和人类活动各自的作用，把气候逐年波动和多年趋势性变化统称为气候变化，因为无论哪种变化，土地退化评价均要求尽可能排除它们所引起的地表植被变化信号而突出人类活动的作用。

国内外大量学者和组织机构都阐述了目前土地退化的严重性和紧迫性，土地管理部门需要高度重视土地退化问题，从土地退化机制到恢复重建等多个方面加强研究。土地退化是具有时空动态和分异性的错综复杂过程，且涉及多学科，包括生态学、土壤学和环境科学等，与人类社会经济活动密切相关。土地退化评价指标体系和方法论以及研究尺度的空间转换仍处于探索阶段。今后土地退化研究应该从土地退化过程机制方面着手，根据不同土地退化类型特征，确定合理的分级标准和阈值，从更广更深的层次上综合地系统地开展土地退化综合评价，运用恢复生态学等理论制定生态系统的恢复重建策略，加强土地退化人口、社会和经济等因素的综合分析，从而制定出有利于土地持续利用和防治土地退化的方针政策。

1.3 干旱灾害时空格局与风险研究

干旱是丝绸之路经济带，特别是中蒙俄国际经济走廊区域影响范围最广的极端气候灾害之一，对区域生态环境、生物多样性、植被变化、森林草原火灾以及人类的生产生活，甚至是社会稳定等产生很大的影响，一直是生态、气候与地理学家们广泛关注的灾害问题（黄萌田等，2020；Aghakouchak et al.，2021）。

因研究对象不同，学者们对干旱给出了很多种不同的定义。但干旱作为自然灾害是各类定义普遍认同的。传统研究中，干旱被认为是某一地区高温少雨或长期无雨造成空气湿度和土壤水分不足，作物水分平衡遭到破坏而导致减产的自然灾害，这是一种基于对农业的破坏而定义的概念。而 IPCC 第六次评估报告对干旱又给出了新的明确定义，即干旱是一段时间内湿度条件低于平均状态而导致的水资源短缺，对自然系统的各个组成部分和经济部门均造成负面影响（Seneviratne et al.，2021）。这一定义与以往干旱的定义不同，该定义综合考虑了不同研究涉及的不同角度的定义，既阐明了干旱发生的主要原因，又描述了干旱所带来的负面影响和后果（王晨鹏等，2022）。

在综合各种干旱定义的基础上，干旱通常被划分为四种类型：气象干旱（降水和蒸发不平衡所造成的水分短缺现象）、水文干旱（河川径流低于其正常值或含水层水位降落的现象）、农业干旱（以土壤含水量和植物生长形态为特征，反映土壤含水量低于植物需水量的程度）和社会经济干旱（在自然和人类社会经济系统中，水分短缺影响生产和消费等社会经济活动的现象）（Mishra and Singh，2010）。

IPCC第六次评估报告第一工作组报告基本沿用先前对干旱类型的划分依据，重新将干旱划分为四类：气象干旱（一个地区在一段时间内由于降水严重不足导致）、农业干旱（通常指土壤湿度不断下降，从而导致农作物歉收）、生态干旱（与植物的水分胁迫有关，进而导致树木死亡）和水文干旱（由水资源短缺，如河流、湖泊、地下水短缺等导致）。这一类型的划分是相对的，在一定条件下不同干旱类型之间是可以互相转化的（王晨鹏等，2022）。

表征干旱的代用指标很多，包括标准化降水指数（SPI）、连续无雨日数（CDD）、蒸发需求干旱指数（EDDI）、土壤湿度距平指数（SMA）、标准化土壤湿度指数（SSMI）、标准化径流指数（SRI）、标准化地下水指数（SGI）、归一化植被指数（NDVI）、植被条件指数（VCI）、标准化降水蒸散指数（SPEI）和帕尔默干旱强度指数（PDSI）等（Seneviratne et al.，2021；王晨鹏等，2022）。与先前对干旱类型的划分相比，IPCC（2021）对干旱类型的划分的创新体现在两个方面：①考虑了干旱造成的影响，强调了干旱发生的原因，更能突出干旱的驱动因素；②在干旱定义中引入了大气蒸发需求（AED）的概念（AED用无水分限制条件下的陆面最大蒸发定量表征，受热力和动力因子共同影响），这与利用相对湿度或者水汽压差所表征的大气干燥度不同（Seneviratne et al.，2021）。新的干旱概念强调了大气蒸发需求在干旱发生过程中的重要作用，也反映了随着全球变化不断加剧，大气蒸发需求在天气和气候变化，尤其是干旱的演变中发挥着更加重要的作用。在未来，学者们或将更加关注多要素驱动的干旱过程的研究（王晨鹏等，2022）。

干旱一直是IPCC关注的气候变化所导致的灾害风险。IPCC第六次评估报告认为，全球的干旱变化趋势存在较强的区域差异，中国北方、澳大利亚西部、地中海地区、非洲大部、欧洲部分地区以及南美洲大部分地区均表现出干旱增加的趋势（Seneviratne et al.，2021）；北美地区的研究也发现，不同类型干旱的变化趋势表现出很强的空间分异性（Poshtiri and Pal，2016；Seager et al.，2019）。虽然我们对不同类型干旱的认识由于数据的限制会存在较大的局限性，但目前对干旱变化有了新的更高的整体认识，特别是对各大洲的平均大气蒸发需求的增加导致在降水不足期间的水资源压力增加的认识具有更高的信度；在北美部分地区（Seneviratne et al.，2021）和青藏高原（Zhang et al.，2018；Wang et al.，2021）等区域，生长季旱情呈减缓趋势。从全球平均来看，干旱的变化趋势并不明显，但在有些区域，干旱表现出增加趋势，特别是在干旱频发的欧洲、东亚、澳大利亚和非洲。

1.4 野火时空格局与风险研究

1.4.1 野火时空格局研究

野火时空动态研究一般都是基于多年的野火历史记录数据和GIS空间分析技术进行的。例如，Seol等（2012）基于1991～2005年韩国野火发生次数、过火面积数据，探究了森林火灾季节变化特征；郑琼等（2013）利用1980～2010年伊春地区林火历史记录数据和气象数据，对该地区林火分布格局及发生规律进行了深入分析；苏立娟等（2015）利用火灾年鉴数据，研究了中国1950～2010年森林火灾的时空分布特征和风险状况。历史野火信息是研究野火时空分布及其影响的重要依据，但这些火灾统计数据往往不完整或不准确（Yan et al.，2006）。同时，除美国、加拿大和欧盟等国家和地区建立了时空信息相对完整的历史林火数据库外，大多数国家的火灾记录往往以各地区的汇总为主，火斑尺度的信息难以获取，数据的准确度很难衡量，由此造成了大尺度火灾研究的空间分辨率粗糙等问题（Chuvieco et al.，2019；乔泽宇等，2020）。

随着空间信息技术的发展，遥感因覆盖面广、全天候、多光谱、时空分辨率高等优点，特别是可提供多尺度、空间明确的对地观测信息，在野火动态监测方面得到广泛应用（覃先林等，2015）。如今，遥感技术已成为研究野火时空分布规律非常有效的技术手段。Zubkova等（2019）利用2002～2017年MCD64A1过火迹地产品、气象数据以及路网密度数据等，分析了整个非洲地区16年野火过火面积变化趋势，发现气候因素的变化是非洲野火面积下降的主要原因，而人为活动是该区域野火发生的主要原因。贾旭等（2017）基于遥感数据获取了内蒙古不同生态分区与土地利用类型的过火面积及火点位置。包刚等（2014）基于2001～2012年MCD45A1火烧迹地产品，简单分析了蒙古高原火行为的时空动态格局，但未揭示其影响因素。曲熠鹏等（2010）利用L3JRC数据分析了蒙古高原草原火的时空格局，并认为降水是其主要影响因素。

1.4.2 野火驱动因素研究

野火的发生是受多种因素共同决定的，是一个非常复杂的过程。研究表明，野火发生受地形地势、气候、可燃物特征以及人类活动等因素的影响（苏漳文等，2019）。不同的环境条件下，野火发生的主要驱动因素也并不相同（舒立福等，1998；胡海清，2005；舒立福，2016），因此，了解野火发生的主要驱动因素可以更有效、更科学地制定防火策略，并提高野火预测的准确性。

气候对野火发生和蔓延的显著影响主要包括可燃物的可燃性和积累量。过去几千年的林火研究表明，野火发生频繁的时期主要集中在研究区气温高、降水少的暖干期，而在冷湿期，野火发生频率相对较低。降水量和降水时间是影响野火发生的重要因素（Carcaillet et al.，2010）。日降水量直接影响可燃物含水率，Guo等（2016a）发现日降水量低于1mm时，可燃物的可燃性几乎不受降水影响，但当日降水量达到2～5mm时，可燃物的可燃性将会降低，从而降低野火发生的可能；同时降水会增加空气的相对湿度，从而降低野火风险等级。Krawchuk等（2009）研究发现，火季内降水时间对野火发生的影响更加明显。气温是影响野火发生的主要因素，气温升高和CO_2浓度增加会导致生长季延长、地表生物量提高，从而增加可燃物的积累量，为野火发生提供充足的物质基础（岳超等，2020）。大量研究发现，野火面积受温度变化的显著驱动，野火过火面积随温度的升高而增加（Stocks et al.，2003；Kasischke et al.，2010；梁慧玲等，2015；庄艳芬，2018）。Pradhan 等（2007）研究发现，大风会增加野火发生的频率，改变野火蔓延的速度和方向，增加野火发生面积。

地形是表示地球表层物质与能量分配的重要指标之一，主要通过影响植被类型、可燃物空间分布、小区域气候以及人类可及性来影响野火的发生和蔓延，是进行野火地形规律性分析的重要参数。地形对野火发生和蔓延的影响是多个地形因子共同作用的结果，其中影响较大的地形因子是海拔、坡度和坡向。以往广大学者们主要是利用地形、植被、气候等数据对火灾分布地形规律进行多因子综合分析，从中得出地形与野火发生和蔓延的相互关系（陈正洪，1992；Sandberg et al.，2001；张浩等，2007；赵静等，2012；Lehmann et al.，2014；陈艳英等，2015；焦琳琳等，2015；苏漳文等，2015；2020）。研究表明，海拔升高，林内湿度增大，植被含水量增加，不利于野火的发生（Guo et al.，2015）。而坡度通过影响热传播和植被含水量，间接影响野火发生的可能性和燃烧的强度，坡度大或上坡火有助于野火的发生和蔓延（贾旭，2018）。

可燃物是野火的载体，是野火发生和蔓延的物质基础（徐明超和马文婷，2012；Jenkins et al.，2012）。不同的可燃物具有不同的燃烧特性和易燃程度，可燃物的状况主要包括可燃物的类型、含水量、积累量以及植被连续度等（Emilio et al.，2009）。可燃物的类型和含水量在很大程度上决定了可燃物燃烧的难易程度，如落叶松林富含易燃、易挥发的松树树脂，因此极易发生森林火灾。可燃物积累量影响野火燃烧的烈度，一些管理机构经常通过减少可燃物积累量抑制野火的燃烧，从而避免大规模火灾的发生。植被连续度对野火的蔓延程度有着较大的影响，在风速较小的情况下，野火一旦发生，如果可燃物并不独立存在连续性，则会一直燃烧到外界条件发生变化而熄灭（Duguy et al.，2007；Millington et al.，2010）。可燃物对野火发生和蔓延的影响需要综合考虑气候等多方面因素（Hargrove et al.，2000；Gumming，2001）。

除了温度、降水、可燃物状况等自然因素可影响野火发生和蔓延外，人类活动也会对其产生一定程度的影响。人类活动主要通过影响可燃物状况，主动产生火源以及灭火来显著影响野火发生的频率和过火面积。以往的研究表明，大多数生态系统的火主要由人为活动引起。1981～2001 年内蒙古牧区已知火源的起火事件中，人为火占 60.7%，而雷击火仅占 6.48%（峰芝，2015）。同样，欧洲地中海地区的林火中，因人类各种活动而造成的野火占 95% 以上，自然火不足 5%（Westerling et al.，2006；Westerling，2016）。Mollicone 等（2006）对俄罗斯森林地区 2002～2005 年火点的分析表明，人为活动林区的火点密度是原始林区的 6～7 倍，表明人为活动在俄罗斯森林火灾中占主导地位（Mollicone et al.，2006）。非洲大部分火灾都是由人为引起的。目前常用的表征人为活动对野火影响的指标有距道路和居民点的距离、人口密度、经济水平、载畜密度以及土地利用方式等（Zubkova et al.，2019）。Bistinas 等（2014）利用广义线性模型研究了火烧面积与最高月均温、农田面积比和人口密度等因子的关系，发现在剔除其他共变因子的前提下，火烧面积与人口密度和农田面积比均呈显著负相关。Andela 等（2016）

发现在热带湿润区的野火面积随载畜密度的增加而增加，而热带干旱/半干旱区和北半球温带地区恰好相反。黄宝华等（2015）利用人口密度、农民纯收入指数对森林火灾中的人为因素的影响程度进行分析。梁慧玲等（2015）发现距离居民区 15 ~ 30km 的缓冲区内野火发生次数最多。

在区域和全球尺度上，野火的发生可能与大气环流有关，如南方涛动（SO）和北极涛动（AO）等，这些大气环流事件可以通过影响区域尺度上的干旱、降水和温度等气候因素来影响野火发生的概率（Holmgren et al.，2006）。大气环流模式的微小变化可能会对地球气候产生重大影响。野火发生面积与大气环流指数之间的关系可通过其在野火发生季节和干旱季节引起的大气扰动与东亚气候系统的相互作用来解释（Sutton et al.，2003，2010）。研究表明，在西非、东南亚、中美洲、南美洲以及欧亚大陆和北美北部地区，野火活动与大气环流效应存在复杂的联系。同时，研究还发现北半球大火与厄尔尼诺-南方涛动（ENSO）、北大西洋涛动（NAO）、北极涛动（AO）和太平洋十年涛动（PDO）有关。Milenković等（2017）研究发现，立陶宛的年野火发生与 6 月 AO 呈显著正相关性。Macias 和 Johnson（2007）认为，加拿大大部分地区过火面积主要与 AO 的暖相位有关。N'Datcho 等（2015）发现，在西非萨瓦纳地区，当 ENSO 位于暖相位时（厄尔尼诺事件），野火发生面积减少；当 ENSO 位于冷相位时（拉尼娜事件），野火发生面积会增加。

因此，对中蒙俄跨境地区野火进行影响因素和风险评估研究时，需综合考虑气象因素、地形、可燃物、人为活动以及大气环流等多方面因素的作用，这对理解野火的发生特性及其驱动机制具有重要意义，同时也有利于提高我们研究的准确性和科学性。

1.4.3 野火风险评估模型研究

野火风险评估需要考虑降水、温度、可燃物状况以及地形等自然因素和人口密度、载畜密度等社会因素的综合影响，提高风险评估的精度。国内外学者运用不同的方法对不同研究区的野火进行了风险评估，并取得了大量的研究成果。野火风险评估模型多种多样，主要可分为三类：基于物理方法、数学统计方法以及机器学习算法。

基于物理方法的预测包括复杂的物理化学过程，主要有流体动力学、热动力学、燃烧学、辐射传热甚至多相流动，因此它们能够在空间和时间上模拟火灾行为。最常用的森林火灾物理模型有 FIRETEC（Linn and Harlow，1997）、FireStation（Lopes et al.，2002）和 Landis-Ⅱ（Sturtevant et al.，2009）。这些模型的主要缺点是很难量化误差的大小（Massada et al.，2011）。此外，基于物理方法的模型需要详细的数据，如树木的位置和尺寸、燃料量、土壤水分等（Pimont et al.，2016），但这些数据往往很难获得。

随着计算机的普及，近几十年，国内外学者开始利用数学统计方法和机器学习算法对野火可能性进行预测。起初，人们利用一般线性模型对野火进行预测，然而火灾是一个典型的非线性的复杂过程，与各驱动因素之间也并不是简单的线性关系，从而导致这种预测模型的拟合效果并不好。Wotton（2009）利用泊松回归模型预测了加拿大安大略省森林火灾管理区中每个生态区每天发生的火灾数量。Martell 等（1987）运用 Logistic 回归模型对安大略省北部地区的林火与气象因子之间的关系进行了研究分析，并得到了拟合度较高的模型。常禹等（2010）综合考虑了林火各类驱动因子（气象条件、地形、植被、人为)，运用 Logistic 回归模型分析了大兴安岭森林火灾。时至今日，Logistic 回归模型因其拟合效果较好的特点，被国内外学者广泛使用。随着研究的深入，在 Logistic 回归模型的基础上发展了 Logistic 广义加性模型等拓展模型，Vilar 等（2010）利用广义加性模型对 2002 ~ 2005 年西班牙马德里中部的火灾数量进行了预测。

随着人工智能的兴起和快速发展，机器学习的方法被国内外学者用来进行野火风险评估研究，其中主要包括神经网络、支持向量机、随机森林（random forest，RF）等经典机器学习算法。Oliveira 等（2012）基于欧洲火灾数据库历史火灾记录数据，分别采用 Logistic 回归模型和随机森林模型对欧洲地中海区域火灾进行了预测，结果表明随机森林模型的预测精度更高，拟合效果更好。Guo 等（2016b）利用 MOD14A1 热异常产品，采用 Logistic 回归和随机森林算法对福建野火进行了预测，发现随机森林算法同样表现出比 Logistic 回归更好的预测能力。总体而言，与统计模型相比，机器学习模型的性能更好（Massada et al.，2013）。然而在大尺度遥感野火风险评估研究中，所能获取的各种驱动因素的空间分辨率、时间分辨率等往往很难一致，并且对于气象因素来说，在某些偏远地区，由于气象站点的缺乏，我们得到的气象数据的精度较低，而上述模型很难处理这种 GIS 信息具有不准确性的专题地图。Bui 等（2017）利用粒子群优化模糊神经系统对越南中部森林进行森林火灾预测，得到的预测结果高于利用随机森林算法得到的预测结果。Jaafari 等（2019）利用遗传优化和萤火虫优化自适应模糊神经系统对伊朗扎格罗斯生态区火灾进行了预测，也得到较高的拟合效果。

第2章　内蒙古植被变化及其气候响应

内蒙古是我国北方的生态屏障，对于维持我国北方生态安全发挥着非常重要的作用。本章就内蒙古地区的气候变化、植被变化及其与气候变化的反馈关系展开论述，分析了内蒙古地区的气候变化特征、植被变化特征、植被变化与气候变化相互关系，揭示了内蒙古地区植被变化与气候变化关系的时空分异性特征。

2.1　研究区概况与研究方法

2.1.1　研究区基本概况

(1) 地理位置

内蒙古位于我国北部，由东北向西南斜伸，呈狭长形，经纬度西起97°12′E，东至126°04′E，横跨经度28°52′，相隔约2400km；南起37°24′N，北至53°23′N，纵跨纬度15°59′，直线距离1700km，是我国跨经度最大的省级行政区，总面积118.3万km^2，占全国陆地面积的12.3%。内蒙古东、南、西依次与黑龙江、吉林、辽宁、河北、山西、陕西、宁夏和甘肃省相连，北部与蒙古国和俄罗斯交界，国界线长达4221km。

(2) 地形地貌

内蒙古以蒙古高原为主体，兼有山地和平原，形态复杂多样。除东南部外，基本是高原，占总土地面积的50%左右，由呼伦贝尔高平原、锡林郭勒高平原、巴彦淖尔-阿拉善及鄂尔多斯等高平原组成，平均海拔1000m，海拔最高点贺兰山主峰3556m。高原四周分布着大兴安岭、阴山、贺兰山等山脉，构成内蒙古高原地貌的脊梁。内蒙古高原西端分布有巴丹吉林、腾格里、乌兰布和、库布齐、毛乌素等沙漠，总面积15万km^2。在大兴安岭的东麓、阴山脚下和黄河岸边，有嫩江西岸平原、西辽河平原、土默川平原、河套平原及黄河南岸平原。这里地势平坦、土质肥沃、光照充足、水源丰富，是内蒙古粮食和经济作物主产区。山地与高平原、平原的交接地带分布着黄土丘陵和石质丘陵，其间杂有低山、谷地和盆地分布，水土流失较严重。

(3) 气候

内蒙古气候以温带大陆性季风气候为主，降水量少而不匀，风大，寒暑变化剧烈。大兴安岭北段地区属于寒温带大陆性季风气候，巴彦浩特-海勃湾-巴彦高勒以西地区属于温带大陆性气候。总的特点是春季气温骤升，多大风天气，夏季短促而炎热，降水集中，秋季气温剧降，霜冻往往早来，冬季漫长严寒，多寒潮天气。全年太阳辐射量从东北向西南递增，降水量由东北向西南递减。年平均气温为0~8℃，气温年较差平均在34~36℃，日较差平均为12~16℃。年总降水量50~450mm，东北降水多，向西部递减。东部的鄂伦春自治旗年降水量达486mm，西部的阿拉善高原年降水量少于50mm，额济纳旗为37mm。蒸发量大部分地区都高于1200mm，大兴安岭山地年蒸发量少于1200mm，巴彦淖尔高原地区达3200mm以上。内蒙古日照充足，光能资源非常丰富，大部分地区年日照时数都大于2700h，阿拉善高原的西部地区达3400h以上。全年大风日数平均在10～40d，70%发生在春季，其中锡林郭勒、乌兰察布高原达50d以上；大兴安岭北部山地，一般在10d以下。年沙暴日数大部分地区为5～20d，阿拉善西部和鄂尔多斯高原地区达20d以上，阿拉善盟额济纳旗的呼鲁赤古特大风日，年均108d。

（4）水文水系

内蒙古境内共有大小河流1000余条，黄河由宁夏石嘴山附近进入内蒙古，由南向北，围绕着鄂尔多斯高原。其中，流域面积在1000km^{2}以上的河流有107条；流域面积大于300km^{2}的有258条，有近千个大小湖泊。全区地表水资源为263.36亿m^3，除黄河过境水外，境内自产水源为371亿m^3，占全国总水量的1.67%。地下水资源为300亿m^3，占全国地下水资源的2.9%，扣除重复水量，全区水资源总量为378.15亿m^3。年人均占有水量2370m^3，耕地每公顷平均占有水量1万m^3，平均产水模数为4.41万m^3/km^2。内蒙古水资源在地区、时程的分布上很不均匀，且与人口和耕地分布不相适应。东部地区黑龙江流域土地面积占全区的27%，耕地面积占全区的20%，人口占全区的18%，而水资源总量占全区的65%，人均占有水量8420m^3，为全区均值的3.6倍。中西部地区的西辽河、海滦河、黄河3个流域总面积占全区的26%，耕地占全区的30%，人口占全区的66%，但水资源总量仅占全区的25%，其中除黄河沿岸可利用部分过境水外，大部分地区水资源紧缺。

（5）植被

内蒙古植被类型多样，植物种类丰富，由东北向西南分布着森林、草原、荒漠等典型生态系统类型，东北大兴安岭地区以森林为主，北部为针叶林，南部多为常绿阔叶林以及灌木林，是我国重要的森林基地，沟谷地带为重要的典型湿地、草甸，植物种类丰富；大兴安岭向西为森林-草原过渡带，分布典型草原植被、灌木草原、荒漠草原、荒漠植被等类型。高平原和平原地区以草原与荒漠旱生型植物为主，含有少数的草甸植物与盐生植物。内蒙古境内草原植被由东北的松辽平原，经大兴安岭南部山地和内蒙古高原到阴山山脉以南的鄂尔多斯高原与黄土高原，组成一个连续的整体，其中草原植被分布在世界著名的呼伦贝尔草原、锡林郭勒草原、乌兰察布草原、鄂尔多斯草原等。荒漠植被主要分布于鄂尔多斯西部、巴彦淖尔市西部和阿拉善盟，主要由小半灌木、盐柴类半灌木和矮灌木类组成，共有种子植物1000多种。植物种类虽不丰富，但地方特有种的优势作用十分明显。

（6）土壤

内蒙古地域辽阔，土壤种类较多，其性质和生产性能也各不相同，但其共同特点是土壤形成过程中钙积化强烈，有机质积累较多。根据土壤形成过程和土壤属性，分为9个土纲，22个土类。在9个土纲中，以钙层土分布最少。内蒙古土壤在分布上东西之间变化明显，土壤带基本呈东北—西南向排列，最东为黑土壤地带，向西依次为暗棕壤地带、黑钙土地带、栗钙土地带、棕壤土地带、黑垆土地带、灰钙土地带、风沙土地带和灰棕漠土地带。目前，全区总面积中，耕地占7.32%，未利用土地占13.85%，林地占16.40%，草地占59.89%，水域及沼泽地占1.43%，城镇村及工矿园地占0.84%，交通用地占0.27%。

2.1.2 材料与方法

2.1.2.1 数据来源

本研究使用的NDVI数据来自于美国国家航空航天局全球监测与模型研究组发布的15d最大合成数据，空间分辨率为8km，投影方式为Albers等面积圆锥投影（Albers conical equal area），时间为1981年7月至2006年12月。

植被类型来源于1：400万植被类型图，数据投影类型为Albers系统，中国植被编码设计是建立在1：400万中国植被图基础上的，直接按照1：400万中国植被的分类系统进行编码，研究区除水体处，包括植被类型针叶林、阔叶林、灌丛、草原、草甸、一年一熟作物、一年两熟作物或两年三熟作物旱作、一年水旱两熟作物等。

气候数据来源于中国气象局提供的1951～2009年全国726个气象站点的旬、月、年降水、气温、相对湿度等气象资料，其中包含内蒙古49个气象站。对原始数据进行精度验证，剔除不可替代的错误数据后，一方面提取出不同植被类型区的气象资料，同时利用ArcGIS软件的插值模块，采用反距离加权法对气象数据进行插值处理，获取像元大小与NDVI数据一致的气象要素栅格数据。空间插值处理气候数据时间段为1982年1月至2006年12月。

2.1.2.2 NDVI数据处理与分析方法

GIMMS NDVI数据集采用最大值合成法，对太阳高度角、仪器视场角等的影响进行了大气校正，尽量消除云等其他因素的影响。另外，与通常的遥感数据相比，GIMMS NDVI考虑了全球范围内各种因素对NDVI值的影响，增加了短期大气气溶胶、水蒸气及云层覆盖的影响校正、热带阔叶林区云的覆盖引起的变形校正、北半球冬季缺失的数据插值、卫星传感器的不稳定性校正、太阳天顶角和观测角度的校正等，被认为是NDVI相对标准的数据，在全球及区域大尺度植被变化研究中得到了广泛应用，适合于大范围、中长期、气候类型多样的区域进行植被变化研究。

在GIS支持下，将每月2个15d区域NDVI数据采用最大值合成法制成月数据，然后再提取逐月数据

$$\mathrm{NDVI}_i = \max\{\mathrm{NDVI}_j\} \tag{2-1}$$

式中，i=1，2，…，12，为月份；j=1，2，…，30，为日期。

为研究近25年（1982～2006年）来内蒙古NDVI年际变化趋势，对各月的NDVI进行处理，年最大NDVI、年平均NDVI、主要生长季平均NDVI等均可以较好地反映植被指数年际差异。各指标计算方法如下。

（1）年平均NDVI

一年内各月NDVI的平均值，能反映年内植被的平均状况，基于其进行植被年际变化分析也能较好地反映出NDVI的年际趋势。

（2）年最大 NDVI

基于年最大 NDVI 进行年际变化研究，既能反映植被的年际变化趋势，也能反映植被的真实状况。年最大 NDVI 一般出现在 8 月。

（3）生长季平均 NDVI

生长季平均 NDVI 为生长季 NDVI 平均值，可避免年际由于积雪量、沙尘量等的差异带来的影响，考虑物候期和气候特点，生长季采用每年的 4～10 月。

（4）季平均 NDVI

季平均 NDVI 作为春、夏、秋、冬四季各月 NDVI 的均值，能反映该季节内植被的平均状况，基于其进行植被季节变化分析也能较好地反映出 NDVI 的季节变化趋势。

（5）月 NDVI

月 NDVI 可以作为月内植被生长状况的主要反映参量。为有效地避免云和积雪覆盖等的影响，它基于月内各旬的 NDVI，GIMMS NDVI 数据是通过 15d 最大值合成得来。

（6）多年月平均 NDVI

为反映植被长期的季节变化特征，多年月平均 NDVI 可以作为一个较好的参量。对于相同月，计算出多年在该月的月最大 NDVI 的平均值，从而得到多年月平均 NDVI。

（7）NDVI 线性倾向率

以年平均 NDVI 为因变量，时间（t，单位：年）为自变量，年平均 NDVI 为时间的函数，可表示为

$$\mathrm{NDVI} = f(t) \tag{2-2}$$

函数表达式可以通过最小二乘法拟合得到，可表达为

$$\mathrm{NDVI} = at + b \tag{2-3}$$

式中，a 为斜率，即植被 NDVI 年变化率；b 为截距。

以 1982 年为初始年，即 t 为 1，每增加 1 年，t 增加 1，因此 t 的范围为 1～25，NDVI 取对应年平均植被指数值。逐像元建立关系式，求出斜率，利用逐像元的斜率分布进行植被的空间变化分析。如果斜率小于 0，则表明像元呈负变化趋势，植被在变差，反映植被活动受到抑制；反之，则植被变好，植被活动在增强。

通过每个网格上的 25 年的 NDVI 最大值，可以模拟该网格的 NDVI 值在这 25 年间的变化趋势［式（2-4）］，并估计变化幅度［式（2-5）］。采用的方法为一元线性回归法，公式为

$$\mathrm{Slope} = \frac{25 \times \sum_{i=1}^{25} i \times \mathrm{NDVI}_i - \left(\sum_{i=1}^{25} i\right)\left(\sum_{i=1}^{25} \mathrm{NDVI}_i\right)}{25 \times \sum_{i=1}^{25} i^2 - \left(\sum_{i=1}^{25} i\right)^2} \tag{2-4}$$

$$\mathrm{Range} = \mathrm{Slope} \times 25 \tag{2-5}$$

式中，Slope 为 NDVI 的变化趋势率；i 为年；NDVI_i 为第 i 年的 NDVI 值；Range 为 25 年的变化幅度。

（8）植被变化趋势分析及显著性检验

从两个方面对研究区植被变化趋势进行分析。一是利用空间平均方法分析研究区所有植被和各植被类型区全年及春季（3～5 月）、夏季（6～8 月）、秋季（9～11 月）和

冬季（12 月至次年 2 月）的变化特征和变化趋势以及与气温和降水的关系；二是逐个像元分析植被变化的趋势及其与气候因子的关系，以揭示植被变化的空间分布特征。对于植被变化趋势的分析采用线性回归分析方法，即把 NDVI 值看作一个时间的函数，对 NDVI 与年份进行回归分析，得到 Pearson 相关系数 r，用其表示植被生长和覆盖状况的变化趋势。r 为负值，则认为植被覆盖度呈减小趋势；r 为正值，则认为植被覆盖度呈增加趋势。如果 r 通过 0. 05 的显著性检验（$p<0.05$），则认为植被覆盖减少或增加趋势显著，如果 r 通过 0. 01 的显著性检验（$p<0.01$），则认为植被覆盖减少或增加趋势极显著，如果 r 通过 0. 1 的显著性检验（$p<0.1$），则认为植被覆盖减少或增加的趋势较显著。

2. 1. 2. 3　植被 NDVI 对气候变化的响应的分析方法

植被变化与气候因子之间关系的研究采用相关性分析方法，通过计算 NDVI 与降水、气温等之间的相关系数来表征植被与气候因子的相关性，选择偏相关系数和复相关系数作为定量化指标。

为研究气温、降水分别对植被变化的影响，先不考虑气温对植被变化的影响，对降水数据与 NDVI 数据进行偏相关分析；同时不考虑降水对植被变化的影响，对气温数据与 NDVI 数据进行偏相关分析；为研究气温、降水共同与植被生长的相关程度，对气温、降水数据与 NDVI 数据作复相关分析。偏相关系数和复相关系数计算方法如下。

（1）偏相关系数的计算

地理要素之间的相关分析是为了揭示要素间相互关系的密切程度。在多要素地理系统中，研究某一个要素对另一个要素的影响，可暂不考虑其他的影响，用偏相关来表示两个要素间的相关程度，度量偏相关程度的统计量称为偏相关系数。为计算偏相关系数，要先计算相关关系

$$r_{xy} = \frac{\sum_{i=1}^{n}[(x_i - \bar{X})(y_i - \bar{Y})]}{\sqrt{\sum_{i=1}^{n}(x_i - \bar{X})^2 \sum_{i=1}^{n}(y_i - \bar{Y})^2}} \tag{2-6}$$

式中，r_{xy} 为变量 x 和 y 的相关系数；n 为样本数；$\bar{X}$ 为变量 x 的平均值；$\bar{Y}$ 为变量 y 的平均值。

偏相关系数计算方法为

$$r_{xy\cdot z} = \frac{r_{xy} - r_{xz}r_{yz}}{\sqrt{(1 - r_{xz}^2)(1 - r_{yz}^2)}} \tag{2-7}$$

式中，r_{xy}、r_{xz}、r_{yz} 分别为变量 x 与变量 y、变量 x 与变量 z、变量 y 与变量 z 的相关系数；$r_{xy\cdot z}$ 为将变量 z 固定后变量 x 与变量 y 的偏相关系数。

偏相关系数的显著性检验采用 t 检验法进行，其统计量计算公式为

$$t = \frac{r_{xy\cdot z}}{\sqrt{(1 - r_{xy\cdot z}^2)}}\sqrt{n - m - 1} \tag{2-8}$$

式中，$r_{xy\cdot z}$ 为将变量 z 固定后变量 x 与变量 y 的偏相关系数；n 为样本数；m 为自变量个数。

（2）复相关系数的计算

研究几个要素与某一个要素间的相关关系可用复相关分析法，设 x 为因变量，y、z 为自变量，将 x 与 y、z 间的复相关系数表示为 $r_{x\cdot yz}$，其计算公式为

$$r_{x\cdot yz}=\sqrt{1-(1-r_{xy}^2)(1-r_{xz\cdot y}^2)} \tag{2-9}$$

相关系数的显著性检验采用 F 检验法，其统计量计算公式为

$$F=\frac{r_{x\cdot yz}^2}{\sqrt{(1-r_{x\cdot yz}^2)}}\times\frac{n-k-1}{k} \tag{2-10}$$

式中，$r_{x\cdot yz}$ 为复相关系数；n 为样本数；k 为自变量个数。

（3）处理过程

在 GIS 环境下，利用基于像元的相关分析方法分析 1982～2006 年内蒙古地区植被对气候变化的响应。分析区域植被年平均（1～12 月）、春季（3～5 月）、夏季（6～8 月）、秋季（9～11 月）、生长季（4～10 月）的 NDVI 与相应时期气候因子（气温和降水）的相关关系、年最大 NDVI（8 月）与 3～8 月的气温和降水的相关关系，并利用 ArcGIS 空间分析功能，将与气候因子显著相关的植被像元与植被类型数据进行叠加分析，分析气候因子对植被的影响及其分布特征。

以生长季植被像元与温度的相关分析为例，阐释植被 NDVI 变化与气温和降水相关性显著水平图的运算过程。具体计算过程如下：首先利用 1982～2006 年的栅格月平均温度数据分别计算每年生长季平均气温数据，从而得到 25 年每年的生长季气温栅格数据，同时根据 NDVI 数据计算每年的生长季平均 NDVI 数据，从而得到 25 年每年的生长季 NDVI 数据。然后利用相关系数的计算公式［式（2-6）］，在 ArcGIS 软件中，使用栅格计算功能，实现 25 年生长季 NDVI 与生长季气温的相关系数，从而得到生长季 NDVI 与生长季气温基于像元的相关系数图，同时对相关系数进行显著性检验，即在给定的置信水平下通过查相关系数检验的临界值表完成。$p<0.1$，相关系数达到较显著水平；$p<0.05$，相关系数达到显著水平；$p<0.01$，相关系数达到极显著水平，最终得到生长季 NDVI 与同期气温基于像元的相关性显著水平图。

偏相关系数的计算方法：首先按上述方法分别计算各时期的 NDVI 与降水、气温的相关系数，降水与气温的相关系数，然后利用公式［式（2-7）］计算出 NDVI 与降水、气温的偏相关系数。复相关系数的计算方法为在完成各因子相关系数、偏相关系数计算后，利用式（2-9）计算 NDVI 与降水、气温的复相关系数，以表征降水和气温共同对 NDVI 的作用。

偏相关系数的显著性检验采用 t 检验法，计算方法见式（2-8），然后在给定置信水平下查阅 t 分布表完成；复相关系数的显著性检验采用 F 检验法，计算方法见式（2-10），计算完成后查阅 F 显著性检验表完成。

2.1.2.4　植被变化对气候变化的反馈分析方法

（1）植被变化对气候的滞后响应

将内蒙古及其周边省份的气候台站数据按月整理，然后导入 ArcGIS 软件，通过反距离加权法按月进行空间插值，得到内蒙古地区各月的平均气温、降水量以及各月的 NDVI，以此为基础分别计算冬季（上年 12 月至 2 月）、春季（3～5 月）、夏季（6～8

月）、秋季（9～11月）、生长季（4～10月）、全年（1～12月）的月平均气温、降水总量和月平均NDVI，然后分别以栅格为基础计算上年冬季、春季的月平均NDVI与当年夏季的月平均气温、降水量的相关系数，研究气候变化对植被变化的滞后响应。

（2）基于栅格的不同植被覆盖度下的气候变化分析

分别计算内蒙古地区的植被覆盖变化趋势率和气温、降水变化趋势率，按各栅格植被NDVI统计各植被覆盖变化下的气候变化量，来量化植被覆盖变化对气候变化的影响。

（3）不同植被类型对气候变化的影响

分别统计各植被类型（荒漠、针叶林、阔叶林、草原与稀树灌木、草甸与草本沼泽、农业植被、灌丛与萌生矮林等）区域的气候变化趋势率，量化不同植被类型对气候变化的影响。

2.2 内蒙古植被覆盖时空格局变化

气候变化与人类活动会对区域植被覆盖变化产生一定影响。我国在植被覆盖变化研究方面已经开展了较多的工作，但对内蒙古地区植被覆盖变化的多时相长序列分析还较少。通过对内蒙古地区25年（1982～2006年）植被覆盖变化的研究，有助于我们了解过去区域植被状况的变化特征和动态变化规律，充分认识植被变化的过程与影响因素，对合理利用土地资源、植被资源、水资源，以及促进该地区的经济发展、人与自然协调发展等，均具有十分重要的意义。

2.2.1 植被覆盖年内变化

由于NDVI可以较好地反映植被季节生长特征，利用1982～2006年研究区各月NDVI数据计算研究区的25年平均NDVI季节变化特征。如图2-1所示，3月之前区域植被NDVI较小，变化平缓，介于0.12～0.13；3月下旬后植被开始恢复生长，4月后

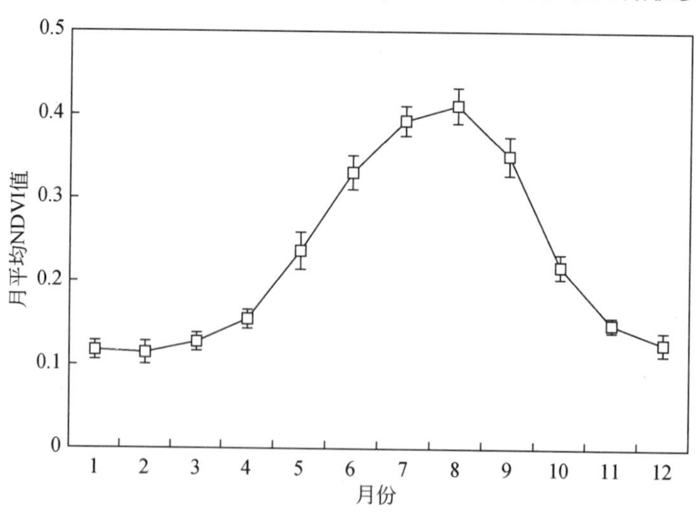

图2-1 内蒙古地区多年平均NDVI的年内变化

地表植被快速生长，NDVI 增加迅速，到 8 月达到最大值，平均为 0.4117，此后，植被 NDVI 逐渐减小，到 12 月降到 0.1266。区域植被 NDVI 年内季节变化与降水、气温的变化趋势相一致。

2.2.2　植被覆盖年际变化与趋势分析

用各月植被最大 NDVI 的平均值表示当年植被的平均生长情况，分析研究区植被覆盖变化趋势，如图 2-2（a）所示，1982～2006 年区域植被覆盖度波动幅度较大，平均 NDVI 为 0.2280，标准误为 0.0066。从 1984 年始，植被 NDVI 存在一个大约 3 年或 5 年的变化幅宽，最大值出现在 2002 年，达 0.2383，最小值出现在 1989 年，为 0.2168。从线性趋势分析（$r=0.451$，$n=25$，$p=0.024$），植被 NDVI 平均每年增加为 4.023×10^{-4}，25 年的变化率为 4.41%。从长期趋势上看，1982～2006 年内蒙古地区植被覆盖总体上处于上升趋势，且趋势显著。

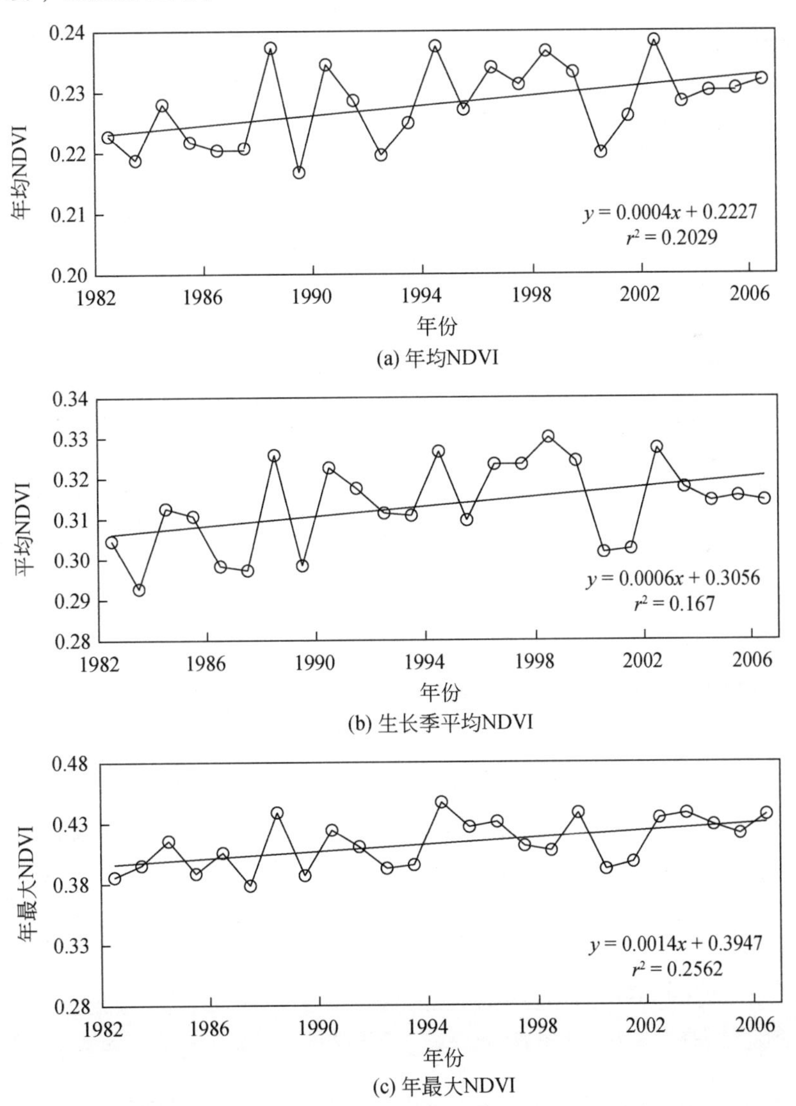

(a) 年均NDVI

(b) 生长季平均NDVI

(c) 年最大NDVI

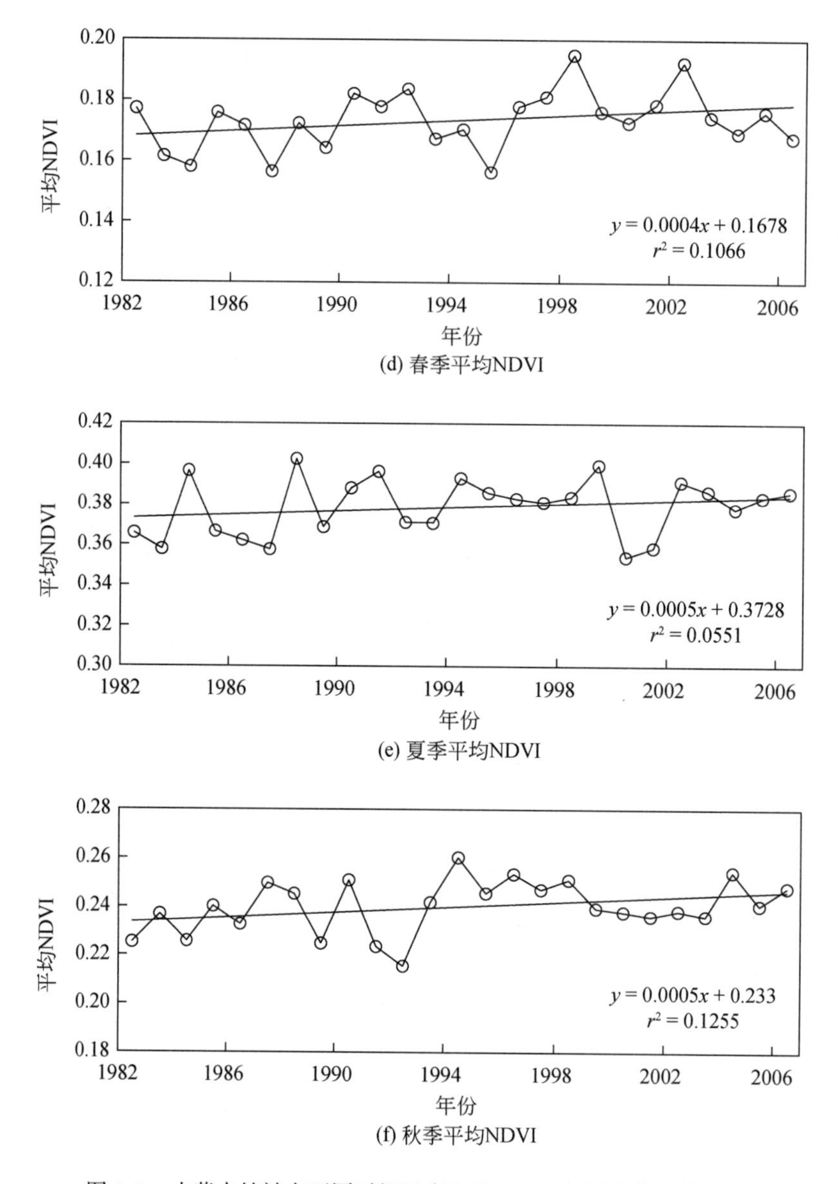

(d) 春季平均NDVI

(e) 夏季平均NDVI

(f) 秋季平均NDVI

图 2-2　内蒙古植被在不同时间尺度上的 NDVI 年际变化及其趋势

表 2-1 为内蒙古植被 NDVI 年际变化趋势线性回归结果。图 2-2 为内蒙古植被 NDVI 在不同时间尺度上的变化趋势。结果表明，不同季节的 NDVI、年均 NDVI、生长季 NDVI、年最大 NDVI、年最小 NDVI 和 NDVI 年变幅的线性变化趋势率均为正值（表 2-1 和图 2-2）。从 4 个季节来看，秋季 NDVI 变化趋势率最大，年增加速率为 5.327×10^{-4}，25 年的变化率达 5.55%［图 2-2（f）和表 2-1］，变化趋势非常明显，但春季、夏季和冬季 NDVI 线性变化趋势没有通过显著性检验［图 2-2（d）~（e）和表 2-1］，变化趋势不明显。冬季 NDVI 年增加速率最小，为 1.794×10^{-4}，25 年的变化率为 3.75%（表 2-1）。

表 2-1　植被不同 NDVI 年际变化趋势分析

指标	趋势率/10^{-4}	相关系数 r	显著性水平	平均值	NDVI 总变化率/%
春季 NDVI	4.363	0.326	—	0.1735	6.29
夏季 NDVI	4.608	0.236	—	0.3787	3.04
秋季 NDVI	5.327	0.354	0.05	0.2400	5.55
冬季 NDVI	1.794	0.188	—	0.1196	3.75
年均 NDVI	4.023	0.451	0.05	0.2280	4.41
生长季 NDVI	5.938	0.409	0.05	0.3133	4.74
NDVI 年变幅	8.458	0.359	0.05	0.3030	6.98
年最小 NDVI	5.577	0.348	—	0.1100	12.68
年最大 NDVI	14.035	0.506	0.01	0.4130	8.50

从生长季平均 NDVI 变化来看，生长季平均 NDVI 值为 0.3133，标准误为 0.0105，从线性趋势分析，1982～2006 年植被 NDVI 随时间变化趋势显著（r=0.409，n=25，p<0.05），平均每年增加 5.938×10^{-4}，25 年的变化率为 4.74%［图 2-2（b）］；Houghton（2002）和 Piao 等（2003）认为生长季的延长（春季提前、秋季推迟）和生长季的植被生长加速是导致北半球陆地植被活动增强的重要原因，内蒙古植被 NDVI 分析表明，生长季的植被活动增强可能是对全球气候变化的响应。

生长季各月 NDVI 年际变化趋势分析表明，8 月 NDVI，即年最大 NDVI 上升趋势极显著（r=0.506，n=25，p<0.01）［图 2-2（c）］，其次为 9 月。植被 NDVI 变幅表示为年内最大 NDVI 与最小 NDVI 值的差值，表示植被在年内的相对生长情况。从表 2-1 可见，植被 NDVI 年变幅的年际上升趋势显著（r=0.359，n=25，p<0.05），平均每年增加 8.458×10^{-4}，25 年的变化率为 6.98%（表 2-1）。植被 NDVI 变幅主要受生长季 NDVI 的控制。

表 2-2 分析了不同 NDVI 的相关性及其年际变化显著性水平，结果表明，年均 NDVI 能够反映年 NDVI 的水平，其变化主要受夏季 NDVI 和生长季 NDVI 变化的影响，相关性极显著。不同 NDVI 的年际变化水平分析表明，秋季 NDVI 在 p<0.1 水平上显著，生长季 NDVI 在 p<0.05 水平上显著，年最大 NDVI 在 p<0.01 水平上显著。

表 2-2　不同 NDVI 变化相关性分析表

指标	年均 NDVI	冬季 NDVI	春季 NDVI	夏季 NDVI	秋季 NDVI	生长季 NDVI	年最大 NDVI	年最小 NDVI	NDVI 年变幅	年份
年均 NDVI	1.000									
冬季 NDVI	0.535**	1.000								
春季 NDVI	0.453*	−0.086	1.000							
夏季 NDVI	0.804**	0.377#	0.191	1.000						
秋季 NDVI	0.586**	0.228	−0.009	0.196	1.000					
生长季 NDVI	0.918**	0.241	0.590**	0.825**	0.426*	1.000				

续表

指标	年均 NDVI	冬季 NDVI	春季 NDVI	夏季 NDVI	秋季 NDVI	生长季 NDVI	年最大 NDVI	年最小 NDVI	NDVI 年变幅	年份
年最大 NDVI	0.823**	0.463*	0.134	0.815**	0.479*	0.728**	1.000			
年最小 NDVI	0.474*	0.726**	0.086	0.385#	0.093	0.232	0.529**	1.000		
NDVI 年变幅	0.646**	0.052	0.100	0.697**	0.500*	0.699**	0.817**	-0.058	1.000	
年份	0.451*	0.188	0.326	0.236	0.354#	0.409*	0.506**	0.348	0.359#	1

#代表在 $p<0.1$ 水平上显著，*代表在 $p<0.05$ 水平上显著，**代表在 $p<0.01$ 水平上显著

2.2.3 不同植被类型 NDVI 变化

(1) 年内变化

图 2-3 分析了内蒙古 7 种植被类型 1982～2006 年平均 NDVI 年内变化，结果表明，除荒漠外，其他各植被类型 NDVI 均呈出很强的季节性，呈单峰曲线变化。植被一般从 3 月开始生长，其 NDVI 开始增加，4～6 月植被 NDVI 变化幅度最大，这个时期也正是植被快速生长的时期，到 7 月或 8 月达到最大值，此后植被 NDVI 开始下降，其中 9～10 月 NDVI 下降幅度最大。从不同的植被类型来看，针叶林、阔叶林、草甸与草本沼泽 3 种植被类型的 NDVI 在 7 月达到最大，而草原与稀树灌木、灌丛与萌生矮林和农业植被的 NDVI 在 8 月达到最大，出现这种差异的原因主要与这些植被类型的地理分布有关系，针叶林、阔叶林、草甸与草本沼泽主要分布于内蒙古的东北地区，这些地区 8 月的温度已经开始降低，部分抑制了植被的生长，而草原与稀树灌木、灌丛与萌生矮林和农业植被在地理分布上，纬度更低，温度条件相对较针叶林、阔叶林、草甸与草本沼泽要高，8 月达到最大值。从 7 种植被类型的 NDVI 大小来看，全年最大平均 NDVI 依次为针叶林>阔叶林>草甸与草本沼泽>农业植被>灌丛与萌生矮林>草原与稀树灌木>荒漠。

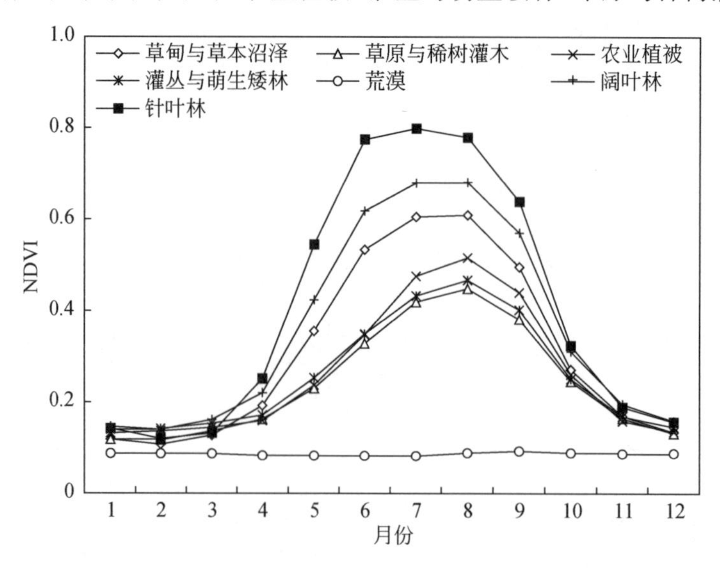

图 2-3　不同植被类型 NDVI 的年内变化

(2) 年际变化

各植被类型年均 NDVI 的年际波动较明显，但变化趋势略有差异。1982～2006 年，针叶林年均 NDVI 呈降低趋势，特别是 2003 年达到最低值，仅为 0.372，1997 年平均 NDVI 最大，达 0.424；其 NDVI 年均变化率为-1.32%（表 2-3）。对年均 NDVI 年际变化趋势进行显著性检验，结果表明变化趋势不显著；针叶林年最大 NDVI 的年际变化趋势较为显著（r=-0.357，p<0.1）。从不同季节来看，春季、夏季、秋季、生长季 NDVI 的年际变化趋势均不显著（表 2-4）。

阔叶林年均 NDVI 年际变化及线性趋势分析表明，1982～2006 年年均 NDVI 呈微弱增强趋势，年均变化率为 3.23%（表 2-3），但变化趋势不显著（r=0.2229，p=0.2842），其年最大 NDVI、NDVI 年变幅等变化均不显著；从不同季节来看，春季 NDVI 年际变化趋势较显著（r=0.3490，p=0.0873），而夏季、秋季、生长季 NDVI 的年际变化趋势均不显著（表 2-4）。

草原与稀树灌木、农业植被、灌丛与萌生矮林三种植被类型的年均 NDVI 变化趋势明显，且均呈显著或极显著增强趋势（r=0.4397，p=0.0279；r=0.7992，p=0.0000；r=0.6892，p=0.0001），其 NDVI 年均变化率分别为 6.71%、10.37%、6.43%（表 2-3 和表 2-4）；三种植被类型年最大 NDVI 的年际变化趋势均显著或极显著（r=0.4037，p=0.0454；r=0.9093，p=0.0000；r=0.7957，p=0.0000），农业植被、灌丛与萌生矮林 NDVI 年变幅的年际变化趋势均极显著（r=0.8364，p=0.0000；r=0.7193，p=0.0001），但草原与稀树灌木的 NDVI 年变幅不显著（r=0.2517，p=0.2249）。从不同季节 NDVI 变化分析，草原与稀树灌木春季 NDVI 年际变化趋势极显著（r=0.5128，p=0.0088），农业植被、灌丛与萌生矮林春季 NDVI 年际变化不显著（r=-0.1575，p=0.4520；r=0.2866，p=0.1649），夏季、秋季和生长季 NDVI 的年际变化趋势正好与春季 NDVI 相反，草原与稀树灌木在这三个时期的年际变化趋势均不显著，农业植被、灌丛与萌生矮林在这三个时期的年际变化趋势均极显著或显著，特别是农业植被变化均极显著（表 2-4）。草甸与草本沼泽、荒漠这两种植被类型在各个生长时期的年际变化均呈微弱的增长趋势，但其变化均不显著（表 2-3 和表 2-4），其 NDVI 年均变化率分别为 1.48% 和 1.24%（表 2-3）。

表 2-3　各植被类型年均 NDVI 的年际变化趋势

植被类型	趋势率/10^{-4}	相关系数 r	p 值	显著性水平	平均值	NDVI 变化率/%
草甸与草本沼泽	1.831	0.1841	0.3784	—	0.310	1.48
草原与稀树灌木	6.445	0.4397*	0.0279	0.05	0.240	6.71
农业植被	10.860	0.7992**	0.0000	0.01	0.262	10.37
灌丛与萌生矮林	6.595	0.6892**	0.0001	0.01	0.256	6.43
荒漠	0.430	0.0797	0.7048	—	0.087	1.24
阔叶林	4.638	0.2229	0.2842	—	0.359	3.23
针叶林	-2.134	0.1069	0.6109	—	0.404	-1.32

* 代表在 0.05 水平上显著，** 代表在 0.01 水平上显著

表 2-4　各植被类型不同 NDVI 的年际变化趋势

植被类型	指标	年平均	春季	夏季	秋季	生长季	最大	最小	年变幅
草甸与草本沼泽	r	0.1841	0.1967	-0.0852	0.2642	0.1896	0.0734	0.1817	-0.0379
	p	0.3784	0.3460	0.6855	0.2018	0.3639	0.7272	0.3847	0.8572
草原与稀树灌木	r	0.4397*	0.5128**	0.2372	0.2184	0.2490	0.4037*	0.3945*	0.2517
	p	0.0279	0.0088	0.2536	0.2944	0.2301	0.0454	0.0500	0.2249
农业植被	r	0.7992**	-0.1575	0.7415**	0.6728**	0.7093**	0.9093**	0.3686#	0.8364**
	p	0.0000	0.4520	0.0000	0.0002	0.0001	0.0000	0.0698	0.0000
灌丛与萌生矮林	r	0.6892**	0.2866	0.4956*	0.5390**	0.6005**	0.7957**	0.4190*	0.7193**
	p	0.0001	0.1649	0.0118	0.0054	0.0015	0.0000	0.0371	0.0001
荒漠	r	0.0797	0.1259	-0.0641	0.0704	0.0638	0.0249	0.2288	-0.1409
	p	0.7048	0.5488	0.7610	0.7379	0.7619	0.9061	0.2712	0.5018
阔叶林	r	0.2229	0.3490#	0.0478	0.3033	0.2513	0.1372	-0.0875	0.1554
	p	0.2842	0.0873	0.8206	0.1405	0.2257	0.5131	0.6776	0.4582
针叶林	r	-0.1069	0.0233	-0.1442	0.2922	0.1805	-0.357#	-0.4189*	-0.1427
	p	0.6109	0.9120	0.4918	0.1564	0.3880	0.0796	0.0371	0.4962

#代表 $p<0.1$，*代表 $p<0.05$，**代表 $p<0.01$，r 为相关系数，p 为显著性水平

不同植被类型 1982～2006 年 NDVI 变化具有明显的差异性，在 7 种植被类型中，农业植被年均 NDVI 年均变化率最大，达 10.37%；其次为草原与稀树灌木（6.71%），荒漠的变化率最小，仅为 1.24%，针叶林 NDVI 年均变化率为-1.32%，呈减少趋势。

2.2.4　植被覆盖空间变化

（1）年均 NDVI 空间分布特征

从内蒙古 NDVI 分布来看（图 2-4），全区平均 NDVI 为 0.3129，标准误为 0.1971，从空间分布来看，西部地区 NDVI 多在 0.1 以下，植被覆盖度较差，向东北方向 NDVI 逐渐增加。在大兴安岭，植被 NDVI 从南到北明显增加，北部 NDVI 最高，达 0.7253。NDVI 低于 0.1 按荒漠处理，其面积大约占全区总面积的 21.81%；NDVI 为 0.3～0.5 的面积占全区面积的 51.33%，平均 NDVI 为 0.4773；NDVI 大于 0.5 的面积占全区总面积的 21.34%，平均 NDVI 为 0.6033。

从 NDVI 空间分布格局与植被类型关系来看，二者变化较一致，西部地区基本为荒漠或荒漠草原，植被覆盖较差，随着向东北方向移动，植被逐渐过渡到草原、稀树草原等，NDVI 继续增加，到达东北地区，植被类型主要为灌丛、矮林、阔叶林、针叶林，NDVI 达到最大值。

（2）NDVI 变化的时空分异性

图 2-5 和图 2-6 分别为年均 NDVI、生长季平均 NDVI、年最大 NDVI 以及春季、夏季、秋季平均 NDVI 在不同时间段的空间分布格局。内蒙古 1982～2006 年植被覆盖发生了很大的变化。从整体来看，区域植被覆盖度在提高，但存在明显的区域差异。从年均 NDVI 变化趋势空间分布来看，植被覆盖显著或极显著增加的区域主要分布在河套平原、

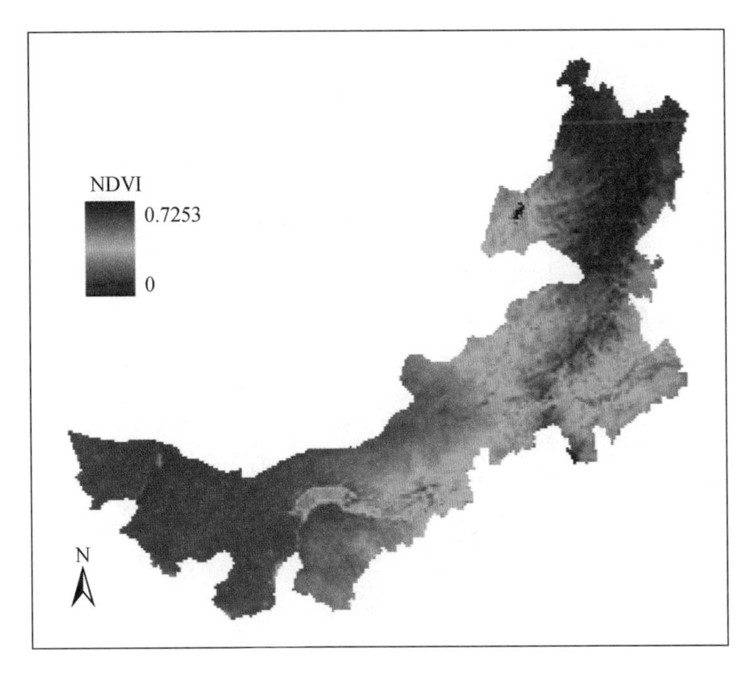

图 2-4　内蒙古 NDVI 空间分布特征

呼和浩特、包头、鄂尔多斯东部、赤峰、通辽、锡林郭勒草原等地区。此外，在呼伦贝尔大草原、兴安盟、锡林郭勒盟、阿拉善盟、大兴安岭北部等地区植被覆盖存在不同程度的增加趋势；植被覆盖下降的区域相对较小，主要分布在大兴安岭北部的额尔古纳、根河、诺敏河、满洲里、阴山北麓、阿拉善北部、鄂尔多斯西部等地区，其中诺敏河、额尔古纳、阴山北麓等地植被极显著或显著减少。大兴安岭北部、阿拉善、毛乌素沙地等地植被覆盖增加与减少呈斑块状分布。河套平原、通辽、赤峰等地显著提高的植被覆盖是 20 多年来当地灌溉农业持续发展的结果，鄂尔多斯、锡林郭勒草原、兴安盟等地植被覆盖的提高体现了近年来大量退耕还林还草、禁牧圈养等生态建设工程带来的生态自然恢复过程。内蒙古东北部大兴安岭、呼伦贝尔、阿拉善等地的植被退化与气候变化息息相关。

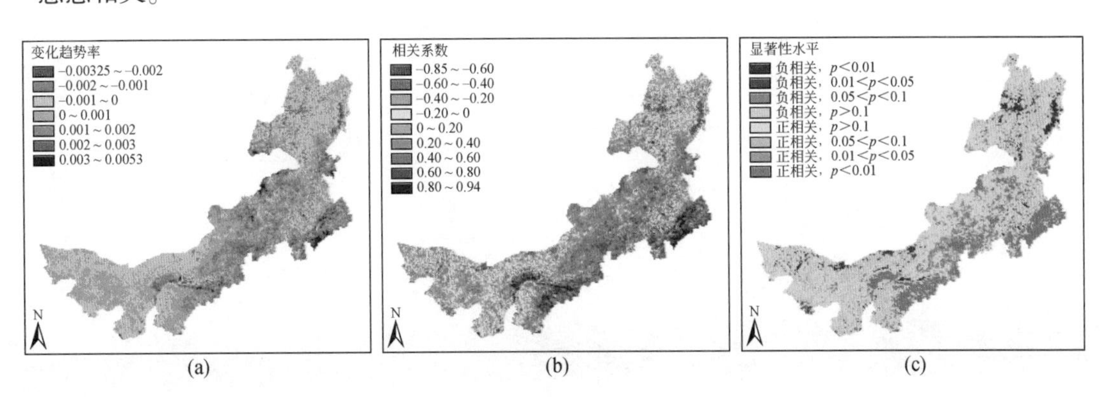

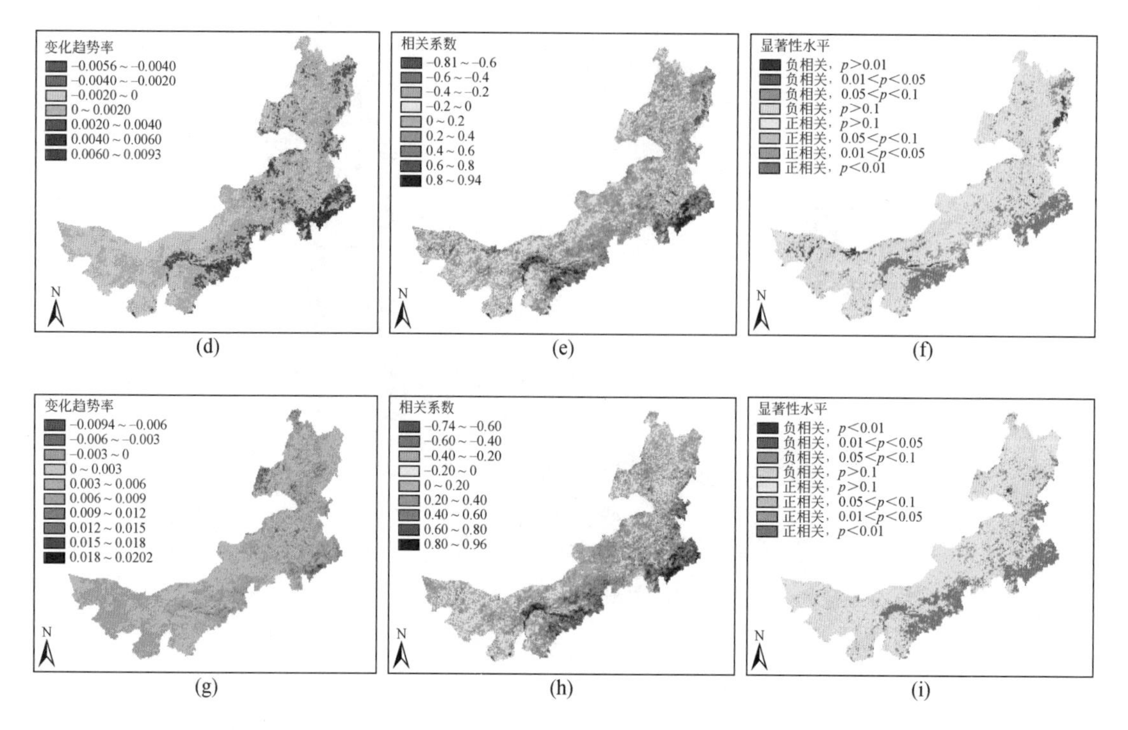

图 2-5　年均 NDVI、生长季 NDVI 和年最大 NDVI 变化趋势率、相关系数和显著性水平空间格局

(a) ~ (c) 为年均 NDVI，(d) ~ (f) 为生长季 NDVI，(g) ~ (i) 为年最大 NDVI；(a)、(d) 和 (g) 为 NDVI 的变化趋势率，(b)、(e) 和 (h) 为 NDVI 随年份变化的相关系数，(c)、(f) 和 (i) 为 NDVI 变化的显著性水平

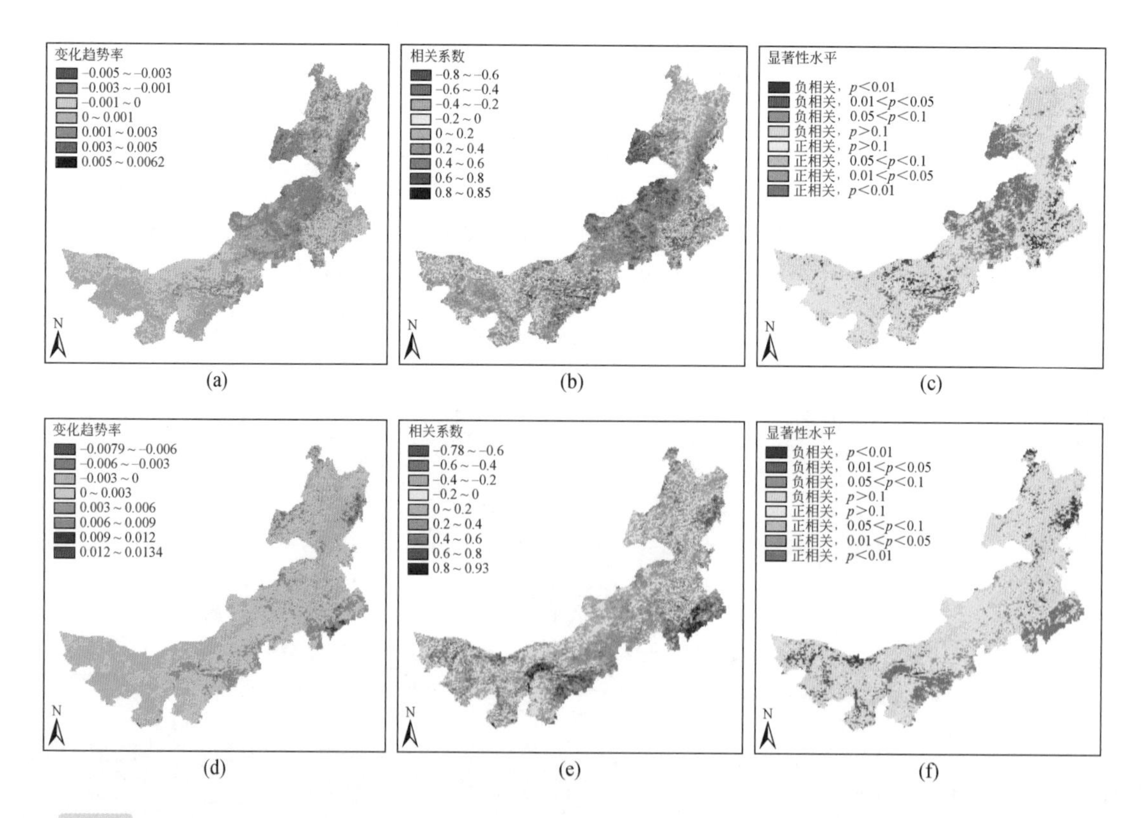

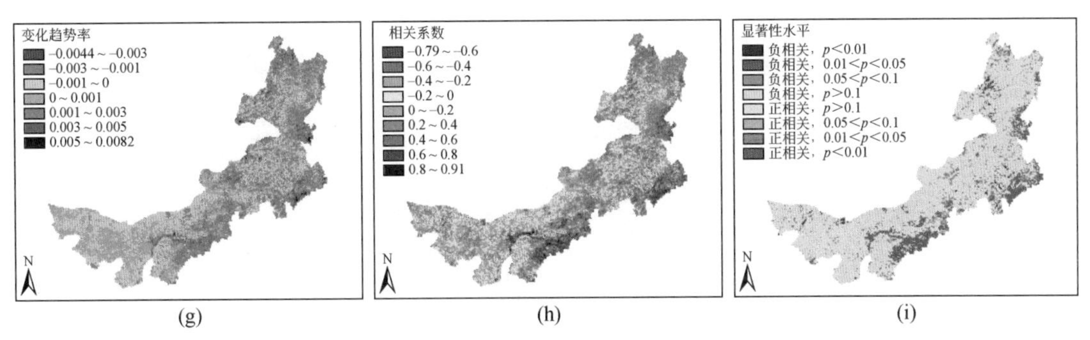

图 2-6　春季、夏季和秋季 NDVI 变化趋势率、相关系数和显著性水平空间格局

(a) ~ (c) 为春季平均 NDVI，(d) ~ (f) 为夏季平均 NDVI，(g) ~ (i) 为秋季平均 NDVI；(a)、(d) 和 (g) 为 NDVI 的变化趋势率，(b)、(e) 和 (h) 为 NDVI 随年份变化的相关系数，(c)、(f) 和 (i) 为 NDVI 变化的显著性水平

从春季、夏季、秋季和生长季 NDVI 变化趋势来看（图 2-5 和图 2-6），其变化趋势空间分布趋势有所不同。春季 NDVI 显著增加的区域主要有呼伦贝尔草原、锡林郭勒草原一带，显著减少的区域主要在阴山、科尔沁一带，呈斑块状分布；夏季、秋季和生长季 NDVI 显著增加的区域主要分布在河套平原、鄂尔多斯、通辽、赤峰等地，显著减少的区域在不同生长时期各不相同，其中夏季 NDVI 减少趋势明显的区域主要分布在诺敏河、阿拉善等地，秋季减少显著的区域主要分布在额尔古纳一带。年最大 NDVI 变化趋势与生长季相似，但呈减少趋势的区域面积更小。

表 2-5 为不同 NDVI 年际变化显著性检验面积表，可见年均 NDVI 呈显著正相关和极显著正相关的面积约占总面积的 21.63%，极显著负相关和显著负相关的仅为 4.06%，不显著正和负相关的面积最大，分别占到总面积的 37.88% 和 28.02%；春季 NDVI、夏季 NDVI、秋季 NDVI 和生长季 NDVI 显著正相关和极显著正相关的面积均较大，二者面积比之和超过 10%，而显著负相关和极显著负相关的面积均较小，面积比均在 6% 以下；不显著正相关和负相关的面积较大，二者面积比之和均超过 65%，其中又以不显著正相关面积较大（夏季 NDVI 除外）。总体上看，年均 NDVI 呈增加趋势的面积占总面积的 65.40%，呈减少趋势的面积占总面积的 34.39%；除夏季 NDVI 呈增加趋势面积较减少趋势面积小外，年均 NDVI、年最大 NDVI、春季 NDVI、秋季 NDVI 和生长季 NDVI 呈增加趋势的面积均占总面积的 60% 以上，呈减少趋势的面积均在 40% 以下，夏季 NDVI 呈增加和减少趋势的面积基本相当。从这些指标来看，内蒙古大部分地区 NDVI 呈增加趋势（65.40%），下降趋势面积较小，其中增加显著和极显著部分面积约占 21.63%，下降显著和极显著区域约占 4.06%。

表 2-5　不同 NDVI 年际变化显著性检验面积表

相关显著性	年均 NDVI		年最大 NDVI		春季 NDVI		夏季 NDVI		秋季 NDVI		生长季 NDVI	
	像元数	面积比 /%	像元数	面积比 /%	像元数	面积比 /%	像元数	面积比 /%	像元数	面积比 /%	像元数	面积比 /%
极显著正相关	2 206	12.30	2 284	12.74	1 864	10.40	1 213	6.76	1 265	7.06	1 645	9.17
显著正相关	1 673	9.33	1 243	6.93	1 711	9.54	777	4.33	1 141	6.36	1 107	6.17

续表

相关显著性	年均 NDVI		年最大 NDVI		春季 NDVI		夏季 NDVI		秋季 NDVI		生长季 NDVI	
	像元数	面积比/%	像元数	面积比/%	像元数	面积比/%	像元数	面积比/%	像元数	面积比/%	像元数	面积比/%
较显著正相关	1 056	5.89	829	4.62	929	5.18	580	3.23	931	5.19	779	4.34
不显著正相关	6 792	37.88	7 886	43.98	7 380	41.16	6 237	34.80	8 681	48.41	7 543	42.08
极显著负相关	292	1.63	23	0.13	184	1.03	374	2.09	66	0.37	192	1.07
显著负相关	435	2.43	125	0.70	452	2.52	727	4.05	224	1.25	329	1.83
较显著负相关	415	2.31	210	1.17	349	1.95	734	4.09	251	1.40	344	1.92
不显著负相关	5 024	28.02	5 278	29.43	4 914	27.41	7 244	40.40	5 322	29.68	5 935	33.10
正相关合计	11 727	65.40	12 242	68.27	11 884	66.28	8 807	49.12	12 018	67.02	11 074	61.76
负相关合计	6 166	34.39	5 636	31.43	5 899	32.90	9 079	50.63	5 863	32.70	6 800	37.92
不相关	38	0.21	53	0.30	148	0.83	45	0.25	50	0.28	57	0.32

2.3 植被覆盖变化对气候变化的响应

2.3.1 气候变化分析

对内蒙古49个气象站1982～2009年气象资料的分析表明，内蒙古28年年均气温上升趋势显著（r=0.68，p<0.01），线性上升趋势率达0.0536℃/a，平均最高气温、平均最低气温上升趋势亦较明显，其线性上升趋势率分别达到0.0524℃/a和0.0531℃/a（图2-7），20世纪90年代中国北方地区的气温明显偏高，比全国1951～2001年近50年的平均增温速率（0.022℃/a）要高很多。内蒙古地区是全球变暖的响应区域，对全球气候变化非常敏感。

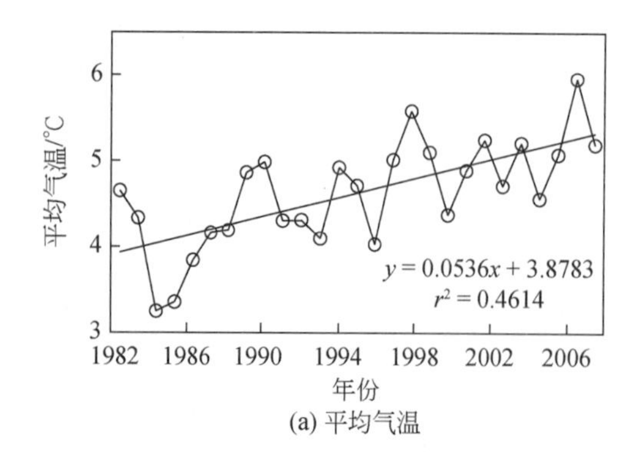

(a) 平均气温

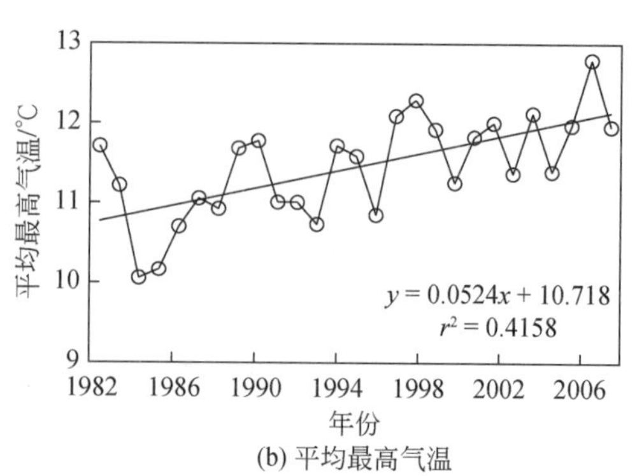

(b) 平均最高气温

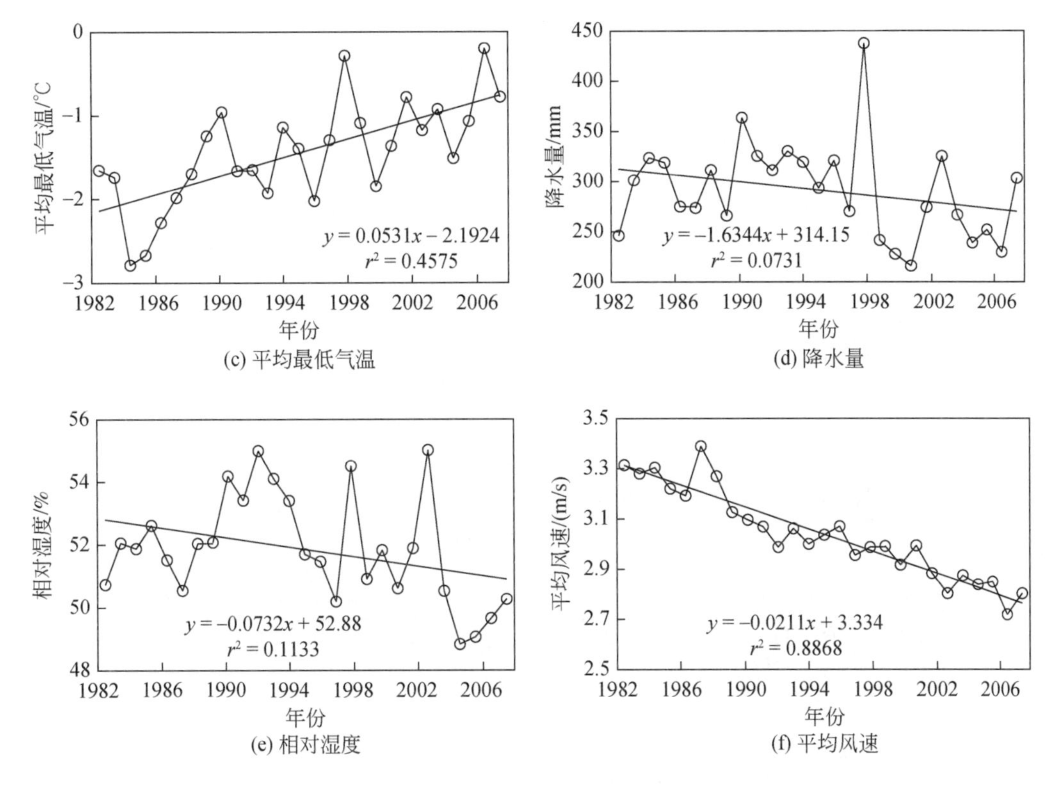

(c) 平均最低气温　(d) 降水量

(e) 相对湿度　(f) 平均风速

图 2-7　内蒙古地区年尺度气候变化及其趋势

对不同季节平均气温变化的分析表明，四季平均气温均呈上升趋势（图 2-8），除冬季（r=0.22，p>0.05）外，春、夏、秋三个季节上升趋势均显著（r 分别为 0.57、0.61、0.41，p<0.05），特别是春、夏季变化达到极显著水平（p<0.01）。就上升幅度而言，春季上升速率最高，达 0.0657℃/a，其次为夏季，达 0.0604℃/a，秋季为 0.0495℃/a，冬季上升速率最小，为 0.0375℃/a（图 2-8）。

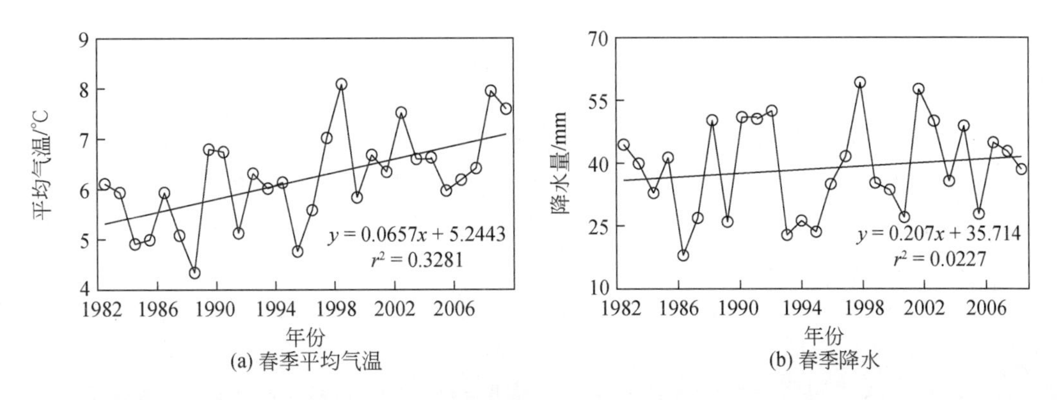

(a) 春季平均气温　(b) 春季降水

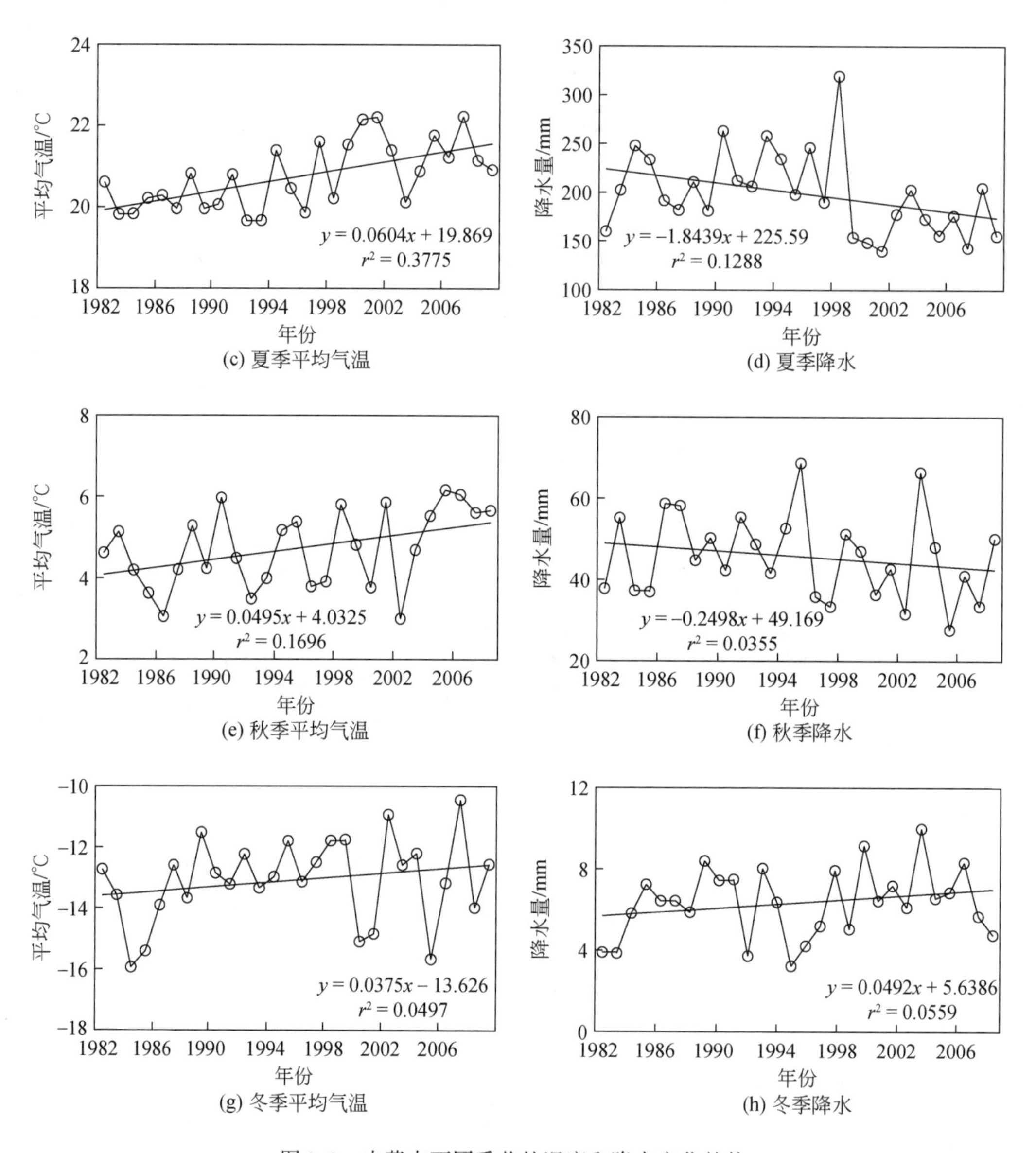

图 2-8　内蒙古不同季节的温度和降水变化趋势

年降水量呈微弱降低趋势，但不显著（$r = 0.27$，$p > 0.05$），平均每年下降 1.6344mm。1982～2009 年，以 1998 年降水量最高，达 437.5mm；2001 年最低，仅为 216mm，年际变化较大。从不同季节变化来看，春季和冬季呈微弱上升趋势，夏季和秋季呈微弱下降趋势，变化均不显著（$p<0.05$）。夏季降水下降速率较大，达 1.8439mm/a，秋季下降速率为 0.2498mm/a，春季上升速率为 0.207mm/a，冬季上升速率为 0.0492mm/a。年相对湿度也呈降低趋势，但变化不显著（$r=0.34$，$p>0.05$），平均每年下降 0.0732%。同期的平均风速呈极显著降低趋势（$r=0.94$，$p<0.01$），平均每年降低 0.0211m/s。

2.3.2　年均 NDVI 与气温和降水的年际相关关系

气温和降水是表征气候的最重要因子，在分析植被变化与气候变化响应关系时，主要分析了平均气温和年降水量变化与植被的关系。图 2-9 为内蒙古地区年均 NDVI 与年均气温、年降水量的变化关系。从图中可见，年均 NDVI 与年均气温呈显著正相关（r=0.454，n=25，p<0.05），与年降水量具有一定的相关性，但并不显著（r=0.323，n=25，p<0.2）。

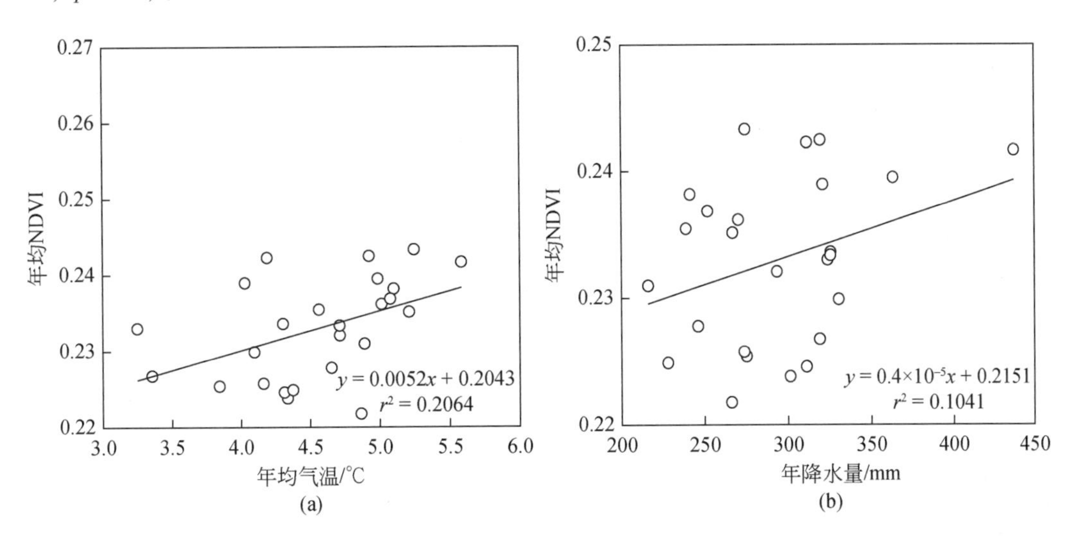

图 2-9　年均 NDVI 与年均气温及年降水量的相关性

2.3.3　不同季节 NDVI 与降水和气温的年际相关关系

内蒙古地区不同季节植被覆盖与降水和气温的关系分析表明，春季平均 NDVI 与平均气温之间呈极显著正相关（r=0.625，n=25，p<0.01，图 2-10），秋季平均 NDVI 与平均气温呈较显著正相关（r=0.402，n=25，p<0.1，图 2-10），而夏季和生长季平均 NDVI 与平均气温相关关系均不显著（r 分别为 0.085 和 0.088，p>0.1，图 2-10），这说明春季气温升高，植被开始生长时间提前，明显增加了植被覆盖度；夏季温度升高，加速了地表蒸发，加剧了地表水分的缺失，对植被生长具有明显的抑制作用，秋季气温的升高，延长了生长季，NDVI 和气温的变化关系能很好地解释春季和秋季气温对植被覆盖变化的影响。

春季平均 NDVI 与降水量呈极显著正相关（r=0.713，n=25，p<0.01，图 2-11），夏季、秋季和生长季 NDVI 与降水量存在正相关关系，但均未达到显著水平（r 分别为 0.293、0.017 和 0.082，p>0.05，图 2-11）。

1982～2006 年，我国春季、夏季、秋季气温的上升趋势明显，同时，春季降水呈上升趋势，而夏、秋降水却呈下降趋势，但变化均不显著，这说明春秋两季温度上升引起的植被生长季的提前和生长期的延长是内蒙古地区总体植被呈增加趋势的重要原因，而夏季温度的升高和降水量的下降增加了干热化现象的发生，抑制了植被的生长，对植被增长的促进作用较弱。

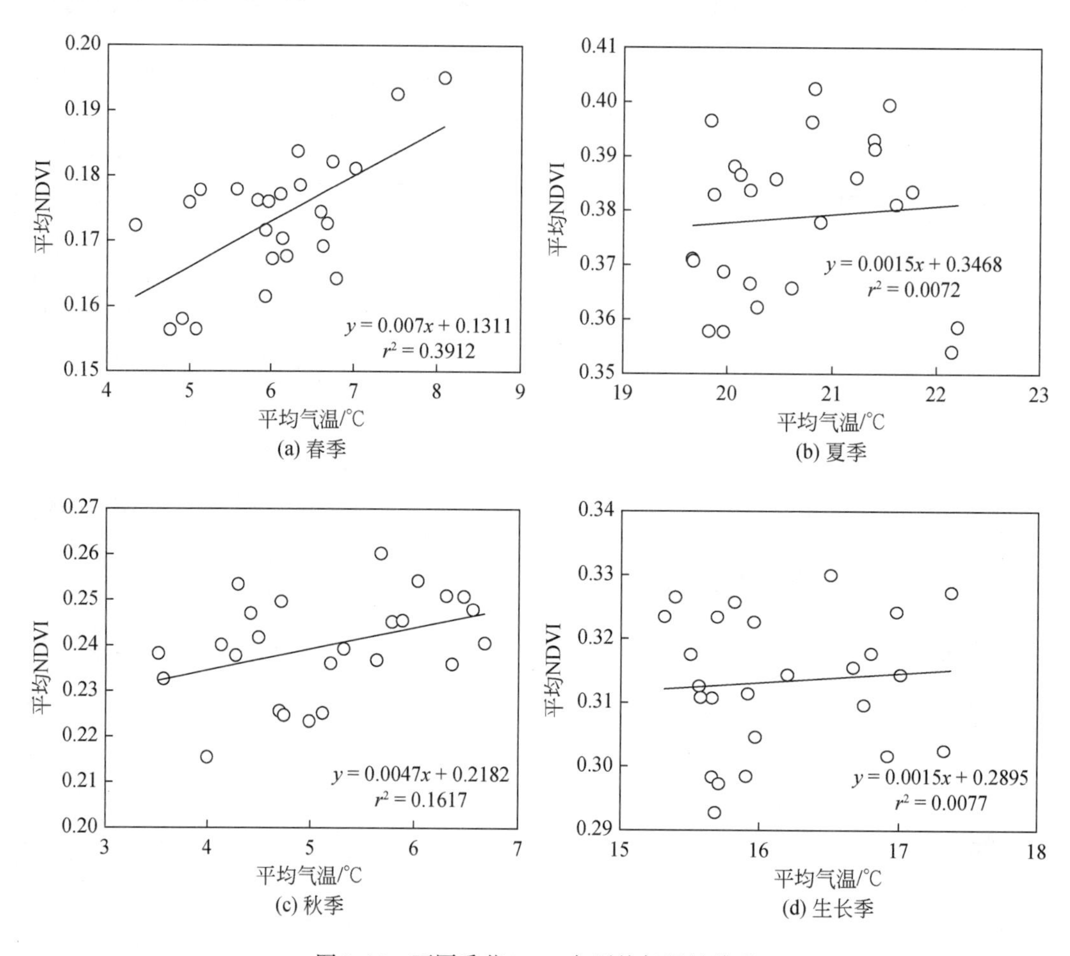

图 2-10　不同季节 NDVI 与平均气温的关系

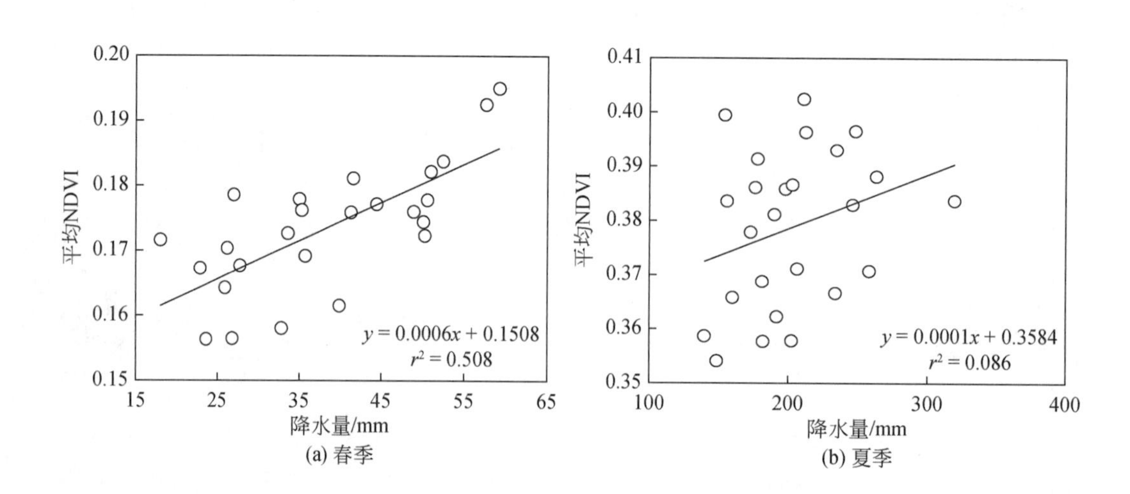

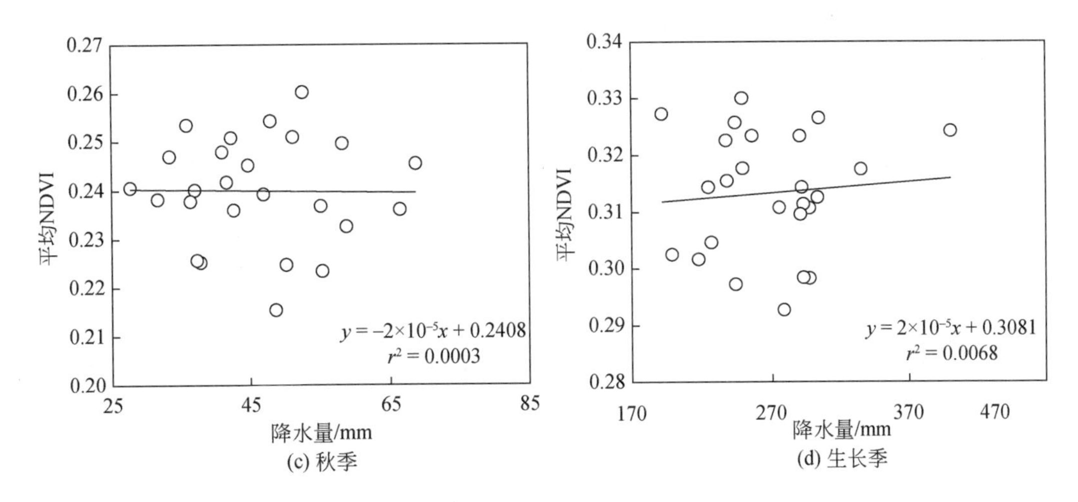

图 2-11　不同季节 NDVI 与降水量的关系

2.3.4　植被覆盖与气候因子的年内相关关系

气候因子变化具有很强的节律性，对植被生长的控制作用很强。月平均气温和植被 NDVI 时间序列间存在非常高的年内相关性。图 2-12 是以内蒙古地区各月平均气温和降水量为横轴，以月平均 NDVI 为纵轴点绘而成，由图可见，月平均气温与植被 NDVI 之间呈显著的指数函数关系，相关系数为 0.925（$p<0.001$，$n=300$），即在气温小于 0℃时，植被 NDVI 无任何变化，随着气温的升高，特别是气温高于 10℃，植被 NDVI 显著升高，基本呈直线变化趋势；月降水量与月平均 NDVI 之间呈幂函数或对数函数关系，相关系数为 0.914（$p<0.001$，$n=300$），随着月降水量的增加，内蒙古地区的月平均 NDVI 随之增加。在降水量小于 50mm 时，月平均 NDVI 迅速增加，随降水几乎呈线性上升；但当降水量超过 50mm 后，月平均 NDVI 基本维持在 0.40 附近，不再有明显增长趋势，甚至在降水量大于 125mm 后呈微弱的下降趋势。

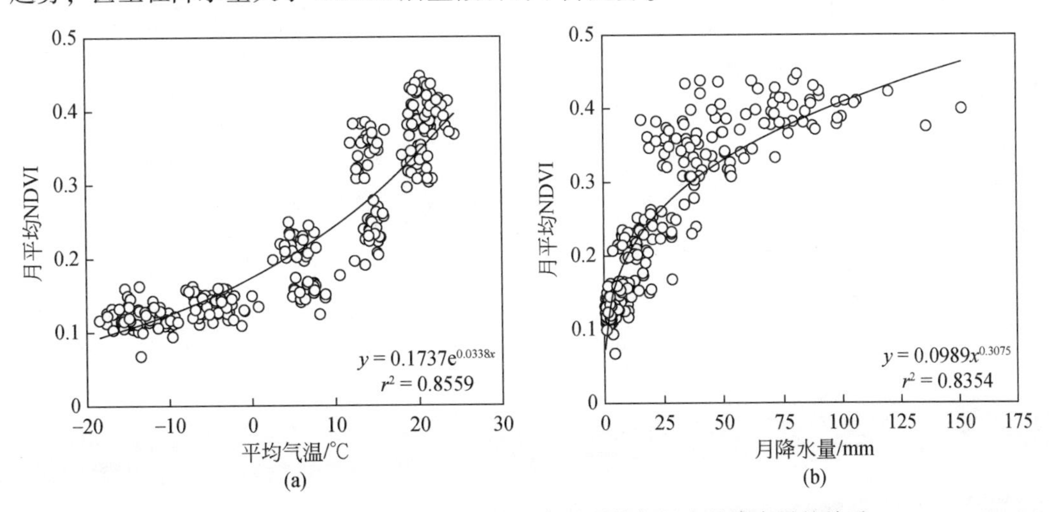

图 2-12　内蒙古全区月平均 NDVI 与月平均气温和月降水量的关系

对不同植被类型月 NDVI 与月平均气温、降水年内关系的分析表明，各种植被类型的月 NDVI 与月平均气温、降水的关系基本一致（图 2-13），即月 NDVI 与月平均气温呈指数函数关系增长，与降水量呈幂函数或对数函数关系。

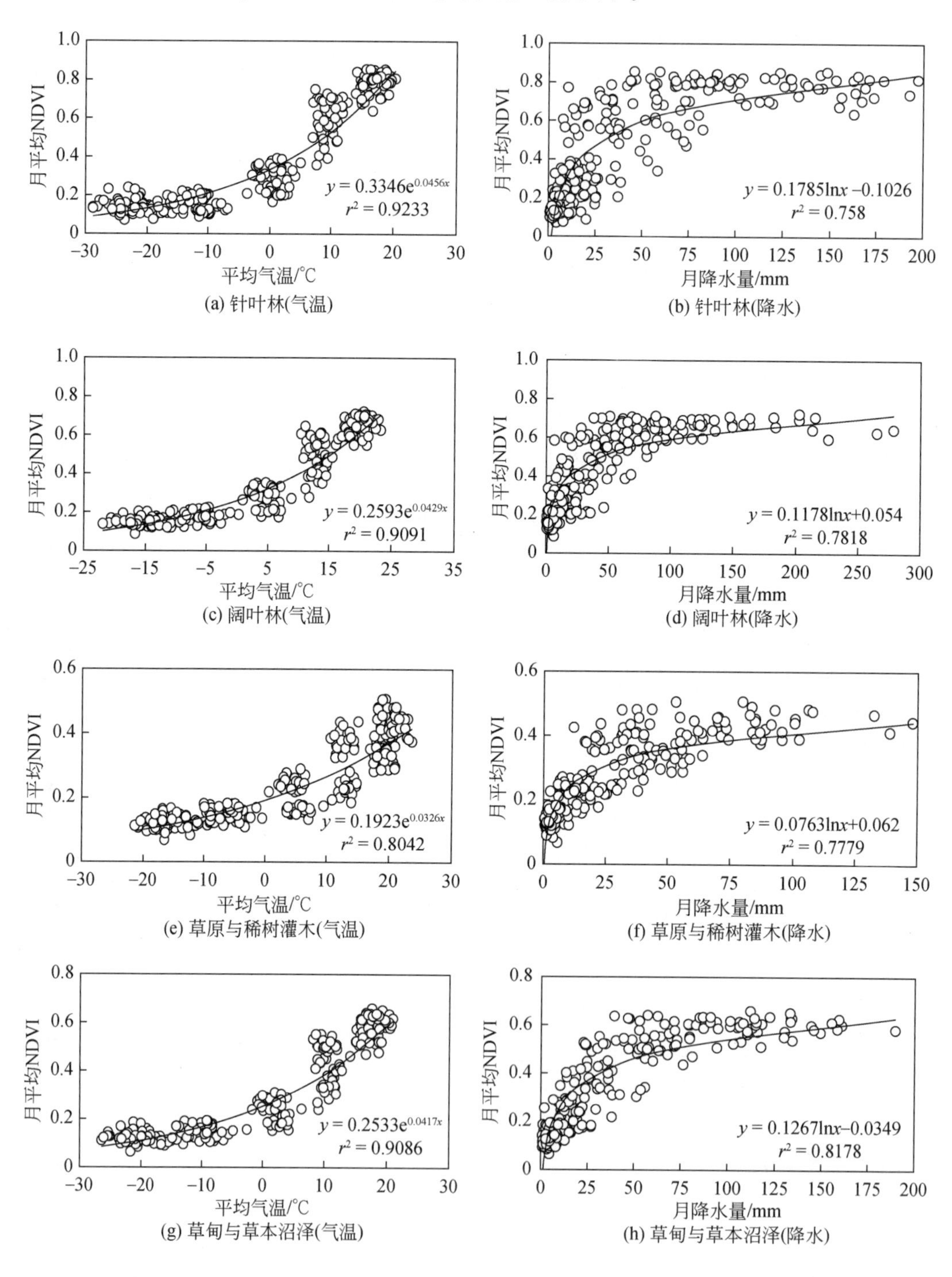

(a) 针叶林(气温) (b) 针叶林(降水)

(c) 阔叶林(气温) (d) 阔叶林(降水)

(e) 草原与稀树灌木(气温) (f) 草原与稀树灌木(降水)

(g) 草甸与草本沼泽(气温) (h) 草甸与草本沼泽(降水)

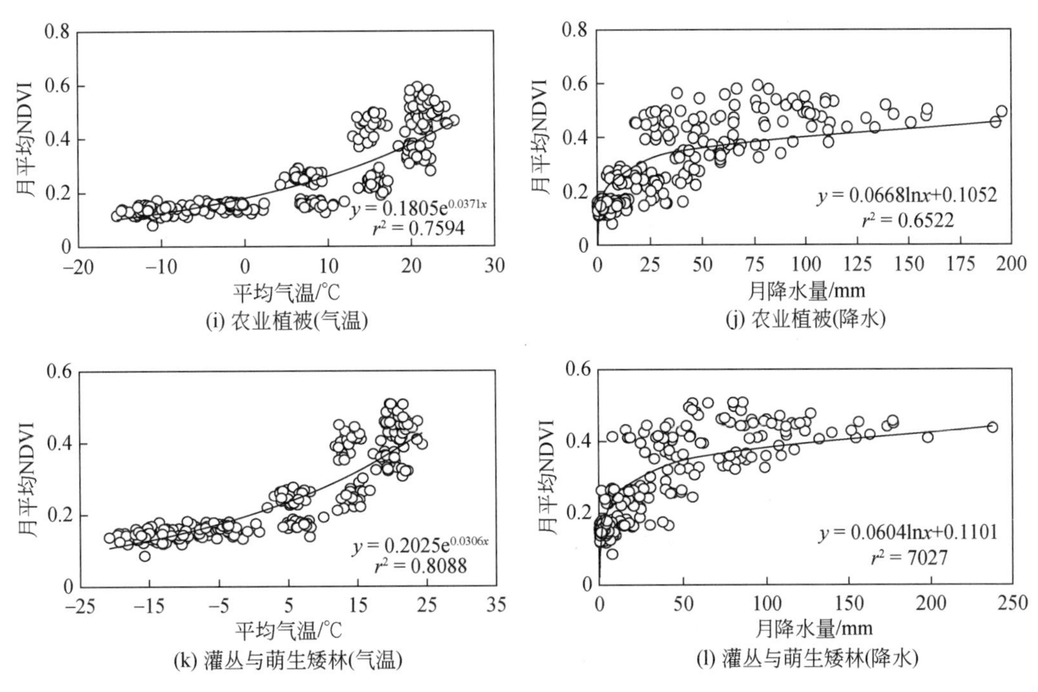

图 2-13　内蒙古不同植被类型月 NDVI 与月平均气温、降水量的关系

2.3.5　不同植被类型 NDVI 对降水、气温变化的响应

不同植被类型由于其分布地区以及自身的生物学特性的差异，导致其季节变化以及与各种气候因子之间的响应关系有所不同。研究区针叶林主要分布在大兴安岭北部地区，阔叶林主要分布在大兴安岭南部地区，草原与稀树灌木、草甸与草本沼泽主要分布于内蒙古中部、东北西部等地，农作区主要分布于河套平原、通辽、赤峰等区域。从年均 NDVI 与年均气温、降水量相关关系分析来看，针叶林、阔叶林、草甸与草本沼泽区域对降水、气温变化的响应不敏感；草原与稀树灌木植被类型区对气温变化敏感，在 $p<0.05$ 水平上显著，对降水变化通过 $p<0.1$ 水平检验达到较显著水平；农业植被、灌丛与萌生矮林两种植被类型区域对气温变化极敏感，通过 $p<0.01$ 水平的显著性检验，但对降水变化不敏感（表 2-6）。

表 2-6　不同植被类型年均 NDVI 与年均气温、降水相关关系

植被类型	针叶林	阔叶林	草原与稀树灌木	草甸与草本沼泽	农业植被	灌丛与萌生矮林
气温	0.04	0.26	0.42 *	0.31	0.59 **	0.55 **
降水	−0.16	−0.06	0.39#	0.04	0.08	−0.03

* 表示在 0.05 水平上显著，** 表示在 0.01 水平上显著，#表示在 0.1 水平上显著

对各种植被类型不同季节的 NDVI 与同期气温、降水的相关关系分析表明（表 2-7），针叶林各季节 NDVI 与降水均呈不显著的负相关，即针叶林 NDVI 对降水增

加呈负响应状态，针叶林春季 NDVI 对气温具有极显著的正响应关系，夏、秋季和生长季的 NDVI 对气温变化具有正响应关系，但相关性均不显著。阔叶林的春季 NDVI 与气温具有极显著正相关关系（$p<0.01$），与秋季气温呈较显著正相关关系（$p<0.1$），与降水量的相关性多不显著，仅有秋季和冬季降水与 NDVI 分别呈较显著和显著的负相关关系。草原与稀树灌木 NDVI 对春季气温和降水变化均呈极显著正相关关系，与夏季和生长季的降水量分别呈显著和极显著的正相关关系，与秋季气温呈较显著的正相关关系；草甸与草本沼泽春季 NDVI 对气温具有极显著的正相关关系，但与春季降水几乎无相关性，与生长季气温呈显著正相关关系，夏、秋季 NDVI 与降水、气温相关性不显著；农业植被与春季降水量具有显著正相关关系，与气温无相关关系，与秋季气温在$p<0.1$ 水平上呈较显著正相关关系，夏季和生长季 NDVI 对降水和气温变化的响应均不显著；灌丛与萌生矮林 NDVI 与春季气温具有极显著的正相关关系，与降水也具有正相关关系，但不显著，夏、秋和生长季的 NDVI 与降水、气温均无显著相关关系。

表 2-7　不同植被类型不同季节 NDVI 与气温、降水相关关系

植被类型	春季		夏季		秋季		冬季		生长季	
	气温	降水	气温	降水	气温	降水	气温	降水	气温	降水
针叶林	0.77**	−0.25	0.26	−0.32	0.05	−0.30	−0.19	−0.27	0.26	−0.24
阔叶林	0.80**	0.18	0.03	−0.21	0.37#	−0.36#	−0.08	−0.49*	0.17	−0.05
草原与稀树灌木	0.53**	0.76**	0.07	0.44*	0.41#	0.01	0.03	0.00	0.09	0.64**
草甸与草本沼泽	0.77**	0.08	0.21	−0.08	0.28	0.01	−0.30	−0.24	0.39*	0.13
农业植被	0.23	0.52*	0.20	0.10	0.36#	−0.14	0.06	−0.13	0.30	0.19
灌丛与萌生矮林	0.63**	0.32	0.02	0.00	0.32	−0.09	0.20	−0.46*	0.30	0.14

*表示在 0.05 水平上显著，**表示在 0.01 水平上显著，#表示在 0.1 水平上显著

从不同的季节来看，除农业植被外，其他植被类型春季 NDVI 与气温均呈极显著正相关关系，各植被类型春季 NDVI 对降水的相关性既有正相关关系，也有负相关关系，分析认为，针叶林主要分布于东北地区，冬季大量的降雪为春季积累了大量的水分，降水的增加可能使土壤沼泽化，反而抑制了植被的生长，但温度的升高激活了植物体内的生长活性；阔叶林主要分布于大兴安岭南部区域，这些区域降水相对较少，有可能土壤水分不充足，降水的增长有利于植被的生长，但由于冬季有一定量的积累，降水变化影响不明显；草原和稀树灌木植被区降水相对较少，增加的降水能够较迅速地为植物的生长带来条件，因此草原与稀树灌木 NDVI 与降水的响应极为显著；草甸与草本沼泽由于土壤水分充足，降水的多少对植被并无影响；灌丛与萌生矮林植被区的土壤水分亏缺程度可能强于阔叶林、草甸与草本沼泽区域，但弱于草原与稀树灌木区域，导致其对降水有一定的正响应关系，但由于其有一定的水分积累，对降水的响应关系无法达到显著性水平。

2.3.6　植被 NDVI 变化对气温、降水响应的空间格局

1982～2006 年内蒙古地区植被 NDVI 与全年气温、降水进行基于像元的相关分析表

明（表 2-8 和图 2-14），年均 NDVI 与年均气温在空间分布上以正相关区域为主，占总面积的 59.16%，负相关面积占总面积的 40.80%；年均 NDVI 与年降水量正相关区域面积远远大于负相关区域，正相关区域占全区面积的 77.39%，负相关区域仅占全区面积的 22.58%。

从相关关系的显著性水平分析，年均 NDVI 与年均气温呈极显著、显著和较显著正相关的区域大于呈极显著、显著和较显著负相关的区域，分别占全区面积的 4.27% 和 1.70%，极显著、显著和较显著正相关的区域主要分布在大兴安岭北部部分地区、呼伦贝尔草原和锡林郭勒盟北部少部分区域。年均 NDVI 与降水呈极显著、显著和较显著正相关的区域远远大于极显著、显著和较显著负相关的区域，分别占全区面积的 10.4% 和 0.59%，呈极显著、显著和较显著正相关的区域主要分布在赤峰、锡林郭勒盟、鄂尔多斯、阴山以北区域的部分地区（表 2-8 和图 2-14）。

表 2-8　不同季节 NDVI 与气温、降水相关系数显著性水平面积比例分布　（单位：%）

季节	气候因子	正相关	负相关	不相关	极显著正相关	显著正相关	较显著正相关	不显著正相关	极显著负相关	显著负相关	较显著负相关	不显著负相关	极显著相关	显著相关	较显著相关	不显著相关
年均	气温	59.16	40.80	0.04	0.40	1.38	2.49	54.89	0.04	0.57	1.09	39.10	0.44	1.95	3.58	93.99
	降水	77.39	22.58	0.03	0.60	4.28	5.52	66.99	0.06	0.21	0.32	21.99	0.66	4.49	5.84	88.98
春季	气温	72.65	27.33	0.02	14.47	9.57	6.00	42.61	0.12	0.67	1.11	25.43	14.59	10.24	7.11	68.04
	降水	66.27	33.72	0.01	5.03	10.23	7.59	43.42	0.31	2.02	2.24	29.15	5.34	12.25	9.83	72.57
夏季	气温	42.27	57.71	0.02	0.64	2.55	2.54	36.54	0.45	4.14	4.67	48.45	1.09	6.69	7.21	84.99
	降水	62.48	37.51	0.01	8.11	10.94	6.75	36.68	0.70	1.74	1.99	33.08	8.81	12.68	8.74	69.76
秋季	气温	60.12	39.85	0.03	3.42	7.11	5.59	44.00	0.61	1.94	2.34	34.96	4.03	9.05	7.94	78.96
	降水	40.50	59.47	0.03	0.08	0.47	0.93	39.02	0.20	3.25	3.94	52.08	0.28	3.72	4.87	91.10
生长季	气温	48.22	51.76	0.02	1.76	3.49	3.39	39.58	1.66	3.51	3.68	42.91	3.42	7.00	7.07	82.49
	降水	75.80	24.18	0.02	15.47	14.97	7.57	37.79	0.52	1.39	1.54	20.73	15.99	16.36	9.12	58.52
8 月（年最大）	气温	56.81	43.14	0.05	0.35	2.35	2.89	51.22	0.78	4.97	4.54	32.85	1.13	7.32	7.43	84.07
	降水	59.99	39.99	0.02	12.04	10.65	5.60	31.70	2.70	4.38	3.25	29.66	14.75	15.03	8.85	61.36

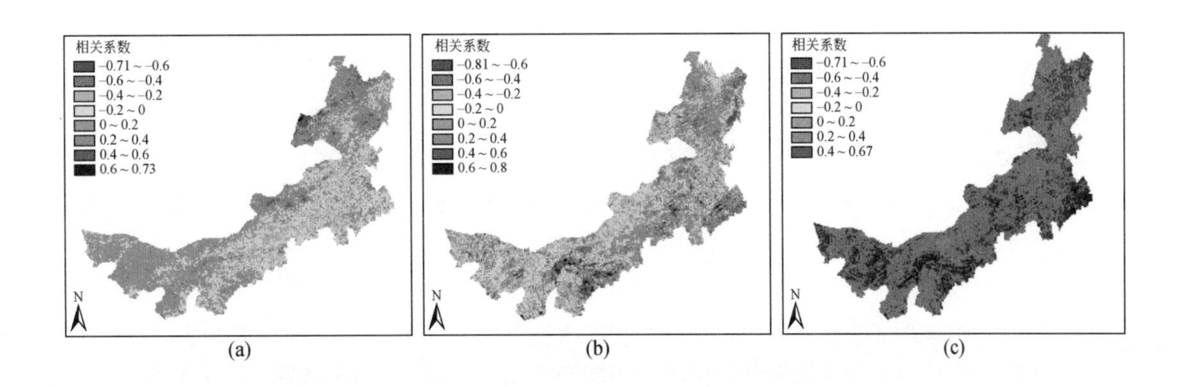

(a)　(b)　(c)

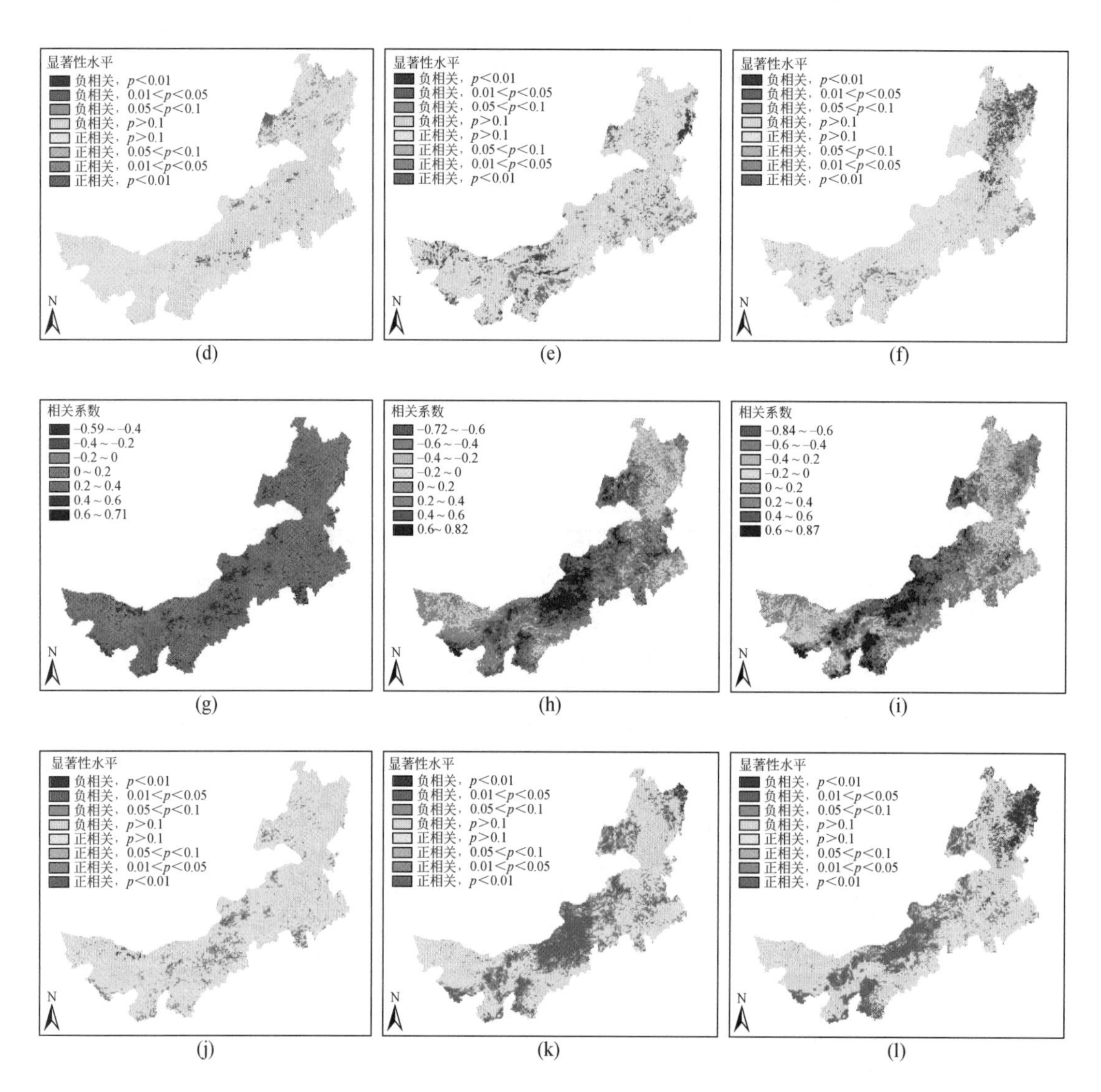

图 2-14　年、生长季和年最大（8 月）NDVI 与气温和降水的相关性空间格局

(a)～(c)分别为年、生长季和年最大的 NDVI 与平均气温相关系数，(d)～(f)为年、生长季和年最大的 NDVI 与平均气温相关性显著性水平，(g)～(i)分别为年、生长季和年最大的 NDVI 与降水的相关系数，(j)～(l)分别为年、生长季和年最大的 NDVI 与降水的相关性显著性水平

从不同季节 NDVI 与降水、气温相关系数的空间分布可见（图 2-15），春季 NDVI 与气温、降水呈正相关的区域均较大，分别占全区面积的 72.65%、66.27%，呈负相关的区域分别占全区面积的 27.33%、33.72%。从气温和降水影响的显著性水平分析，春季 NDVI 与气温呈极显著、显著和较显著正相关的区域占全区面积的 30.04%，与降水呈极显著、显著和较显著正相关的区域占全区面积的 22.85%，与气温和降水呈极显著、显著和较显著正相关的区域面积远远大于呈极显著、显著和较显著负相关的区域面积；与气温呈极显著、显著和较显著正相关的区域面积分别占全区面积的 14.47%、9.57% 和 6.00%，主要分布于东北大兴安岭针叶林、阔叶林区域以及锡林郭勒草原东南

部灌丛与萌生矮林等区域，呈负相关的区域主要分布于科尔沁草原、阴山及其北部区域、鄂尔多斯西部、阿拉善的部分地区；与降水呈极显著、显著和较显著正相关的区域面积分别占全区面积的5.03%、10.23%和7.59%，主要分布于内蒙古中部的锡林郭勒草原、北部的呼伦贝尔草原、大兴安岭南部、鄂尔多斯、阴山北部等区域，植被类型以草原与稀树灌木等为主，呈负相关的区域主要分布于大兴安岭中北部区域、西部的阿拉善盟，其中呈极显著、显著和较显著负相关的区域主要分布于大兴安岭北部，植被类型以针叶林为主（表2-8和图2-15）。

夏季NDVI与平均气温、降水呈正相关的区域分别占全区面积的42.27%、62.48%，呈负相关的区域分别占全区面积的57.71%、37.51%，与气温呈极显著、显著和较显著正相关的区域占全区面积的5.73%，相应负相关区域面积占全区面积的9.26%，与降水呈极显著、显著和较显著正相关的区域占全区面积的25.80%，相应负相关区域面积占全区面积的4.43%；与气温呈极显著、显著和较显著正相关的区域面积低于相应的呈负相关的区域面积，与降水呈极显著、显著和较显著正相关的面积远远

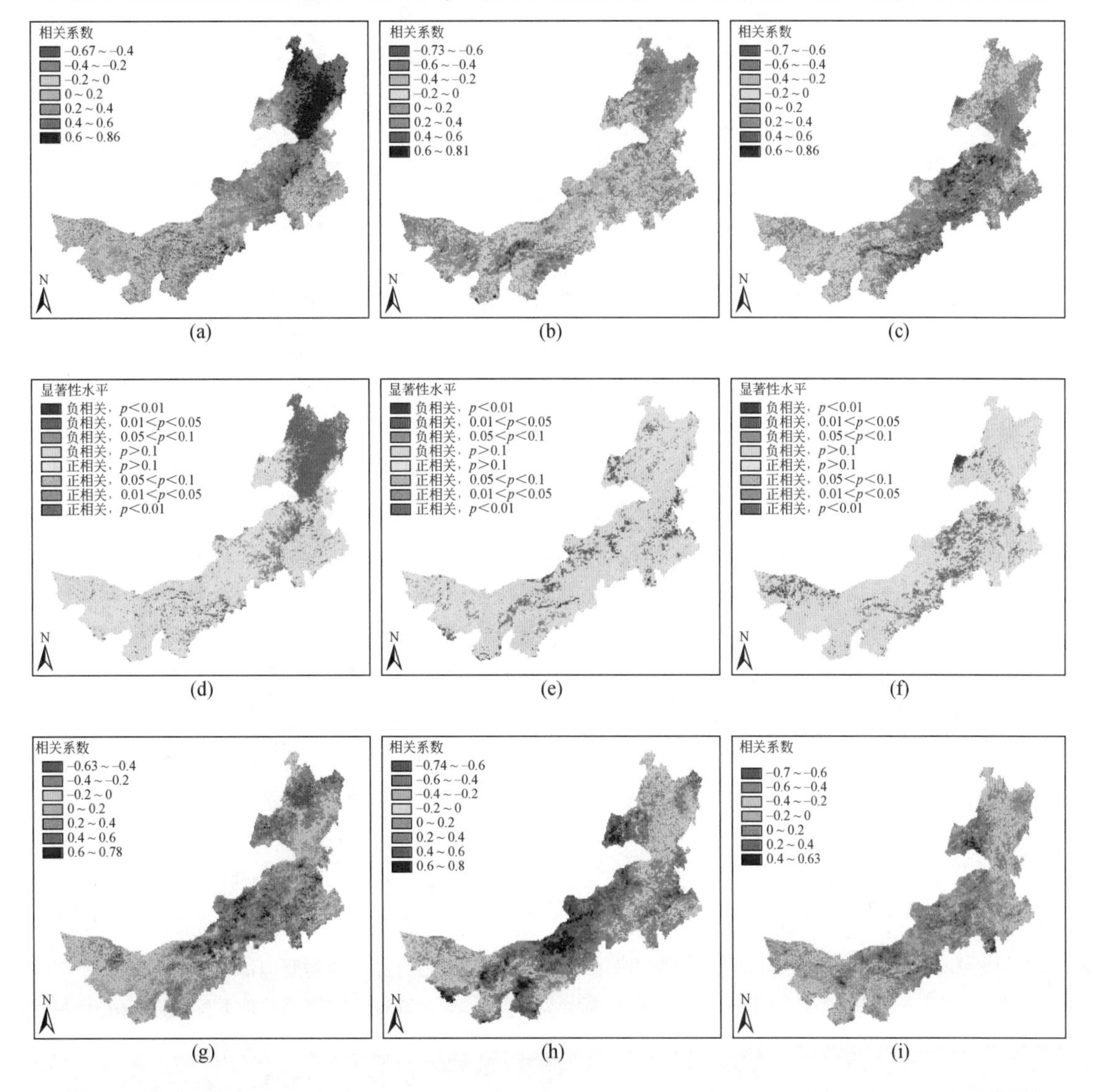

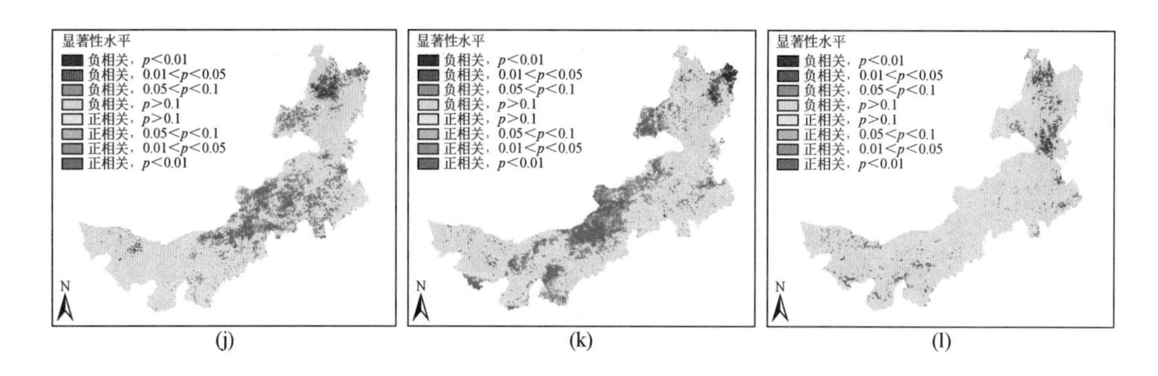

图 2-15　春、夏和秋季 NDVI 与气温和降水的相关性空间格局

(a)～(c)分别为春、夏和秋季 NDVI 与平均气温相关系数，(d)～(f)为春、夏和秋季 NDVI 与平均气温相关性显著性水平，(g)～(i)分别为春、夏和秋季 NDVI 与降水的相关系数，(j)～(l)分别为春、夏和秋季 NDVI 与降水的相关性显著性水平

高于相应的呈负相关的区域面积；与气温呈极显著、显著和较显著正相关的区域面积分别占全区面积的 0.64%、2.55% 和 2.54%，主要分布于东北大兴安岭北部地区，黄河河套平原、鄂尔多斯西部和东部等区域，植被类型主要为针叶林、农业植被和灌丛与萌生矮林，呈负相关的区域主要分布于大兴安岭南部、锡林郭勒草原、科尔沁草原、阴山及其北部区域、鄂尔多斯西部、阿拉善的部分地区；与降水呈极显著、显著和较显著正相关的区域面积分别占全区面积的 8.11%、10.94% 和 6.75%，主要分布于内蒙古中部的锡林郭勒草原、北部的呼伦贝尔草原、鄂尔多斯西部、阴山北部、科尔沁沙地等区域，植被类型以草原、灌丛为主，呈负相关的区域主要分布于东北部大兴安岭中北部、西部的阿拉善盟，其中呈极显著、显著和较显著负相关的区域主要分布于大兴安岭东北部，植被类型以针叶林为主（表 2-8 和图 2-15）。

秋季 NDVI 与气温、降水呈正相关的区域分别占全区面积的 60.12%、40.50%，呈负相关的区域分别占全区面积的 39.85%、59.47%，与气温呈极显著、显著和较显著正相关的区域占全区面积的 16.12%，相应负相关区域面积占全区面积的 4.89%，与降水呈极显著、显著和较显著正相关的区域占全区面积的 1.48%，相应负相关区域面积占全区面积的为 7.39%；与气温呈极显著、显著和较显著正相关的区域面积远高于相应显著性负相关面积，与降水呈极显著、显著和较显著正相关的面积远低于相应显著性负相关区域面积；与气温呈极显著、显著和较显著正相关的区域面积分别占全区面积的 3.42%、7.11% 和 5.59%，主要分布于大兴安岭中部地区、黄河河套平原、赤峰-通辽地区、锡林郭勒大草原、鄂尔多斯东部等区域，植被类型主要为草原、农业植被和灌丛与萌生矮林，呈负相关的区域主要分布于大兴安岭北部、呼伦贝尔草原、阴山、鄂尔多斯西部、阿拉善的大部分地区，其中呈极显著、显著和较显著负相关的区域主要分布在呼伦贝尔草原北部的满洲里、额尔古纳、阿巴尔虎等旗以及阿拉善荒漠绿洲地区；与降水呈极显著、显著和较显著正相关的区域面积分别占全区面积的 0.08%、0.47% 和 0.93%，相应负相关区域面积占全区面积的 0.20%、3.25% 和 3.94%，主要分布于锡林郭勒草原、呼伦贝尔草原、阴山北部等区域，植被类型以典型草原为主，呈负相关的区域主要分布于大兴安岭中北部、西部的阿拉善盟、鄂尔多斯、河套平原、赤峰-通辽等地，其中呈极显著、显著和较显著负相关的区域主要分布于大兴安岭中北部地区，植被类型以针叶林为主，其次为荒漠植被（表2-8和图2-15）。

生长季NDVI与气温、降水呈正相关的区域分别占全区面积的48.22%、75.80%，呈负相关的区域分别占全区面积的51.76%、24.18%，与气温呈极显著、显著和较显著正相关的区域占全区面积的8.64%，相应负相关区域面积占全区面积的8.85%，与降水呈极显著、显著和较显著正相关的区域面积占全区面积的38.01%，相应负相关区域面积占全区面积的3.45%；与气温呈极显著、显著和较显著正相关的区域面积与相应负相关区域面积基本相当，与降水呈极显著、显著和较显著正相关的区域面积远远高于相应负相关区域面积；与气温呈极显著、显著和较显著正相关的区域面积分别占全区面积的1.76%、3.49%和3.39%，相应负相关区域面积分别占全区面积的1.66%、3.51%和3.68%，呈极显著、显著和较显著正相关区域主要分布于大兴安岭北部地区、黄河河套平原、赤峰-通辽地区、鄂尔多斯东部等区域，植被类型主要为针叶林、草原、农业植被、灌丛与萌生矮林等，呈负相关的区域主要分布于大兴安岭北部和南部、锡林郭勒草原西部、呼伦贝尔草原、阴山及其以北地区、鄂尔多斯西部、阿拉善的大部分地区，其中呈极显著、显著和较显著负相关的区域主要分布在呼伦贝尔草原西部、扎兰屯市至莫力达瓦达斡尔族自治旗一带、阴山及其以北地区、鄂尔多斯西部以及阿拉善荒漠绿洲地区；与降水呈极显著、显著和较显著正相关的区域面积分别占全区面积的15.47%、14.97%和7.57%，相应负相关区域面积占全区面积的0.52%、1.39%和1.54%，极显著、显著和较显著正相关区域主要分布于锡林郭勒草原、呼伦贝尔草原、阴山北部、阿拉善东部、鄂尔多斯西部等地，植被类型以典型草原、荒漠草原、灌丛与萌生矮林为主，呈负相关的区域主要分布于大兴安岭中北部、阿拉善盟西部、鄂尔多斯东部、通辽等地，其中呈极显著、显著和较显著负相关的区域主要分布于大兴安岭北部地区，植被类型以针叶林为主（表2-8和图2-14）。

年最大NDVI（8月）与3～8月平均气温、降水呈正相关的区域分别占全区面积的56.81%、59.99%，呈负相关的区域分别占全区面积的43.14%、39.99%，与平均气温呈极显著、显著和较显著正相关的区域占全区面积的5.59%，呈相应负相关区域面积占全区面积的10.29%，与降水呈极显著、显著和较显著正相关的区域面积占全区面积的28.29%，呈相应负相关区域面积占全区面积的10.33%（表2-8）；与气温呈极显著、显著和较显著正相关的区域面积小于相应负相关区域面积，与降水呈极显著、显著和较显著正相关的区域面积远远高于相应负相关区域面积；与气温呈极显著、显著和较显著正相关的区域面积分别占全区面积的0.35%、2.35%和2.89%，相应负相关区域面积分别占全区面积的0.78%、4.97%和4.54%，呈极显著、显著和较显著正相关区域主要分布于黄河河套平原、赤峰-通辽地区、鄂尔多斯东部、锡林郭勒草原小部分地区、阿拉善等区域，植被类型主要为草原、农业植被和灌丛与萌生矮林等，呈负相关的区域主要分布于大兴安岭中部和北部、阴山及其以北地区，以及鄂尔多斯西部等地，其中呈极显著、显著和较显著负相关的区域主要分布在大兴安岭中北部地区和阴山及其以北地区，植被类型主要为针叶林和阔叶林；与降水呈极显著、显著和较显著正相关的区域面积分别占全区面积的12.04%、10.65%和5.60%，相应负相关区域面积占全区面积的

2.70%、4.38%和3.25%，极显著、显著和较显著正相关区域主要分布于锡林郭勒草原、呼伦贝尔草原、阴山及其以北地区、阿拉善东部、鄂尔多斯西部等地，植被类型以典型草原、荒漠草原、灌丛与萌生矮林为主，呈负相关的区域主要分布于大兴安岭中北部、阿拉善盟西部、鄂尔多斯东部、河套平原、通辽等地，其中呈极显著、显著和较显著负相关的区域主要分布于大兴安岭北部地区，植被类型以针叶林为主（表2-8和图2-14）。

复相关系数反映的是NDVI与降水、气温的多因素相关程度，从不同季节NDVI与降水、气温的复相关系数来看（表2-9和图2-16），春季NDVI与降水、气温的复相关系数介于0.2～0.4和0.4～0.6的面积基本相等，夏季、秋季、生长季和最大NDVI值（8月）NDVI与降水、气温的复相关系数介于0.2～0.4和0.4～0.6的面积较大，其次为相关系数介于0～0.2的面积，复相关系数高于0.6的面积相对较小，大于0.8的面积更小。通过F检验发现，温度和降水对NDVI的影响是较大的，并且在不同季节NDVI对气温、降水综合响应的程度差异较大，其中以春季NDVI对降水、气温变化的响应明显，通过F显著性检验的面积占全区总面积的43.00%，夏季、秋季的显著相关区域面积减小，分别占全区面积的27.51%、20.71%；从生长季时间尺度来看，通过F显著性检验面积占全区面积的44.77%，年最大NDVI与3～8月降水、气温的显著相关区域面积占全区面积的38.53%，年均NDVI与年降水、年均气温通过F显著性检验的面积仅占全区面积的9.45%。

表2-9　不同季节NDVI与降水、气温复相关系数及其F检验面积比例分布

时间段	复相关系数范围内的面积比例/%					F显著性检验
	0～0.2	0.2～0.4	0.4～0.6	0.6～0.8	>0.8	
春季	19.50	31.00	31.95	16.66	0.89	43.00
夏季	22.40	41.96	29.50	6.11	0.03	27.51
秋季	24.29	47.72	24.93	3.05	0.01	20.71
生长季	12.91	34.37	37.67	14.90	0.15	44.77
8月	15.21	37.81	34.68	11.92	0.38	38.53
年均	36.76	48.65	13.96	0.63	0.00	9.45

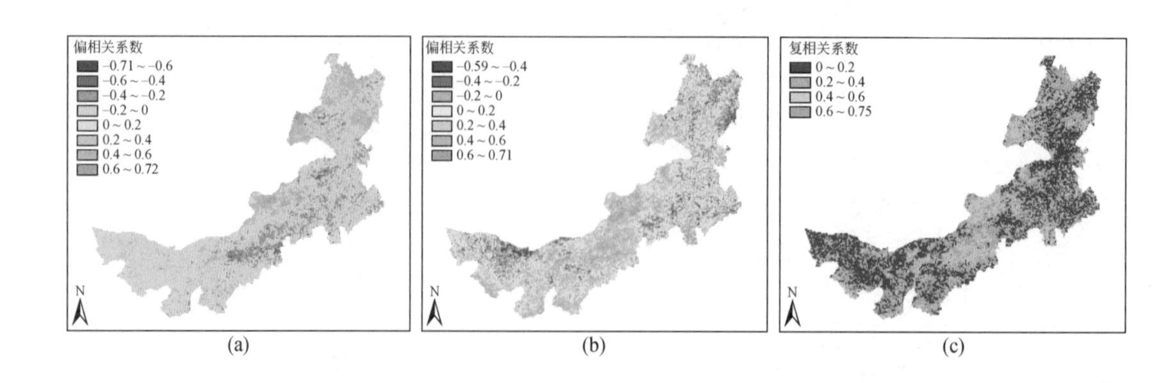

(a)　(b)　(c)

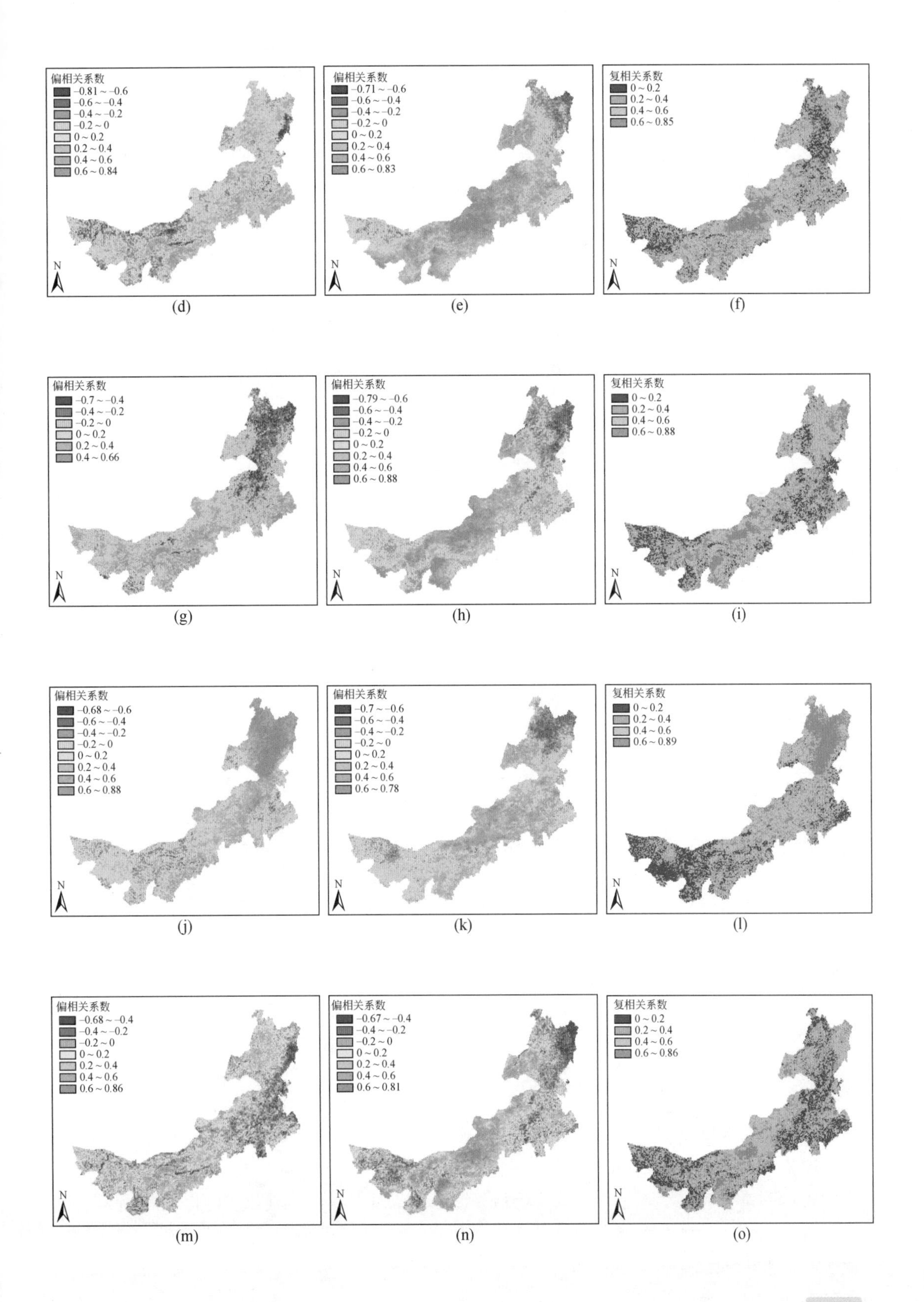
偏相关系数
-0.81 ~ -0.6
-0.6 ~ -0.4
-0.4 ~ -0.2
-0.2 ~ 0
0 ~ 0.2
0.2 ~ 0.4
0.4 ~ 0.6
0.6 ~ 0.84
N
(d)
偏相关系数
-0.71 ~ -0.6
-0.6 ~ -0.4
-0.4 ~ -0.2
-0.2 ~ 0
0 ~ 0.2
0.2 ~ 0.4
0.4 ~ 0.6
0.6 ~ 0.83
N
(e)
复相关系数
0 ~ 0.2
0.2 ~ 0.4
0.4 ~ 0.6
0.6 ~ 0.85
N
(f)
偏相关系数
-0.7 ~ -0.4
-0.4 ~ -0.2
-0.2 ~ 0
0 ~ 0.2
0.2 ~ 0.4
0.4 ~ 0.66
N
(g)
偏相关系数
-0.79 ~ -0.6
-0.6 ~ -0.4
-0.4 ~ -0.2
-0.2 ~ 0
0 ~ 0.2
0.2 ~ 0.4
0.4 ~ 0.6
0.6 ~ 0.88
N
(h)
复相关系数
0 ~ 0.2
0.2 ~ 0.4
0.4 ~ 0.6
0.6 ~ 0.88
N
(i)
偏相关系数
-0.68 ~ -0.6
-0.6 ~ -0.4
-0.4 ~ -0.2
-0.2 ~ 0
0 ~ 0.2
0.2 ~ 0.4
0.4 ~ 0.6
0.6 ~ 0.88
N
(j)
偏相关系数
-0.7 ~ -0.6
-0.6 ~ -0.4
-0.4 ~ -0.2
-0.2 ~ 0
0 ~ 0.2
0.2 ~ 0.4
0.4 ~ 0.6
0.6 ~ 0.78
N
(k)
复相关系数
0 ~ 0.2
0.2 ~ 0.4
0.4 ~ 0.6
0.6 ~ 0.89
N
(l)
偏相关系数
-0.68 ~ -0.4
-0.4 ~ -0.2
-0.2 ~ 0
0 ~ 0.2
0.2 ~ 0.4
0.4 ~ 0.6
0.6 ~ 0.86
N
(m)
偏相关系数
-0.67 ~ -0.4
-0.4 ~ -0.2
-0.2 ~ 0
0 ~ 0.2
0.2 ~ 0.4
0.4 ~ 0.6
0.6 ~ 0.81
N
(n)
复相关系数
0 ~ 0.2
0.2 ~ 0.4
0.4 ~ 0.6
0.6 ~ 0.86
N
(o)

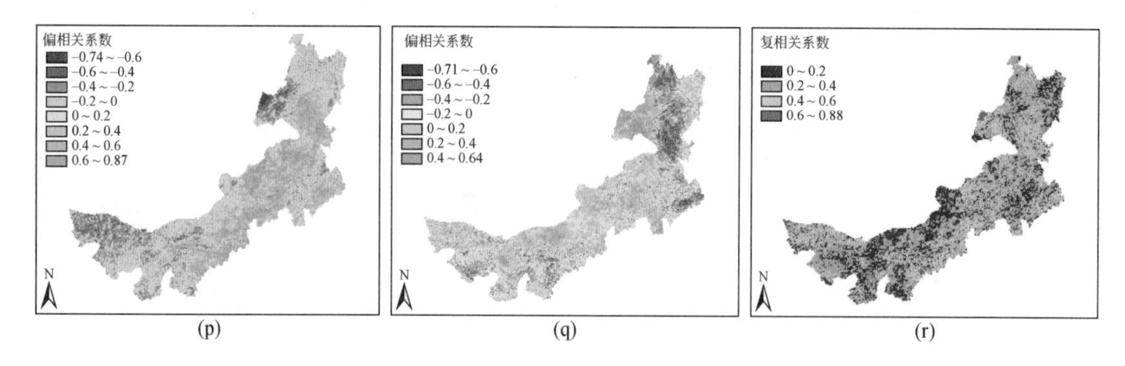

图 2-16　不同时间尺度上 NDVI 与温度、降水的偏相关系数及复相关系数

(a) ~ (c) 分别为年尺度上 NDVI 与气温、降水的偏相关系数及复相关系数，(d) ~ (f) 为生长季 NDVI 与气温、降水的偏相关系数及复相关系数，(g) ~ (i) 分别年最大 NDVI 值与气温、降水的偏相关系数及复相关系数，(j) ~ (l) 分别为春季 NDVI 与气温、降水的偏相关系数及复相关系数，(m) ~ (o) 为夏季 NDVI 与气温、降水的偏相关系数及复相关系数，(p) ~ (r) 为秋季 NDVI 与气温、降水的偏相关系数及复相关系数

从不同季节相关性面积分析，全年尺度上，降水对 NDVI 的影响面积高于气温的影响面积，春季平均气温和降水对植被覆盖度均具有较明显作用，夏季和生长季主要受降水的影响，秋季受气温影响更大，年最大 NDVI 对 3 ~ 8 月气温和降水的响应基本相当。

2.4　植被变化对区域气候变化的反馈

气候变化对生态系统的影响及其反馈是当前全球变化研究的重要内容，而土地利用和土地覆盖变化引起的气候变化一直是研究的焦点问题之一。在区域尺度上研究植被对气候的反馈作用，大多数是开展典型区域或典型植被的一系列观测、动力学与理论分析和模式研究，其结果往往不具有普遍性，也很难区分植被对气候影响的区域差异。目前，人类对由工业活动排放的 CO_2 对气候变化的影响研究较多，也受到社会普遍的关注，但对区域植被对气候的影响还不够重视，对植被覆盖和下垫面变化引起的气候变化的研究相对还较少，目前通过观测，对荒漠化、森林砍伐、植被退化引起的区域气候变化有了一定的研究，这对了解植被对气候变化的影响有较大的帮助。本章利用长时序的遥感影像数据和气候数据来研究植被的反馈作用可能是了解植被对区域气候影响的一个很好的途径。

2.4.1　植被变化对夏季气候的影响分析

从 1982 ~ 2006 年上年冬季 NDVI 与当年夏季 49 个台站的气温和降水的相关性来看（图 2-17），内蒙古地区冬季 NDVI 与夏季平均气温的相关性存在着较明显的区域差异，东北森林区基本呈负相关，特别是兴安盟等地，而在典型草原和沙地、沙漠区域，基本以正相关为主，这表明在植被覆盖较好的区域，夏季平均气温对冬季植被状况响应较敏感。从春季植被 NDVI 与夏季平均气温相关性来看（图 2-18），其相关性以负相关为主，即春季植被越好，夏季平均气温越低，但呼伦贝尔、鄂尔多斯东部及阿拉善等地表现为春季植被越好，夏季平均气温越高，这可能与这些地区植被以草原、荒漠为主有关，特别是内蒙古西部地区，植被覆盖度很低，植被的微弱变化对夏季气温的影响很小，工业活动排放的 CO_2 导致的增温现象与区域植被 1982 ~2006 年的改善相重合，导致此现象的出现。

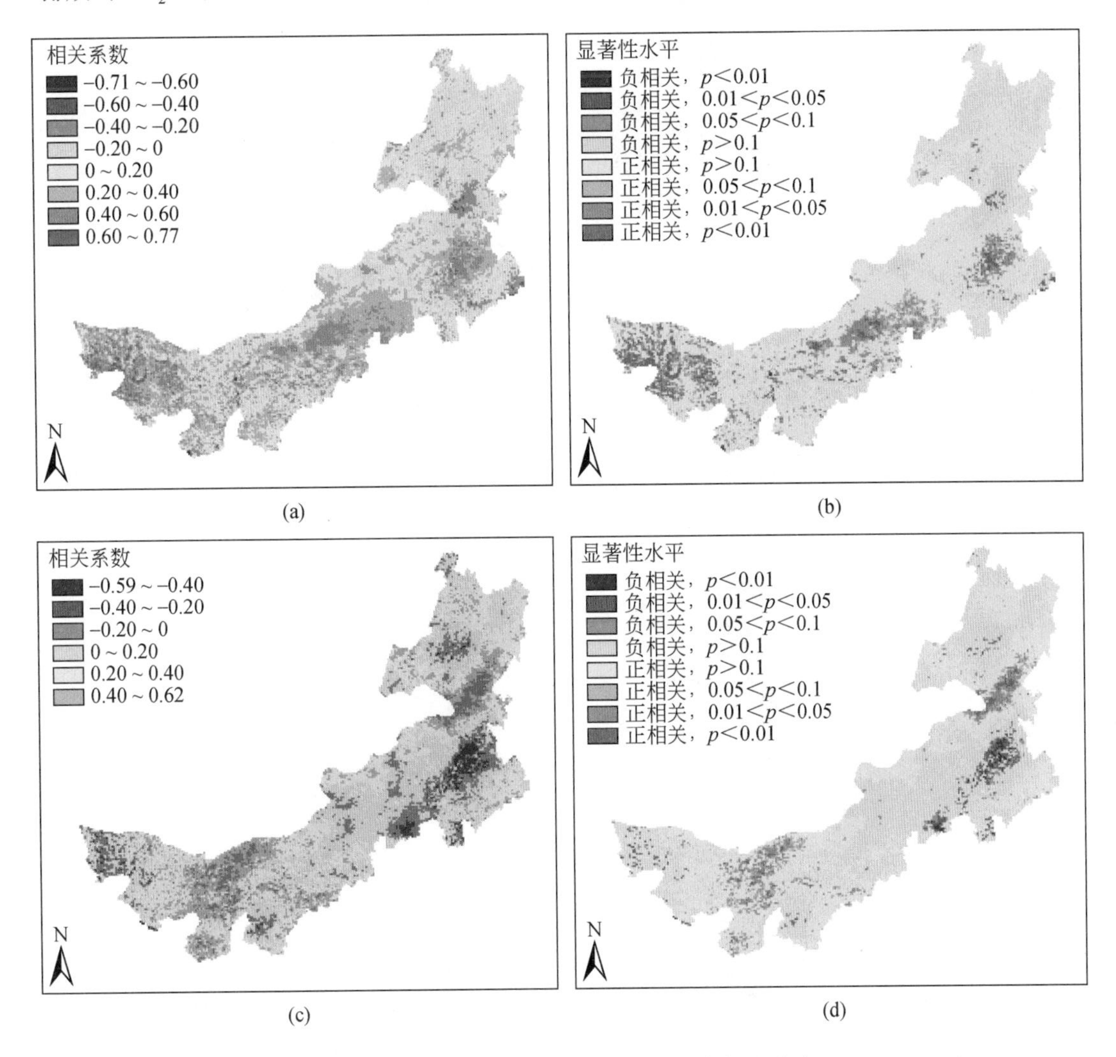

图 2-17　冬季 NDVI 对夏季的气温和降水的影响

（a）为冬季 NDVI 与夏季气温的相关系数，（b）为冬季 NDVI 与夏季气温的相关性显著水平，（c）为冬季 NDVI 与夏季降水的相关系数，（d）为冬季 NDVI 与夏季降水的相关性显著水平

从冬季 NDVI 对区域降水的影响来看（图 2-17），冬季 NDVI 与夏季降水既有正相关关系，也有负相关关系，其区域差异较明显。大兴安岭中北部、河套平原、阿拉善东部、赤峰、通辽等地基本以正相关为主，其他地区以负相关为主。从春季 NDVI 与夏季降水的滞后性相关分析表明（图 2-18），相关性的区域差异较明显，内蒙古东北部大兴安岭针叶林、阔叶林区呈显著正相关，一直延伸至赤峰地区，此外中部的农业区也表现为正相关。这表明，在大兴安岭等地区，春季植被越好，其夏季降水量越多，植被具有增加降水的作用，但在呼伦贝尔、鄂尔多斯、锡林浩特等地，春季植被对夏季降水的影响不大或呈负相关，这可能是由于降水的空间变化主要受全球大气环流的影响，在草

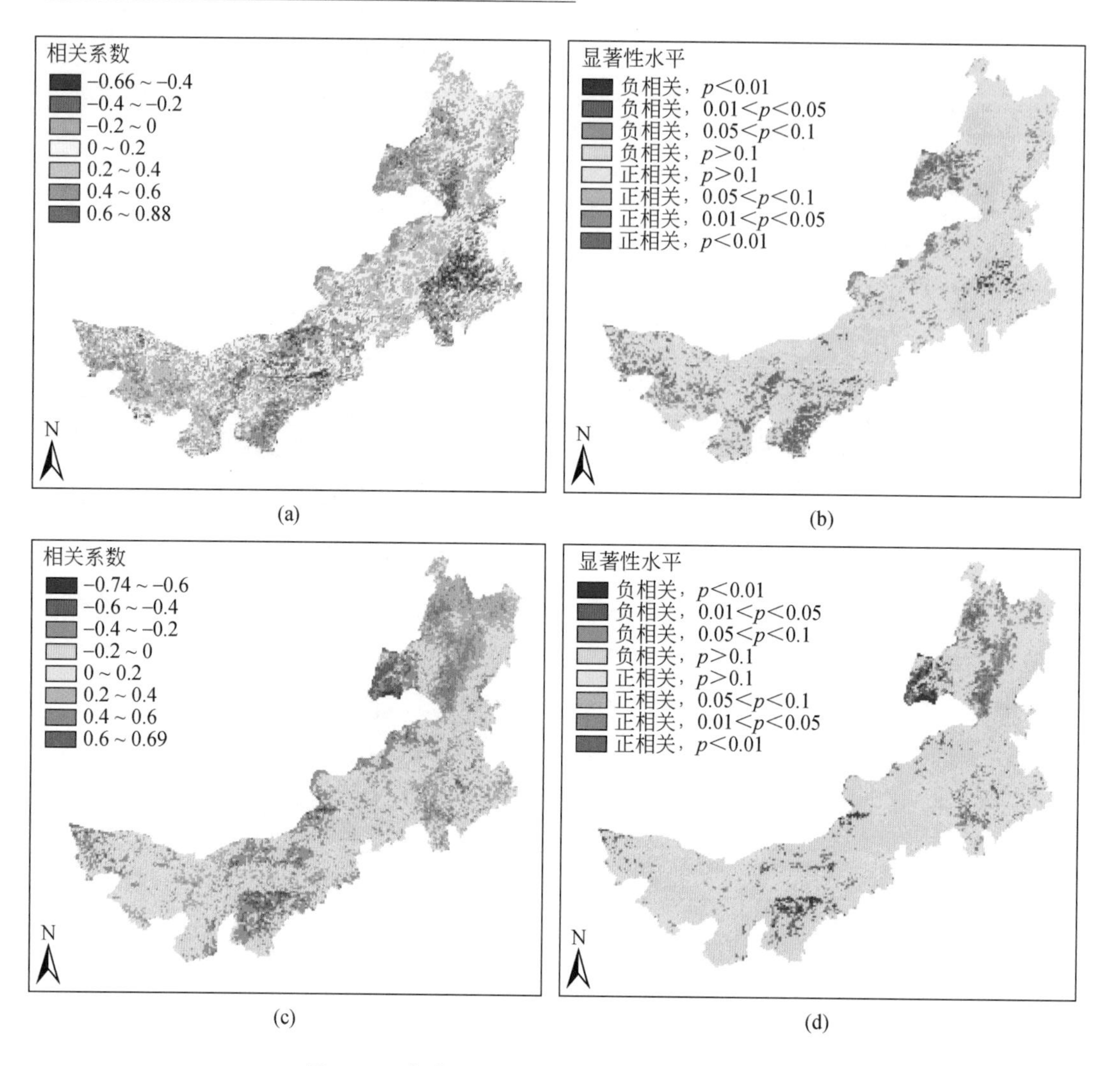

图 2-18　春季 NDVI 对夏季的气温和降水的影响

（a）为春季 NDVI 与夏季气温的相关系数，（b）为春季 NDVI 与夏季气温的相关性显著水平，（c）为春季 NDVI 与夏季降水的相关系数，（d）为春季 NDVI 与夏季降水的相关性显著水平

原、荒漠地区，植被的改善增加的降水不显著而被大气环流的影响所覆盖，无法反映植被对降水变化的影响。

从冬季、春季 NDVI 对区域内夏季平均气温和降水量的影响综合来分析，NDVI 对夏季气候的影响表现出明显的地区差异，从区域植被类型分布区来看，森林区域植被 NDVI 增加降水、降低气温的效应更显著，而草原和荒漠植被区域植被 NDVI 与降水、气温的相关关系较复杂，这可能与森林的立体结构显著强于草原等植被类型有关。此外，区域尺度上植被对气候的影响的滞后期为 1 ~ 2 个季。

2.4.2　不同植被类型区的气候变化

（1）不同植被类型区的气温、降水变化

表 2-10 为内蒙古地区 1982 ~ 2006 年不同植被类型区的年均气温和年降水量的变化

及其变化趋势。分析表明，不同植被类型区年均气温均呈增加趋势，但存在着一定的差异性，草原与稀树灌木的升高趋势明显，达0.61℃/10a，针叶林年均气温的增加趋势最小。为0.31℃/10a，其变化趋势大小顺序依次为草原与稀树灌木>荒漠>农业植被>灌丛与萌生矮林>草甸与草本沼泽>阔叶林>针叶林。

表2-10 1982～2006年不同植被类型区域年均气温和年降水量的变化趋势

因子	指标	针叶林	阔叶林	草原与稀树灌木	草甸与草本沼泽	农业植被	灌丛与萌生矮林	荒漠
气温	变化趋势率/(℃/10a)	0.31	0.46	0.61	0.48	0.57	0.54	0.60
	累积升温幅度/℃	0.78	1.16	1.53	1.19	1.44	1.35	1.50
	年均值/℃	-1.7	3.1	3.0	-0.2	6.3	4.2	8.4
降水	变化趋势率/(mm/a)	-3.98	-3.69	-2.07	-3.32	-1.35	-2.34	0.60
	累积变化幅度/mm	-99.49	-92.37	-51.63	-83.12	-33.81	-58.57	14.92
	年均值/mm	455.8	443.6	284.9	415.5	361.7	395	124

从不同植被类型区降水量变化趋势来看，除荒漠外，其他植被类型区域的年降水量均呈下降趋势，其中以针叶林的降水量下降趋势最明显，达-3.98mm/a，农业植被的下降趋势最小。这说明内蒙古地区降水变化呈现出两极变化趋势，西部荒漠区气温和降水呈双增加趋势，即暖湿化趋势，而中东部地区呈降水减少、气温增加的趋势，即暖干化趋势。

（2）植被类型对气温变化的影响

表2-11和图2-19为内蒙古地区7种主要植被类型年均NDVI对不同时间尺度（年、春季、夏季和秋季）平均气温变化趋势的影响，结果表明，不同植被类型下的平均气温变化基本表现为NDVI值越低，升温趋势越明显；从不同季节各植被类型NDVI与升温趋势来看，春季各植被类型NDVI与升温趋势关系显著，NDVI越高，升温趋势率越低，夏季各植被类型NDVI与升温趋势关系很弱，这说明夏季不同植被类型区域间的升温趋势差异较小；秋季、冬季各植被类型NDVI对温度变化的影响也较显著。以上分析表明，不同植被类型NDVI的差异，造成了不同的下垫面条件，从而导致各个时期的平均气温变化趋势差异明显，且与NDVI大小有一定的关系，但夏季和冬季由于植被处于最好和最差的时期，下垫面植被覆盖的影响相对较小，从而减弱了植被对气温变化的影响。

表2-11 不同植被类型各季节1982～2006年的升温幅度 （单位：℃）

季节	植被类型						
	针叶林	阔叶林	草原与稀树灌木	草甸与草本沼泽	农业植被	灌丛与萌生矮林	荒漠
年均	0.78	1.16	1.53	1.19	1.44	1.35	1.50
春季	0.80	1.28	1.67	1.29	1.65	1.57	1.84
夏季	1.35	1.52	1.81	1.65	1.47	1.46	1.78
秋季	0.69	1.08	1.38	1.10	1.33	1.19	1.28
冬季	0.19	0.64	1.26	0.66	1.34	1.13	1.29

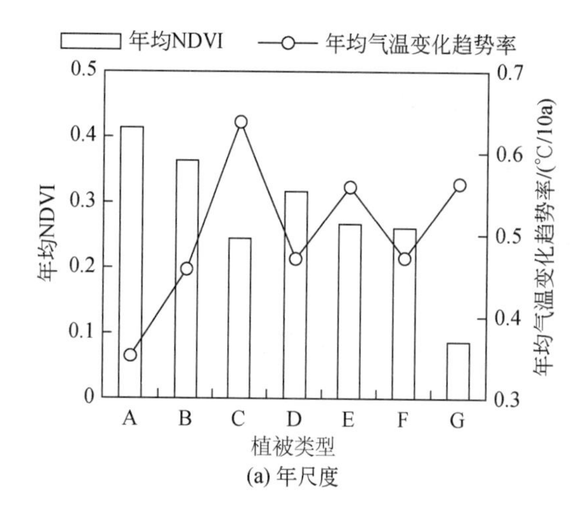

(a) 年尺度

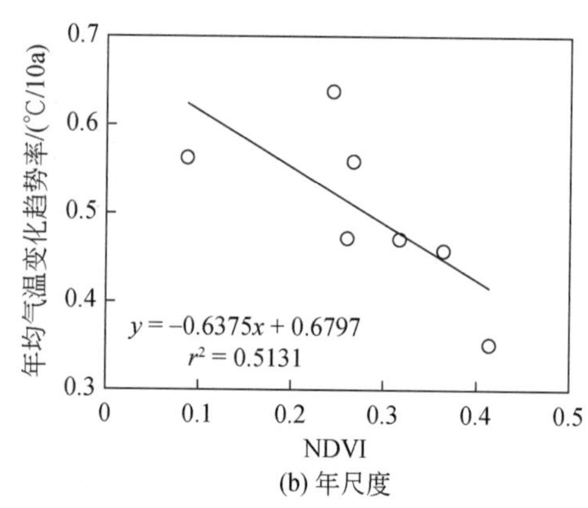

(b) 年尺度

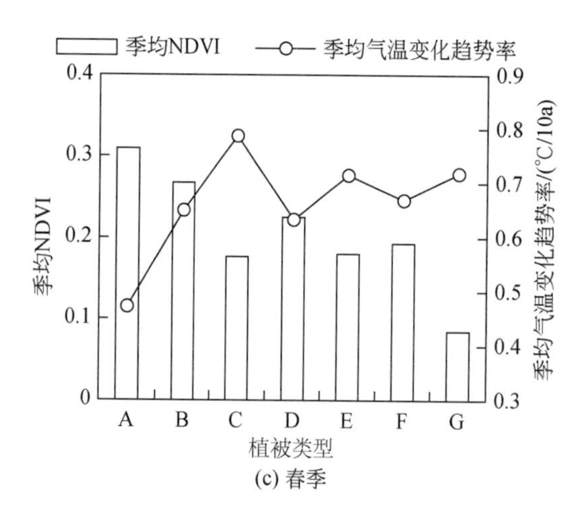

(c) 春季

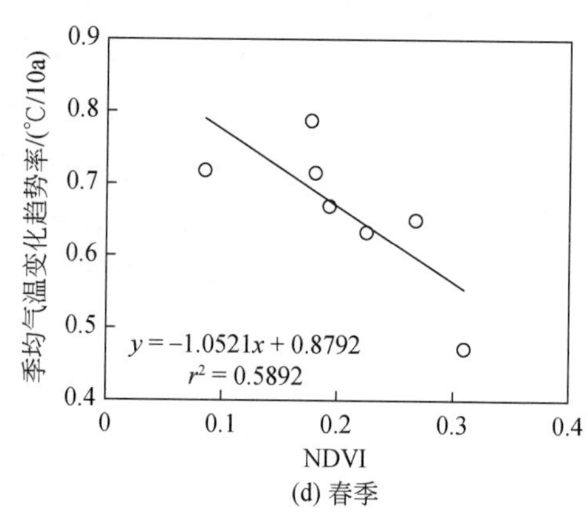

(d) 春季

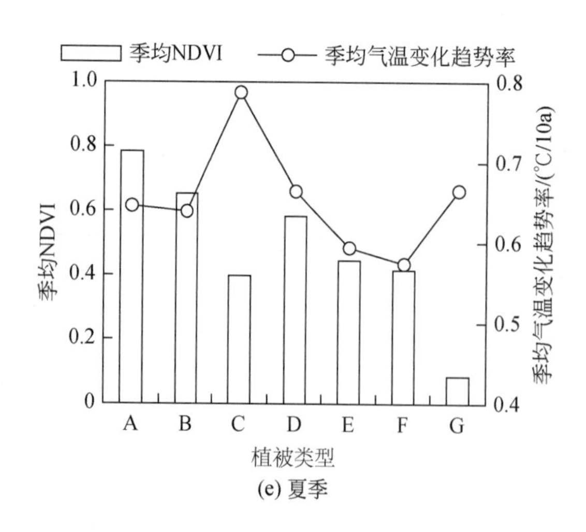

(e) 夏季

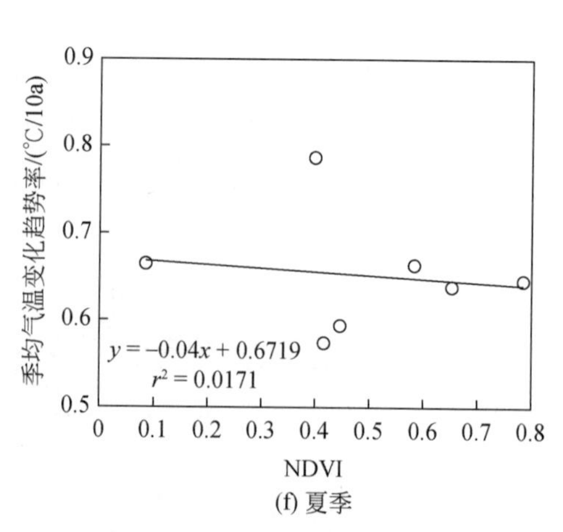

(f) 夏季

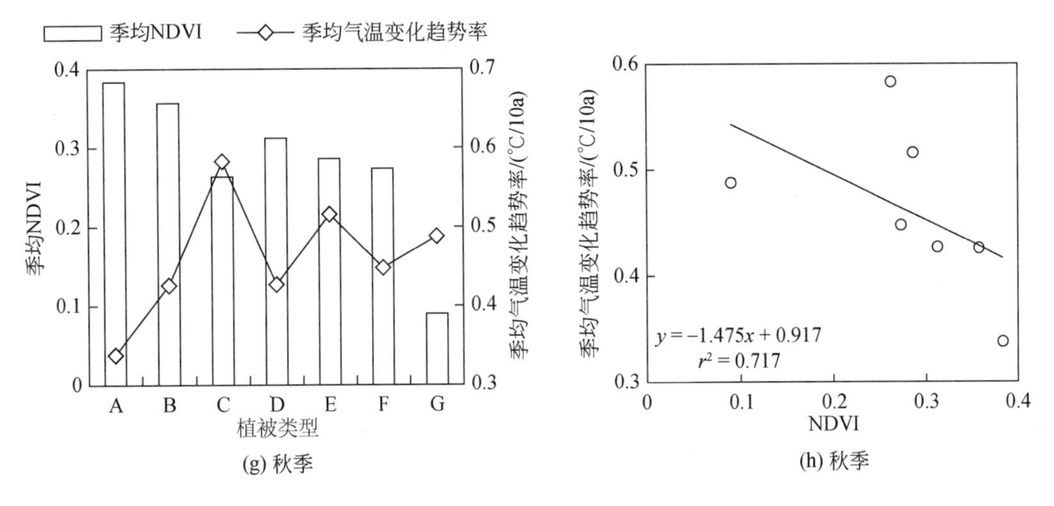

图 2-19 不同时间尺度上各植被类型 NDVI 对气温变化趋势的影响

A ~ G 分别代表针叶林、阔叶林、草原与稀树灌木、草甸与草本沼泽、农业植被、灌丛与萌生矮林、荒漠

从不同的植被类型来看，草原与稀树灌木升温幅度最大，其次为荒漠，最低的为针叶林；从不同的季节来看，针叶林、阔叶林、草原与稀树灌木、草甸与草本沼泽植被类型以夏季的升温幅度最大，冬季最小，灌丛与萌生矮林、农业植被、荒漠以春季最大，秋季或冬季最小。

（3）植被类型对降水变化的影响

图 2-20 和表 2-12 为不同植被类型 NDVI 均值及降水变化趋势率，分析表明，针叶林和阔叶林的降水减少率较大，而草原与稀树灌木、草甸与草本沼泽、农业植被、灌丛与萌生矮林的 NDVI 均值较低，其降水减少率也较小，在荒漠即内蒙古西部地区，降水呈微弱的增加趋势。各植被类型 NDVI 与降水变化趋势率的关系表明，植被 NDVI 越高，其降水减少的趋势越明显，这与我们所认识的植被有助于改善区域湿度、增加降水相矛盾。这种悖论可能与大气水循环机制有一定的关系，内蒙古中东部植被较好的地区主要是季风区，降水量大，而西部荒漠区受海洋季风的影响相对较小，降水量小，这种格局可能会导致两种结果，西部地区植被改善后，增加了区域内植被的蒸发散，可以实现区域内的水分自循环，从而导致荒漠区降水增加，而中东部地区植被良好的地区由于温度升高增加了水分蒸发散，在大气环流的作用下，水汽无法凝结，降水量减少。

从不同的植被类型看，针叶林区降水累积降低量最大，达 99. 5mm，农业植被类型区降低幅度最小，为 33. 8mm，荒漠的降水量增加达 14. 9mm；从不同季节来看，除荒漠外，其他植被类型夏季和秋季的降水量均呈下降趋势，其中以夏季降水量下降最大，针叶林下降量达 101. 8mm；在春季，针叶林、阔叶林、草原与稀树灌木、草甸与草本沼泽的降水量均呈增加趋势，以针叶林增加最多，达 14. 3mm，冬季各植被均呈增加趋势，针叶林降水增加最多。对于荒漠植被来说，各季节降水量均呈增加趋势，其中以秋季降水量增加最多，达 9. 2mm，其次为春季，达 3. 1mm。

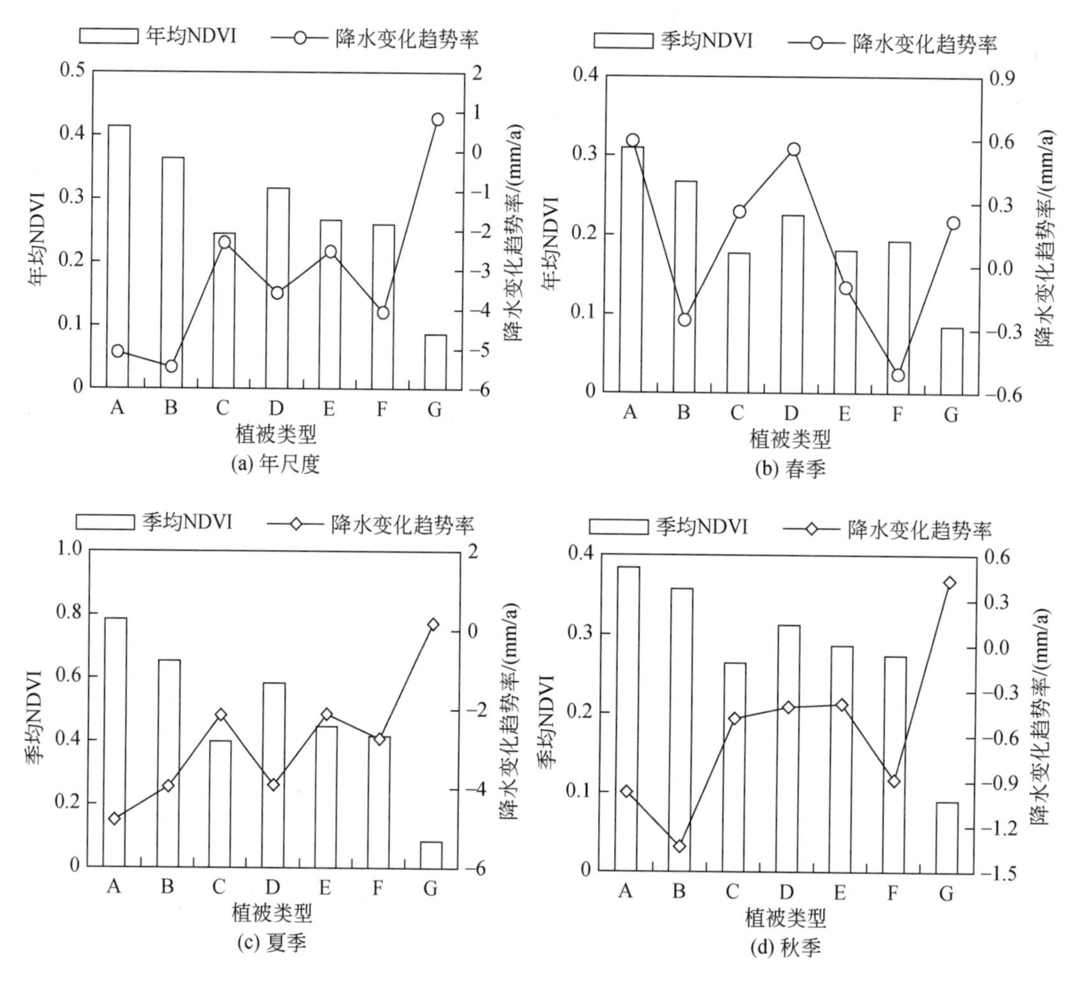

图 2-20　不同植被类型对降水变化趋势的影响

A ~ G 分别为针叶林、阔叶林、草原与稀树灌木、草甸与草本沼泽、农业植被、灌丛与萌生矮林、荒漠

表 2-12　不同植被类型各季节 1982 ~ 2006 年的降水累积变化量（单位：mm）

季节	植被类型						
	针叶林	阔叶林	草原与稀树灌木	草甸与草本沼泽	农业植被	灌丛与萌生矮林	荒漠
年均	−99. 5	−92. 4	−51. 6	−83. 1	−33. 8	−58. 6	14. 9
春季	14. 3	0. 4	4. 8	8. 0	−3. 4	−9. 5	3. 1
夏季	−101. 8	−74. 3	−49. 1	−78. 4	−28. 1	−39. 7	1. 8
秋季	−17. 0	−22. 1	−9. 1	−16. 2	−4. 5	−11. 0	9. 2
冬季	6. 3	4. 5	2. 3	4. 4	2. 8	2. 4	1. 0

2.4.3　基于栅格的植被变化对平均气温和降水量变化的影响

基于栅格的平均气温和降水量变化趋势以及 1982 ~2006 年的 NDVI 平均值，统计分析不同栅格尺度上的平均气温和降水量变化与植被 NDVI 的关系（图 2-21）。分析结果表明，在年尺度上，平均气温的变化趋势与植被 NDVI 呈二次多项式关系，植被 NDVI 在 0. 15 以下表现为随着 NDVI 的增加，平均气温升高幅度增加；NDVI 高于 0. 15 时，随着 NDVI 的增加，平均气温升高幅度呈下降趋势。这说明植被对平均气温的变化趋势有着较显著的影响，即植被覆盖度增加可以减缓全球气候变暖，但在植被覆盖度很小的区域，植被的作用有限，甚至出现逆变性。

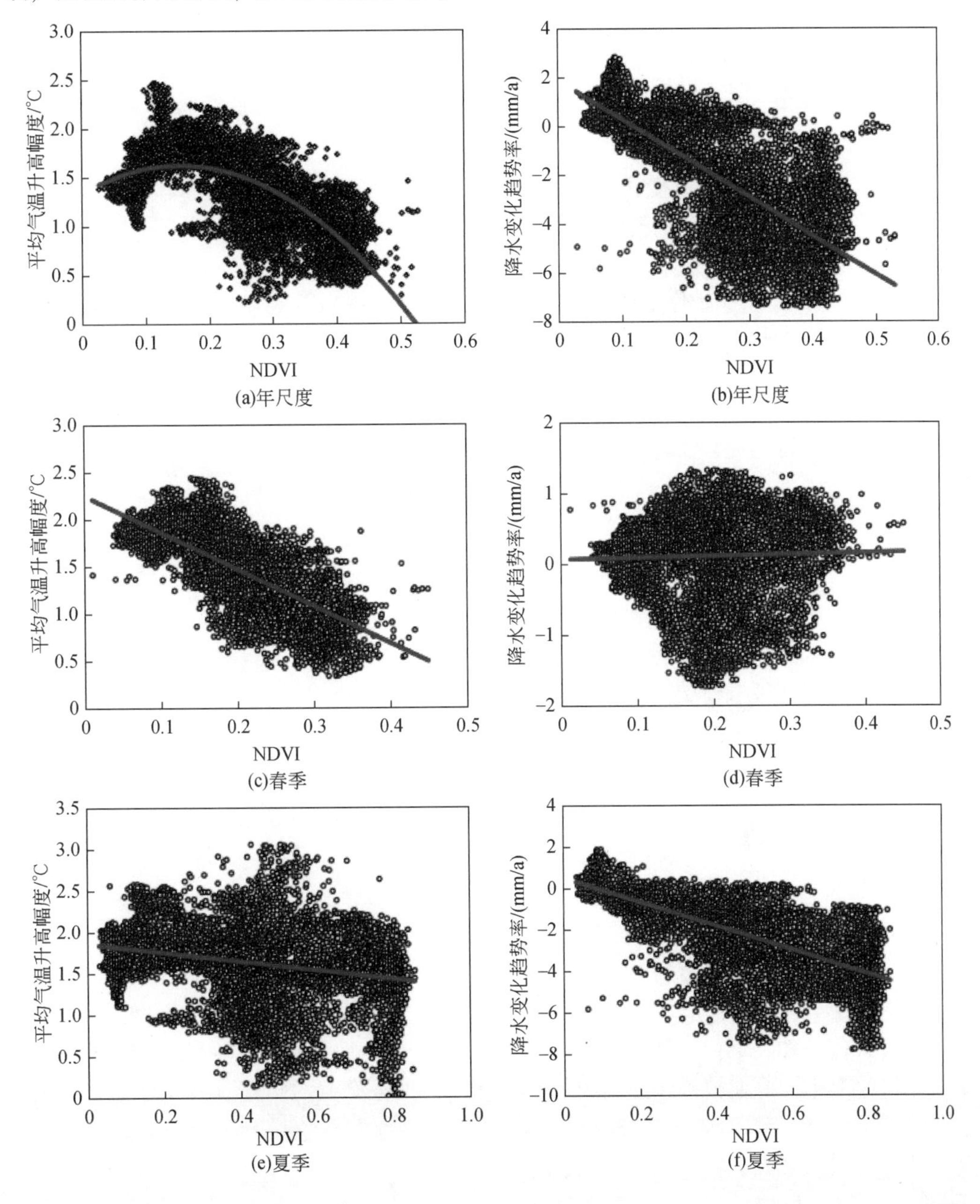

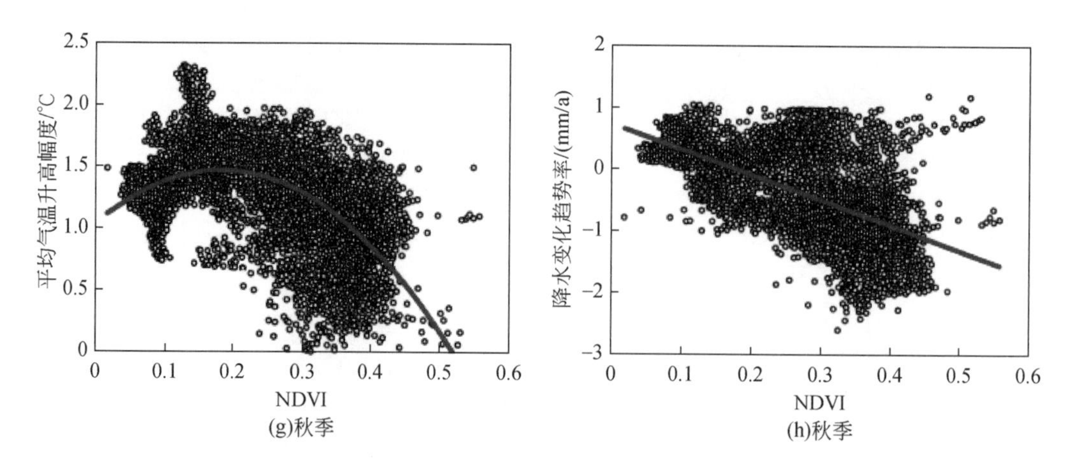

图 2-21　内蒙古地区 NDVI 变化对平均气温和降水量变化的影响

从不同的季节平均气温变化幅度看，春季 NDVI 与平均气温升高幅度呈显著的负相关关系，即随着植被 NDVI 的升高，平均气温升高幅度呈减小趋势；夏季变化趋势与春季相似，但植被 NDVI 对气温升高幅度的影响较小；秋季变化趋势与年均气温变化趋势相似，即呈二次多项式关系；冬季由于 NDVI 较小，植被对气温变化的影响较小，相关性不显著。综合分析表明，植被覆盖度的增加，对气温的变化具有一定的影响，在一定程度上可以减缓全球气候变暖，也表明目前人类活动对植被的破坏在一定程度上可能导致全球气候变暖。

从降水变化情况分析，年降水量减小趋势率随植被 NDVI 的增加而增加，从不同的季节变化趋势来看，春季表现为随植被 NDVI 的增加，降水变化趋势率呈增加趋势，且相当数据的栅格表现为降水量呈增加趋势。夏季和秋季均表现为随 NDVI 的增加，降水减小趋势率呈增加趋势，冬季表现不显著，这些表现除春季与目前的认识相一致外，年均和夏季、秋季的降水量变化与目前的认识均是矛盾的，分析其原因，认为这可能与降水受大气环流的影响有关，植被的改善只会在一定程度上增加区域内的水平降水，增加空气湿度，却无法控制大气环流降水，因而导致出现矛盾的结果。此外，区域大气温度的升高，也会改变水循环过程，可能导致降水量的减少，但具体的原因目前还无法解释，有待于进一步的研究。

2.5　小结

1982～2006 年内蒙古全区植被覆盖总体上处于比较显著的增加趋势，但局部有所降低，全区植被覆盖总体有所好转。从不同的季节看，各季节 NDVI 均呈增加趋势，其中以秋季 NDVI 增加趋势最显著。从不同的植被类型来看，针叶林 NDVI 呈降低趋势，但不显著；阔叶林、草甸与草本沼泽和荒漠三种植被类型年均 NDVI 呈微弱增强趋势，草原与稀树灌木、农业植被、灌丛与萌生矮林三种植被类型的年均 NDVI 均呈显著增强趋势。

从区域尺度来看，年平均气温变化和年降水量对年均 NDVI 变化具有显著正效应；

春季和秋季 NDVI 与气温、降水呈较显著正相关，其中春季最显著，夏季和生长季 NDVI 与气温、降水的相关性不显著。对于不同植被类型，草原与稀树灌木、农业植被、灌丛与萌生矮林的 NDVI 与气温呈显著正相关，所有植被类型年均 NDVI 与年降水量相关性均不显著。

植被覆盖变化对区域气候变化有一定影响，冬季和春季 NDVI 对夏季平均气温、降水的影响较明显，但在不同地区存在差异性。不同植被类型对气温、降水的影响不同，所有植被类型的气温均呈升高趋势，其中以草原与稀树灌木的气温升高趋势明显，针叶林的气温升高趋势最小。荒漠地区降水呈增加趋势，其他植被类型的降水呈下降趋势。

第3章　京津风沙源区植被变化及其气候响应

京津风沙源区是我国北方最重要的沙尘源区之一，对中国京津冀等华北地区、华东地区等的大气环境产生重要影响。我国于2000年后实施的京津风沙源区治理工程已经使其生态环境得到有效的改善。本章将利用1982～2006年GIMMS NDVI数据和2007～2009年MODIS NDVI数据、1959～2009年京津风沙源区气象站点的数据资料，通过线性回归、相关分析等方法揭示京津风沙源区1982～2009年植被变化的时空特征、规律及其对气温和降水的响应。

3.1　研究区概况与研究方法

3.1.1　研究区概况

（1）地理位置

京津风沙源治理工程建设区位于109°30′E～119°20′E，38°50′N～46°40′N，涉及范围十分广阔，规划占地总面积达到4580万hm^2，东南分别到达河北省平泉市和山西省代县，西北分别至内蒙古自治区内的达尔罕茂明安联合旗和东乌珠穆沁旗，范围涉及北京、天津、河北、山西及内蒙古五省（自治区、直辖市）的75个县（旗、市、区）。

（2）地形地貌

京津风沙源区主要包括三种地貌类型，东部以锡林浩特高平原为主，包括浑善达克沙地等严重沙化土地；西部主要以乌兰察布高平原为主，包括阴山北部丘陵山地及石质戈壁丘陵，地势较为平缓；南部为高平原向华北平原过渡地带，以燕山、太行山等山地为主，地势起伏大，最高海拔点位于雾灵山，与最低海拔处相差一千多米，海河平原占据面积较小，主要位于北京和天津市的北部。

（3）气候

研究区内气候复杂多变，主要包含温带极干旱、温带干旱、温带半干旱、温带半湿润和暖温带半湿润5个气候大区。全年平均降水量为459.5mm，且分布不均匀，雨季降水量较多，甚至可达到全年总降水量的65%，为年蒸发量的五分之一；年均气温区域差异明显，阿巴嘎旗最低至0.6℃，北京市最高为12℃，区域平均气温为7.5℃；区域大风日数平均为36.2天，高原由于其地势原因，大风日数甚至高达80天以上，主要出现在锡林郭勒高平原和乌兰察布高原，内蒙古高原出现大风次数也较频繁，且春季较多，占全年大风总次数的70%。高原和平原的生长期的差异十分突出，最长生长期和最短生长期时间相差两倍还多，但研究区内生长期的平均值为145天。内蒙古高原因其中纬度内陆地势而表现为温带大陆性气候，夏季炎热多雨，冬季寒冷干燥，不仅频繁的沙尘暴天气使其成为京津地区风沙的源区，而且频繁发生的灾害使其成为重要的生态治理区，降水量和年均气温分别由东向西逐渐减少和增加。

（4）土壤与植被

研究区内土壤类型多种多样，植被也随气候环境呈现多种类型，在温带、暖温带，大部分区域以栗钙土为主，栗钙土占据土壤类型中的主体位置，其与黑钙土和棕钙土三种土壤类型形成了内蒙古高原地带性土壤；石质土和石灰土则主要分布在燕山山地。灌草植被和温带、暖温带阔叶林均是天然植被，前者在内蒙古高原分布广泛，大针茅（*Stipa grandis*）群落、克氏针茅（*Stipa krylovii*）群落为主要类型，后者主要分布在燕山和太行山山地北部，建群种主要为落叶栎类和小叶落叶树种，前者包括麻栎（*Quercus acutissima*）、蒙古栎（*Quercus mongolica*）、槲栎（*Quercus aliena*）、栓皮栎（*Quercus variabilis*）等，后者为山杨（*Populus davidiana*）、榆树（*Ulmus pumila*）、白桦（*Betula platyphylla*）等，现在还存活保留的大部分植被是落叶灌丛，包括兴安胡枝子（*Lespedeza davurica*）、山杏（*Armeniaca sibirica*）、次生杨桦林及荆条（*Vitex negundo* var. *heterophylla*）等，油松（*Pinus tabuliformis*）是人工林的主体，旱生小半灌木冷蒿（*Artemisia frigida*）所建群的草原群系较为常见，华北落叶松（*Larix principis-rupprechtii*）占据高海拔地带。人工植被在研究区内分布不均匀，且所占面积不大，但对工程区会产生深远影响，东部数量较多，西部数量较少，且不管是人工植被还是天然植被，都表现为生长状况东南部好于西北部。

（5）水资源

京津风沙源区大清沟、安固里河组成内流河水系；滦河、辽河、潮白河和永定河组成外流河水系，地表水资源量为132.93亿m^3，约占据水资源总量的58%。水资源在区域内分布极不平均，河北省水资源储量十分丰富，但是其过境水的特点使其利用率不高。内蒙古干旱草原和浑善达克沙地具有丰富的地下水资源，且靠近地表，易于被人们开采利用。张家口地区坝上坝下水资源总量相差很大，后者可利用水资源将近为前者可利用水资源的5倍，坝上以地下水为主，占据总量的62.5%，地表水为1.2亿m^3，所占比例为37.5%；坝下以地表水为主，达到9.62亿m^3，占据总量的62.8%，地下水占据水资源总量的37.2%。本工程区隶属山西的各县水资源十分缺乏，可开采利用的水资源量受到严重限制。北京市区和山区可供水资源量差别巨大，市区多年平均水资源可达山区平水年可供水资源量的9.6倍，市区地下水资源总量为19.3亿m^3（2014~2021年平均），山区地下水资源总量为2亿m^3；市区地表水约为26.33亿m^3，山区地表水为2.3亿m^3。

（6）社会经济

京津风沙源治理区主要涉及六个盟（市），主要包括锡林郭勒盟、乌兰察布市、张家口市、承德市、赤峰市、大同市，总面积43.48万km^2，约占治理区总面积的95%，因此这六个盟（市）的社会经济数据可以反映整个治理区的社会经济发展状况。2010年，这六个盟（市）总人口为1991.86万人，全年GDP为4779.95亿元，其中第一产业为656.71亿元，第二产业为2451.86亿元，第三产业为1671.38亿元，三次产业比例为13.7∶51.3∶35.0。全年社会消费品零售总额为1491.27亿元，农牧民人均纯收入和城镇居民人均可支配收入分别为4529元和14 563元。城镇和乡村居民恩格尔系数

（食品支出占消费品支出的比例）分别为 35.2% 和 42.8%。2010 年，耕地总面积为 401.85 万 hm^2，林地总面积为 760.19 万 hm^2，草地总面积为 2767.34 万 hm^2，分别占土地总面积的 9.2%、17.5% 和 63.6%。在土地总面积中，沙化土地面积为 1018.37 万 hm^2，其中可以治理的面积为 1011.69 万 hm^2，占沙化土地面积的 99.3%。

3.1.2 数据源及分析方法

3.1.2.1 气象数据来源及预处理

（1）气象数据来源

对全国 726 个气象站点的资料进行筛选，最终选取京津风沙源区内及周边 45 个气象站点 1959 ~ 2009 年的逐月气象数据（资料来源于中国气象科学数据共享服务网 http://new-cdc.cma.gov.cn）。对于缺失的数据，采用多年同一时间段内求均值的方法推算求得。气象站点分布图如图 3-1 所示。

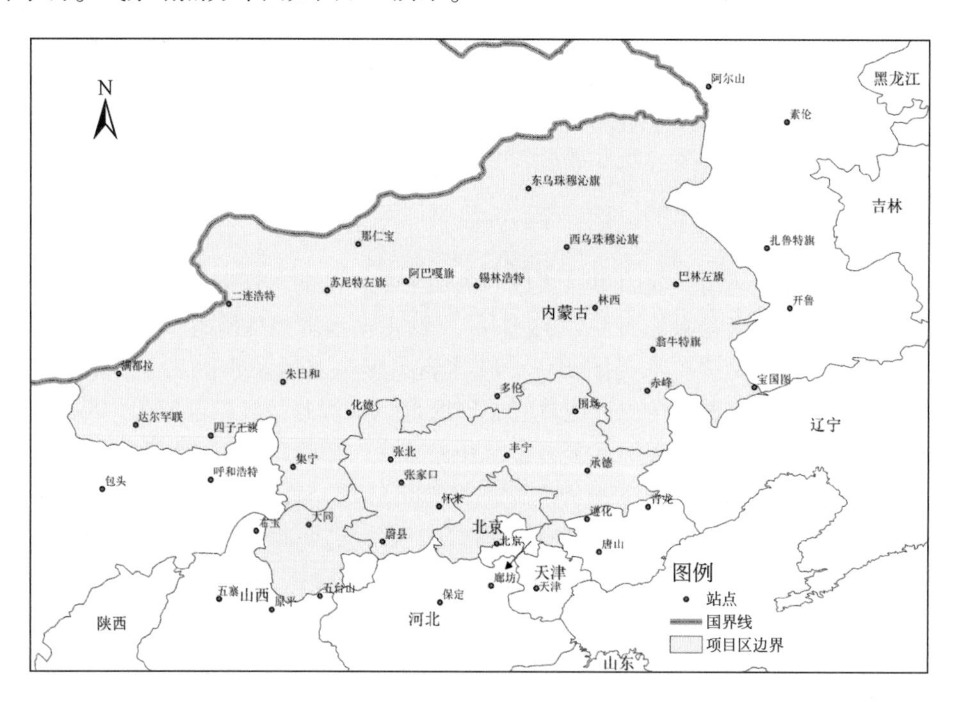

图 3-1 京津风沙源治理区气象站点分布

（2）气象数据处理

气温和降水量采用不同的处理方法：对于气温，主要是取平均值，将逐月气温求平均，得各季平均气温和逐年平均气温；对于降水量，用累积值的方式进行记录，因此降水量的处理方法为将各月降水量相加，分别计算各季总降水量和年总降水量。从空间尺度研究植被覆盖与气候因子的关系时，利用 ArcGIS 软件空间插值模块的反距离加权法对气象数据进行插值处理，使得到的气象栅格图与获取的 NDVI 影像数据相匹配，能够叠加进行空间计算。空间插值处理气象数据时间段为 1959 ~ 2009 年月值。

对于潜在蒸散量的计算，本研究采用联合国粮食及农业组织推荐的 Penman-Monteith 模型，涉及的气象数据包括平均最高气温、平均最低气温、平均相对湿度、日照时数和平均风速。

3.1.2.2 NDVI 数据来源与处理

为了尽可能地掌握京津风沙源区 1982～2009 年植被覆盖变化情况，本研究采用两种 NDVI 遥感数据资料，分别为 GIMMS NDVI 数据和 MODIS NDVI 数据。

（1）GIMMS NDVI 数据

该数据源于美国国家航空航天局（NASA）全球监测与模型研究组（GIMMS）发布的 15d 最大合成数据（GIMMS NDVI），空间分辨率是 8km，投影方式为 Albers Conical Equal Area，时间跨度为 1982 年 1 月至 2006 年 12 月（https://ecocast.arc.nasa.gov/data/pub/gimms）。

GIMMS NDVI 数据集被认为是相对标准的数据，通过相关转换公式，将栅格单元的灰度值转化为 NDVI 真实值，然后利用京津风沙源一期边界矢量文件切割得到研究区图像，利用最大合成法对每月两个 15d 区域 NDVI 数据取最大值，得出 1982 年 1 月至 2006 年 12 月逐月 NDVI 数据，数据集的 NDVI 都已经过几何校正、辐射校正、大气校正等预处理，并利用交叉辐射定标的方法增强了精度，增加了卫星传感器的不稳定性校正等，GIMMS NDVI 具有误差小、精度高等特点，这使其在大尺度时空植被变化研究中受到了普遍应用，并取得了较好的效果。

（2）MODIS NDVI 数据

该数据来自 NASA 的 16d 合成陆地标准产品 MOD13A2，空间分辨率为 1km，投影方式为正弦曲线投影，时间跨度为 2007 年 1 月至 2009 年 12 月（https://ladsweb.modaps.eosdis.nasa.gov/）。

MODIS 数据 36 个波段的特性辐射范围非常广，利用最大合成法处理两个 16d 产品，如果数据在该月日期超过 8d，则将数据归于该月。最后生成 2007 年 1 月至 2009 年 12 月 MODIS NDVI 月值数据。

首先利用 ArcGIS 软件将 HDF 格式的图像转化为 IMG 格式，然后转换投影和像元大小，并根据研究区的矢量边界切割影像，原 NDVI 值是经过拉伸后的 NDVI 值，其值范围为 0～10 000，DN 值和真实值 NDVI 之间的转换关系为 DN=NDVI×10 000，利用上式将 NDVI 影像的值域转换到-1～1。

3.1.2.3 气候数据空间插值

为了使气象数据能够与植被指数进行空间计算，对研究区气象站的气温、降水和潜在蒸散量数据进行空间插值，将离散点的测量数据转换为连续的栅格数据，模拟其空间变异情况。目前空间插值方法主要包括样条线法、反距离加权法和地质统计学方法。在前人研究的基础上，本研究采用反距离加权法，将气象因子（气温、降水和潜在蒸散）空间插值成栅格数据，得到长时间序列气温、降水和潜在蒸散的栅格月均值数据。

3.1.2.4 NDVI 变化及其气候响应分析

为了反映研究区内 1982～2009 年植被覆盖的总体变化特征，选用年均植被指数、季节植被指数、多年月均植被指数等指标对研究区内 NDVI 值进行趋势计算，即统计区域内相应时段所有像元 NDVI 的平均值。采用最大合成法得出 1982～2009 年逐月 NDVI。本研究采用的季节划分标准为春（3～5 月）、夏（6～8 月）、秋（9～11 月）、冬（12 月至次年 2 月）、生长季（5～10 月），将气象因子的月平均数据按照四季分别计算出季气象数据。NDVI 的变化趋势及显著性检验通过最小二乘法进行分析，具体方法见第 2 章研究相关方法部分。

3.2 京津风沙源区气候变化特征

气候因素作为生态系统的环境影响因素之一，对植被覆盖度常常起着决定性的作用。气候变化是长时期大气状态变化的反映，其主要表征因子为各种时间尺度上的冷暖、干湿变化，形成大小各异的非固定周期。研究区域气候变化趋势，对分析气候变化对植被的影响、历史气候变化态势等具有重要意义。因此，我们利用气候变化趋势系数简单地分析了 1959～2009 年京津风沙源区共 51 年的气候变化特征，为揭示研究区植被覆盖变化特征和演变趋势提供依据。

3.2.1 气温变化特征分析

（1）气温年变化趋势

由图 3-2 可知，在全球变暖背景下，京津风沙源区的年均气温整体上呈现比较明显的上升趋势，线性倾向率为 0.0408，r^2 为 0.5459，在 1959～2009 年，气温波动变化比较显著，在 1969 年出现了最低值，为 4.28℃；另一个低值出现在 1985 年，而后气温波动增加比较明显，平均气温维持在 6.62℃，高于 1959～2009 年多年平均温度 6.0℃。

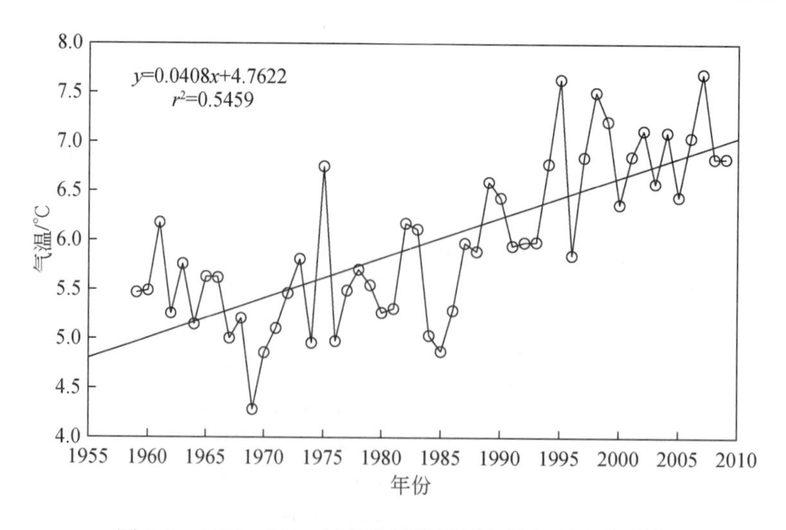

图 3-2　1959～2009 年京津风沙源区年均气温变化曲线

（2）气温季节变化趋势

对研究区 1959 ~ 2009 年气温的季节变化进行分析，如图 3-3 所示，在四个季节当中，春秋两季气温比较一致，而夏季气温较高，研究区一年四季的气温都呈增加的趋势，增加趋势由大到小依次为冬季>春季>秋季>夏季，冬季增幅高达 0.0717℃/a。

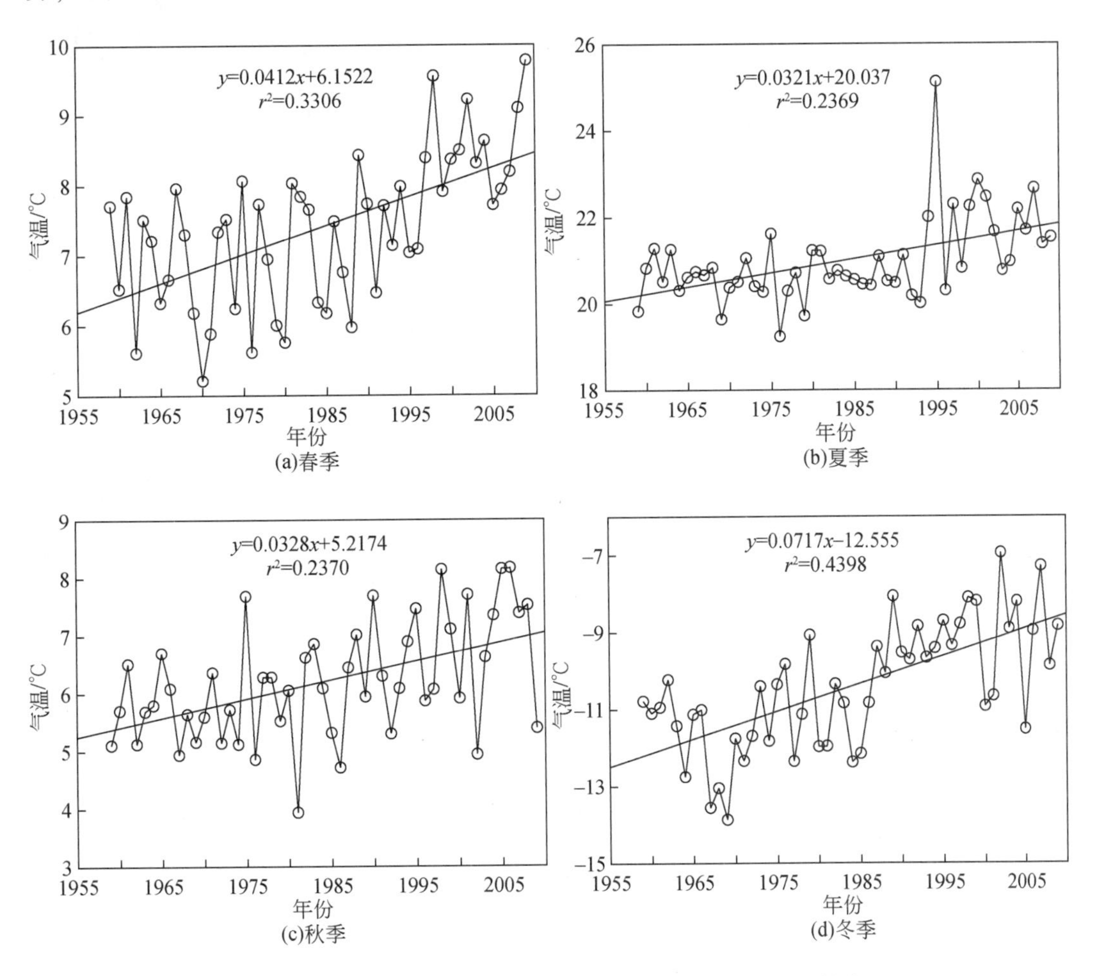

图 3-3　京津风沙源区不同季节（春夏秋冬）气温变化趋势线

（3）气温年变化空间分布

从 1959 ~ 2009 年的年均气温分布图可以看出［图 3-4（a）］，京津风沙源区气温空间分布差异明显，由南向北逐级递减，其高值区主要位于燕山丘陵山地水源保护区，其年均气温最高值可达 12.3℃，此区域也处于年降水量高值区；低值区主要位于典型草原亚区和晋北山地丘陵亚区，其年均气温最低值为-1.8℃，不同的是晋北山地丘陵亚区处于年降水量高值区。由气温年变化趋势率分布图可知［图 3-3（b）］，年均气温在区域内以正相关为主，其像元为正值的栅格数高达 99%，高值区位于晋北山地丘陵亚区的南部和燕山丘陵山地水源保护区东南小部分，减少趋势则主要分布在研究区的东南部，位于科尔沁沙地亚区和大兴安岭南部亚区的南部地区，河北省承德县和滦平县减少趋势最为明显。

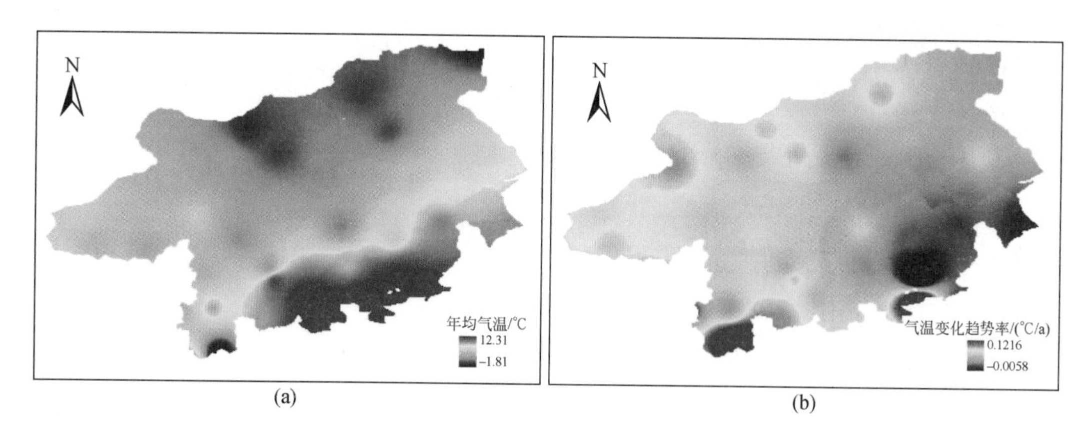

图 3-4 1959~2009 年气温年均值（a）和年变化趋势率（b）空间分布

3.2.2 降水量变化特征分析

（1）累积降水量年变化趋势

从图 3-5 可以看出，京津风沙源区降水量在 1959 年达到了顶峰值，为 607.95mm，而最小降水量则出现在 1965 年，为 279.12mm，区域降水量大体保持在 400mm。流域总体降水量波动减小，线性倾向率为-1.3428mm/a，下降趋势明显。

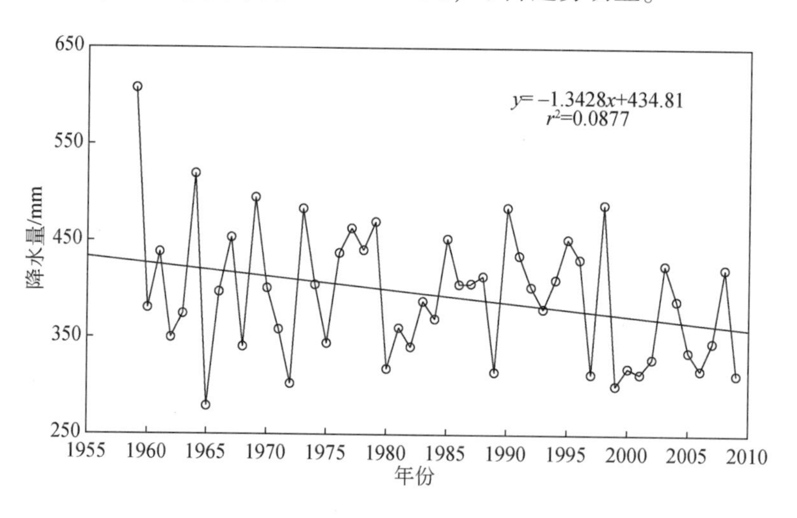

图 3-5 京津风沙源区年平均降水量变化趋势

（2）累积降水量季节变化趋势

由图 3-6 所知，研究区 1959~2009 年四季累积降水量变化不明显，除了春季稍微增加外，夏、秋、冬三个季节的累积降水量都呈现出降低趋势，春季累积降水量线性拟合斜率为 0.2226mm/a，冬季累积降水量线性拟合斜率为-0.0036mm/a，为四季中降水量减少幅度最小的季节。秋季和冬季的波动规律比较一致，在 20 世纪 60 年代都经历了降水的一个低值区，然后增加，到 80 年代又开始略微下降，到 2005 年左右达到最高值。夏季降水量最大，为300mm左右，明显高于其余三个季节，2000年以后春夏季节降水呈现降低趋势，秋冬呈现微弱上升趋势，但都未达到95%的置信度水平。

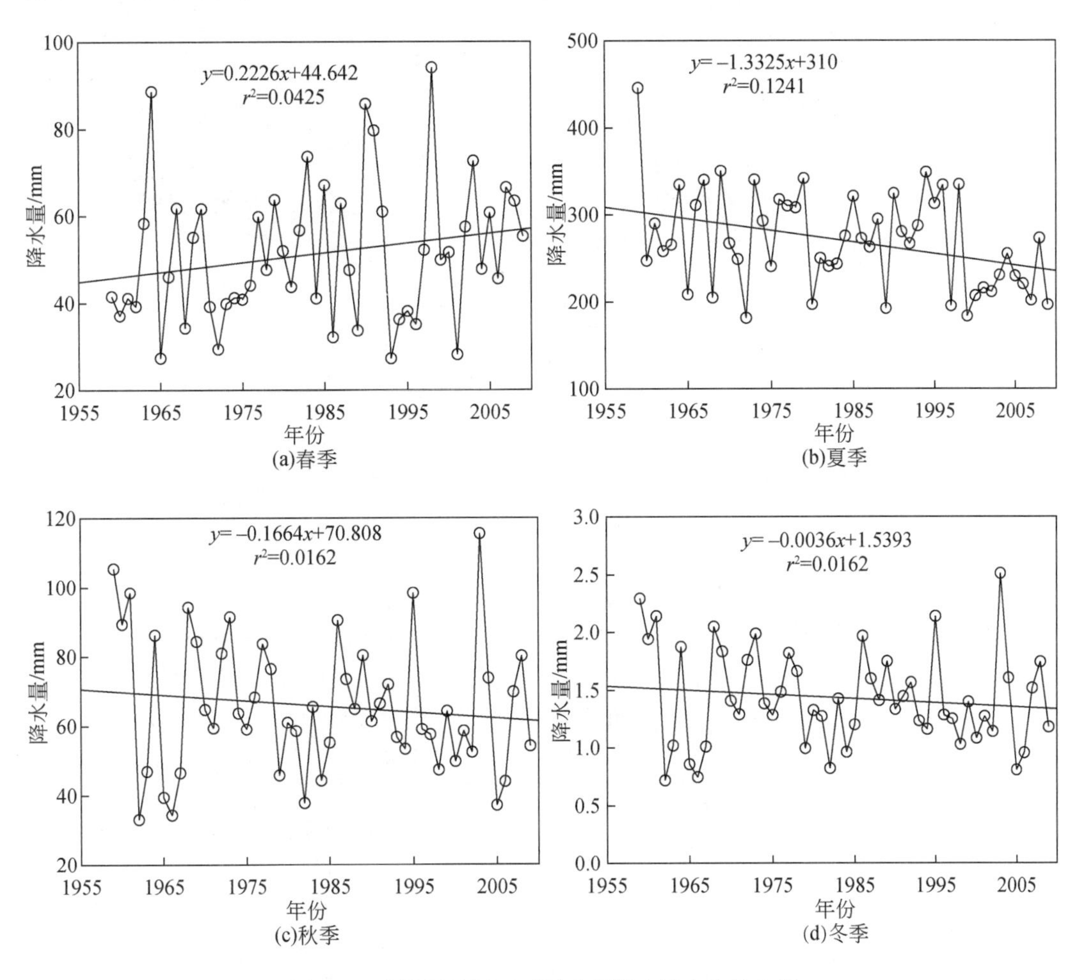

图3-6 京津风沙源区不同季节降水量变化趋势线

(3) 累积降水量空间分布

从1959~2009年京津风沙源区年累积降水量均值分布图［图3-7（a）］可以看出，京津风沙源地区降水量地域差异明显，呈现从东南向西北递减的趋势，高值区主要分布在燕山丘陵山地水源保护区和晋北山地丘陵亚区，降水量最多可达到750.3mm，低值区则分布在荒漠草原亚区和典型草原亚区西部，最低值为137.6mm，天气系统和地形对区域降水量影响较大，地域不同，降水量也不同。而从降水量年变化趋势率分布图［图3-7（b）］来看，研究区总体呈现减少的趋势，且东南部减少趋势明显，西北部增加趋势微弱，尤其燕山丘陵山地水源保护区的南部和整个晋北山地丘陵亚区，变化趋势率甚至可达-7.8244mm/a，荒漠草原亚区南部变化趋势率最高，为0.3163mm/a。

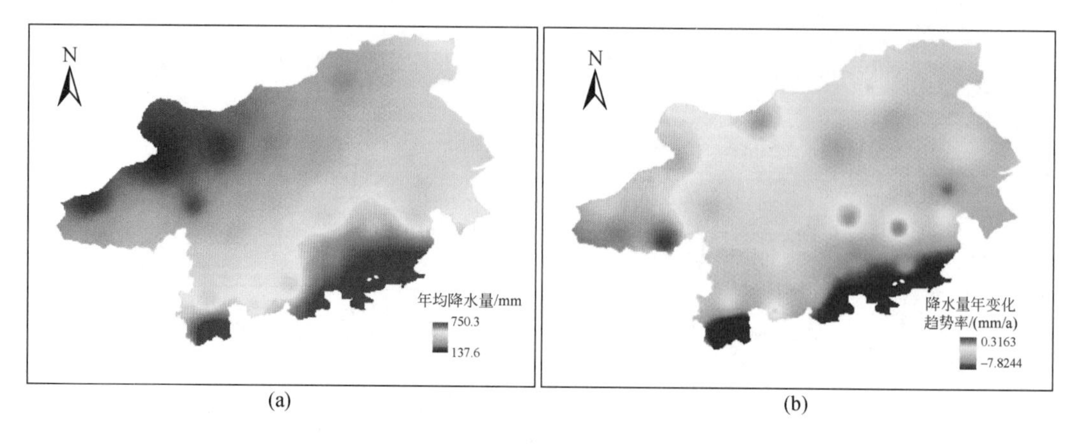

图 3-7 京津风沙源区年降水量均值（a）与年变化趋势率（b）分布图

3.2.3 潜在蒸散变化特征

（1）潜在蒸散年变化趋势

潜在蒸散是水分循环的重要组成部分，可表征区域内植被利用水分状况。从京津风沙源区年均潜在蒸散量变化趋势图（图 3-8）中可以看出，在 1959 ~ 2009 年的变化中，区域潜在蒸散量年均值呈现微弱的降低趋势，变化速率为-0.466mm/a，1992 年达到最低值，为 956.0mm，随后波动幅度较小，区域年均潜在蒸散量保持在 1038.4mm 左右。

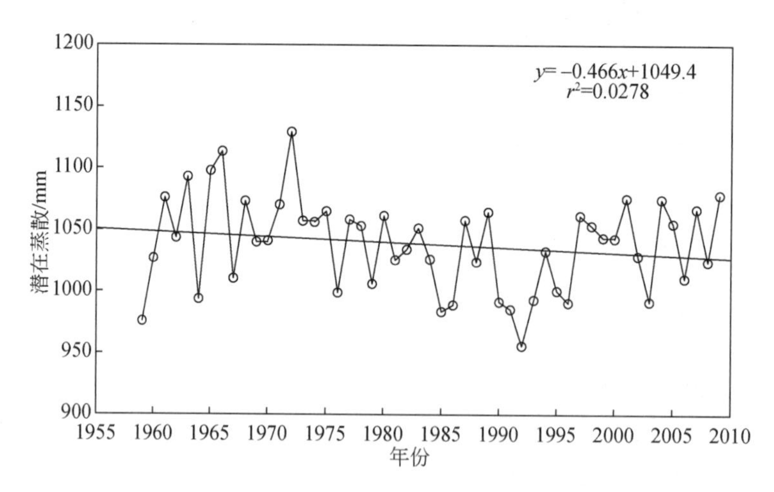

图 3-8 1959 ~ 2009 年京津风沙源区年均潜在蒸散量变化趋势

（2）潜在蒸散量季节变化趋势

图 3-9 为京津风沙源区潜在蒸散量的季节变化，可以看出，1959 ~ 2009 年四季潜在蒸散量变化不明显，春夏秋都表现出降低趋势，冬季表现为上升趋势，春季年变化趋势率最高，为 - 0. 4016mm/a，夏、秋和冬季年变化趋势率分别为 - 0. 0717mm/a、-0. 0963mm/a和 0. 0517mm/a。

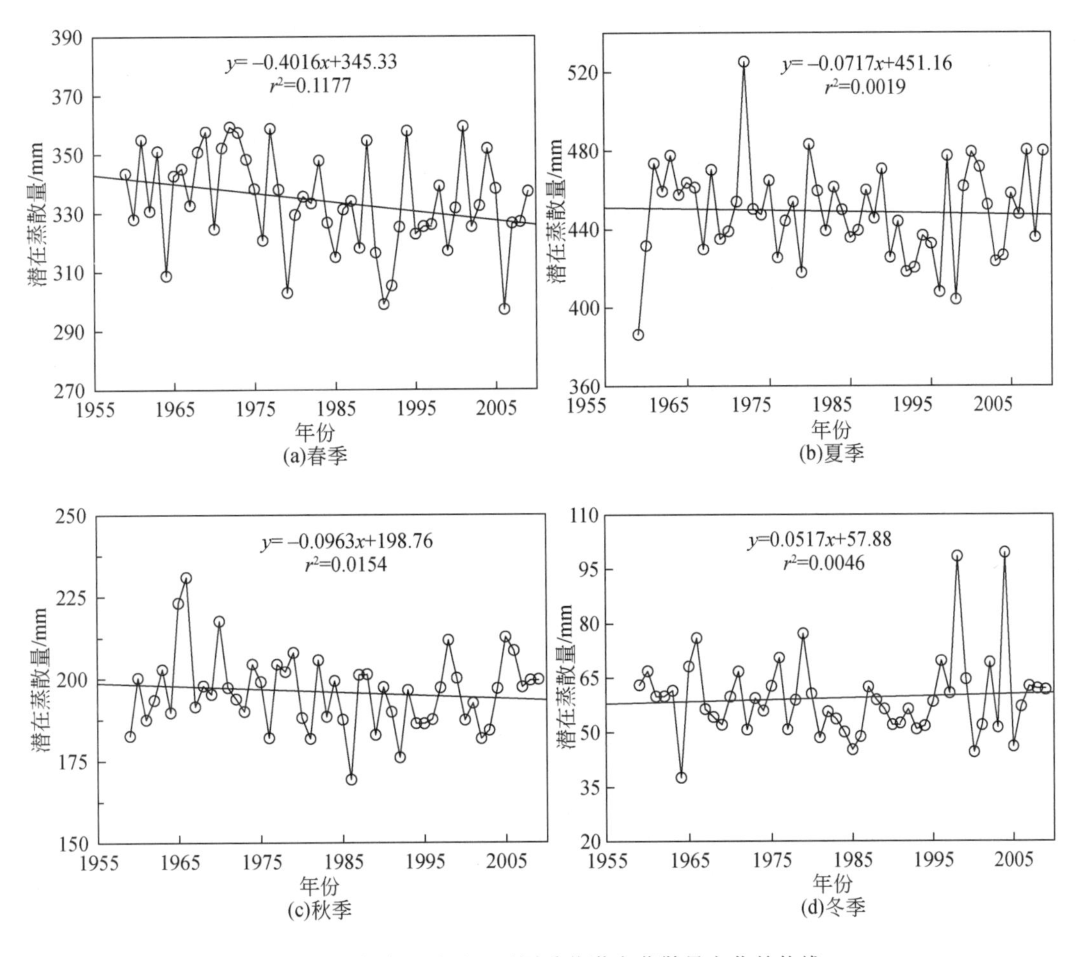

图 3-9　京津风沙源区不同季节潜在蒸散量变化趋势线

(3) 潜在蒸散量空间分布

如图 3-10 所示，从 1959 ~ 2009 年的年潜在蒸散量均值空间分布图可以看出，区域潜在蒸散量整体从西北向东南减少，高值区位于荒漠草原亚区，年均潜在蒸散量最大值

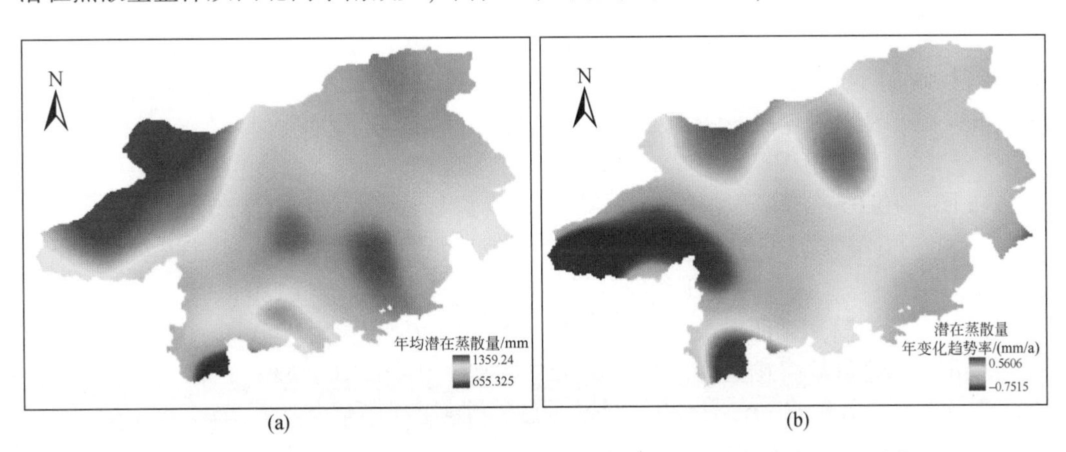

图 3-10　京津风沙源区年潜在蒸散量均值（a）与年变化趋势率（b）分布

为 1359.2mm，低值区位于晋北山地丘陵亚区，最小值为 655.3mm，区域平均潜在蒸散量为 1036.2mm。由潜在蒸散量年变化趋势率分布图可知，潜在蒸散量年均值与潜在蒸散量年变化趋势率呈相反趋势，年潜在蒸散量最大的荒漠草原亚区南部的年变化趋势率较低，北部较高，而年潜在蒸散量较小的晋北山地丘陵亚区的年变化趋势率较高。

3.3 京津风沙源区 NDVI 时空格局与变化特征

3.3.1 京津风沙源区 NDVI 时间变化特征

(1) 生长季年均 NDVI 变化特征分析

为研究 1982 ~ 2009 年京津风沙源区整体植被指数年际变化趋势，本研究通过对 1982 ~ 2009 年生长季 NDVI 年均值数据的处理，得到如图 3-11 所示的年际变化图。由图可见，京津风沙源区生长季年均 NDVI 随时间呈波动变化，在 1989 年达到最小值 0.336，1998 年达到最大值 0.417，整体植被覆盖总体上有变好趋势，1982 ~ 2009 年，NDVI 值增加了 0.039，其 11.05% 的增加幅度表明 1982 ~ 2009 年植被覆盖略有增加。其中，1982 ~ 1998 年研究区整体植被覆盖除了 1989 年达到其低值点外，增加趋势较明显，1990 年达到最大增幅，NDVI 比上年增加了 0.053，增幅达到 15.8%，从 1999 年开始 NDVI 波动较大，2000 年 NDVI 值为 0.346，降幅为 8.90%，随后植被覆盖迅速增加，到 2003 年 NDVI 为 0.404，之后开始波动下降，在 2007 年降到另一个低值点，直至 2009 年，NDVI 出现较大幅度回升，整个研究区内植被覆盖增加，植被变好。

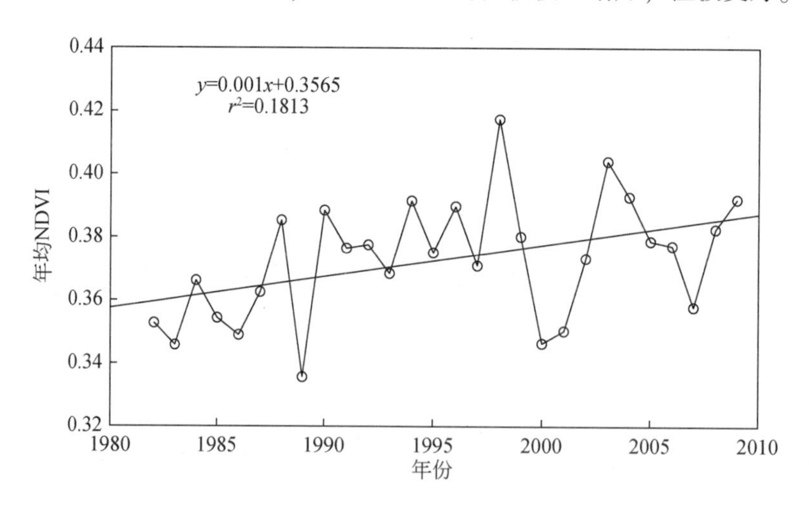

图 3-11　京津风沙源区生长季年均 NDVI 年际变化

(2) NDVI 年内与年际变化特征

图 3-12 为京津风沙源区 1982 ~ 2009 年 NDVI 月均值变化曲线图。从图中可以得出，1982 ~ 2009 年多年月均 NDVI 在 7 ~ 9 三个月较高，并在 8 月达到最大值，植被覆盖达到一年中的最大值；而 NDVI 低值出现在 3 月，植被覆盖最低。

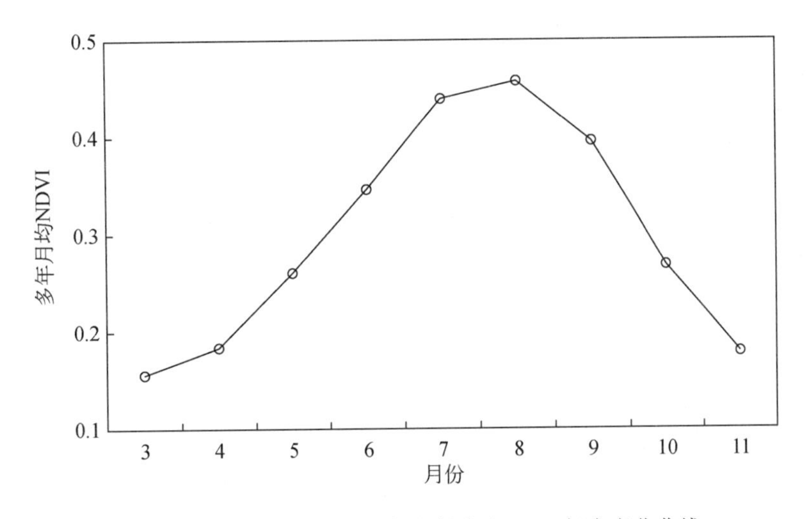

图3-12 1982～2009年京津风沙源区NDVI年内变化曲线

对1982～2009年3～11月的NDVI与年份进行线性拟合，所得回归直线的斜率即为月NDVI的变化率，用于表示植被覆盖的月变化趋势。若某月的斜率值为正，则说明NDVI在该月增加，植被活动增强，反之则说明植被退化。如图3-13所示，研究区1982～2009年，除了6月NDVI减少以外，其他月份的NDVI呈现增加趋势，并以8月的斜率值最高，植被覆盖增加较明显。

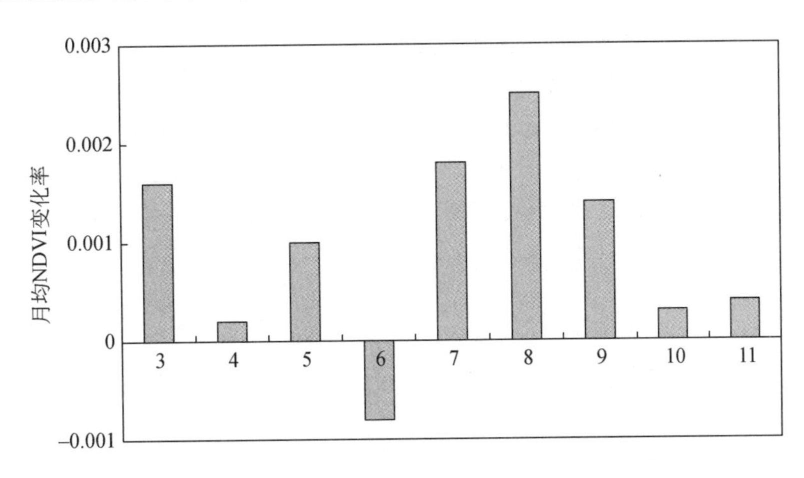

图3-13 1982～2009年京津风沙源区月均NDVI变化率分布

(3) 不同治理区NDVI月均值变化趋势

将研究区植被覆盖图与四大治理区边界图叠加，得到各治理区一年内各月NDVI平均值分布图，四大治理区分别为沙化草原治理区（A）、浑善达克沙地治理区（B）、农牧交错地带沙化土地治理区（C）、燕山丘陵山地水源保护区（D）。由图3-14可知，各个治理区3～11月月均NDVI呈现出比较一致的趋势变化，基本上在0.131～0.660变化，四大治理区的NDVI高值基本上都出现在8月，低值基本上都出现在3月，其中各治理区月均 NDVI 由大到小的顺序依次为燕山丘陵山地水源保护区>浑善达克沙地治理区>农牧交错地带沙化土地治理区>沙化草原治理区。燕山丘陵山地水源保护区各月NDVI 起伏表现最明显，月均 NDVI 最高值与月均 NDVI 最低值相差达 0.443，沙化草原治理区各月 NDVI 变化相对比较平缓。

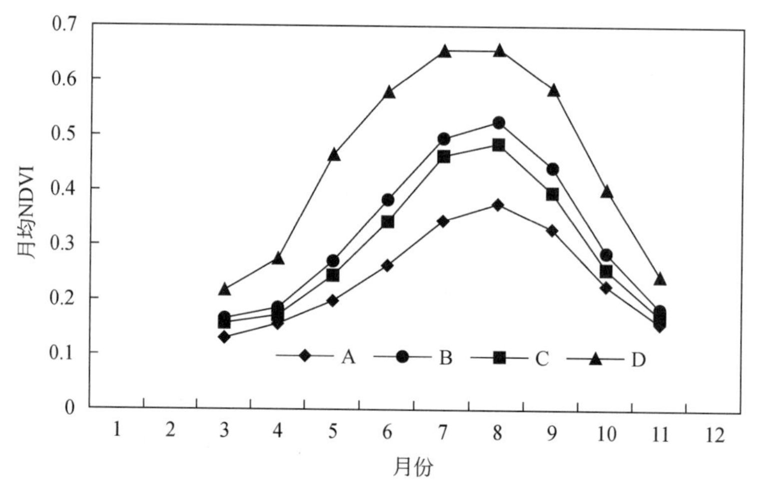

图 3-14　京津风沙源区不同治理区多年 NDVI 年内变化

A 为沙化草原治理区，B 为浑善达克沙地治理区，C 为农牧交错地带沙化土地治理区，D 为燕山丘陵山地水源保护区

（4）各治理区不同季节 NDVI 变化趋势

由于植被、地形等多种因素的影响，不同治理区的 NDVI 的时空变化差异显著。通过对四大治理区生长季 NDVI 均值在 1982～2009 年的变化趋势进行分析，得到图 3-15。可以发现，燕山丘陵山地水源保护区生长季 NDVI 均值要远远高于其他三大治理区，值域范围在 0.509～0.608，波动较小，植被覆盖度高，浑善达克沙地治理区和农牧交错地

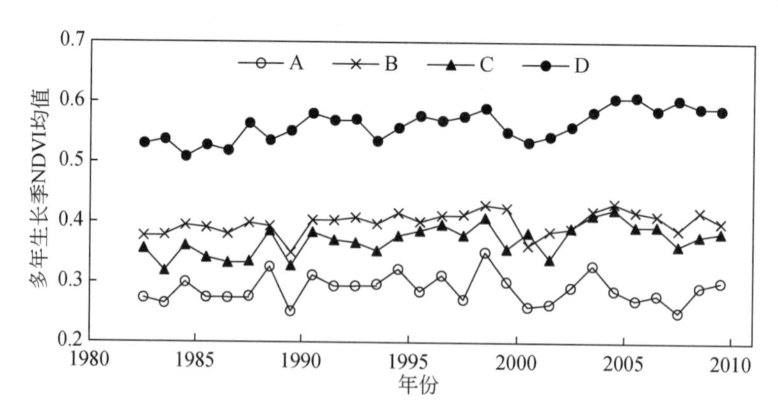

图 3-15　京津风沙源不同治理区生长季 NDVI 均值变化趋势

A 为沙化草原治理区，B 为浑善达克沙地治理区，C 为农牧交错地带沙化土地治理区，D 为燕山丘陵山地水源保护区

带沙化土地治理区生长季 NDVI 均值波动表现比较一致，而沙化草原治理区生长季 NDVI 在一个较低的范围内波动，植被覆盖度最低。四大治理区植被覆盖度在 1982 ~ 2009 年均有较小幅度的增加，其中燕山丘陵山地水源保护区增加幅度最大，达到 10.81%。

(5) 不同治理区 NDVI 季节均值变化趋势

为了解 1982 ~ 2009 年不同治理区 NDVI 季节变化情况，得到图 3-16 和表 3-1。从图 3-16可以看出，在春、夏、秋三个季节，燕山丘陵山地水源保护区的 NDVI 最高，植被覆盖度最高，沙化草原治理区 NDVI 最低，植被覆盖度较低，浑善达克沙地治理区和农牧交错地带沙化土地治理区 NDVI 的季节变化比较一致。春季四大治理区分别在 1993 年和 1998 年出现两个高值点，沙化草原治理区 NDVI 虽然增加较小，但最显著，而在夏季和秋季，则表现出微弱的降低趋势；浑善达克沙地治理区各个季节 NDVI 波动较小，植被趋于稳定状态；农牧交错地带沙化土地治理区 NDVI 在秋季的增加趋势较春季和夏季显著，但增加幅度较小；燕山丘陵山地水源保护区植被增加主要发生在春夏两季，且夏季较春季显著，在秋季，其 NDVI 随着降水的减少和气温的降低，呈现出微弱的增加趋势。

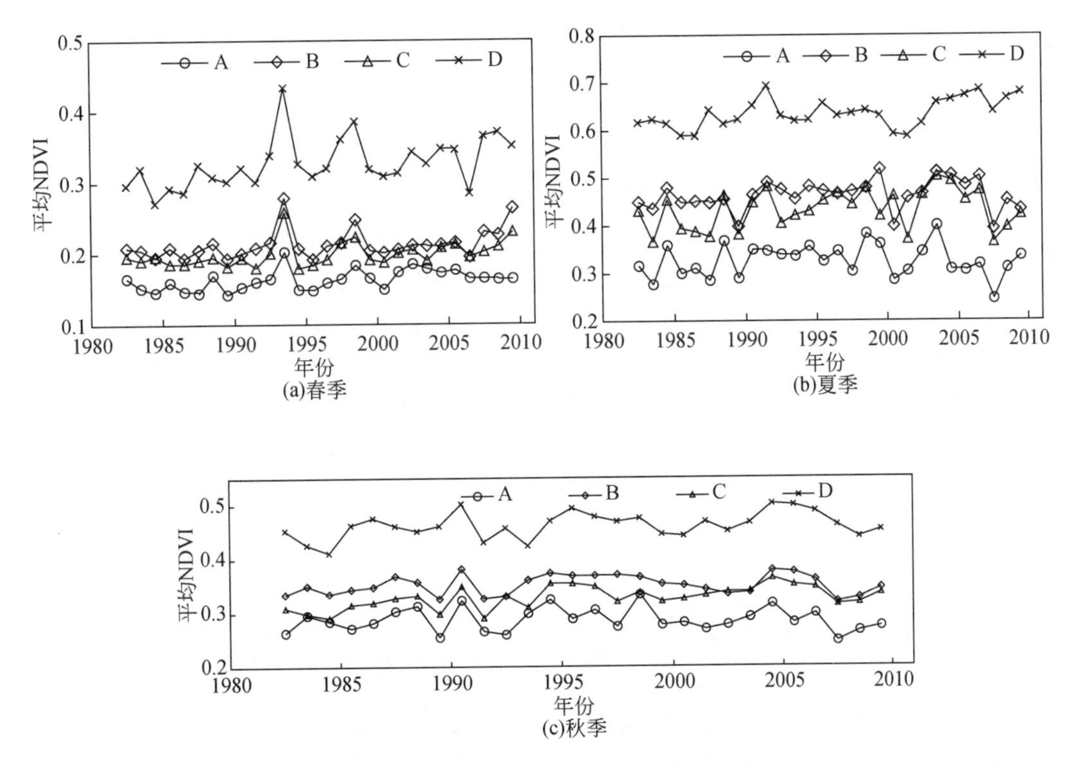

图 3-16 京津风沙源区不同治理区春、夏和秋季 NDVI 年际变化曲线

A 为沙化草原治理区，B 为浑善达克沙地治理区，C 为农牧交错地带沙化土地治理区，D 为燕山丘陵山地水源保护区。(a) 为春季平均 NDVI 的际变化，(b) 为夏季 NDVI 的年变化，(c) 为秋季 NDVI 的年变化

表 3-1　1982～2009 年京津风沙源区不同治理区春、夏、秋季 NDVI 年倾向率及相关系数

治理区	春季		夏季		秋季	
	线性斜率	r^2	线性斜率	r^2	线性斜率	r^2
沙化草原治理区	0.0007	0.1805	-5×10^{-5}	0.0001	−0.0003	0.0098
浑善达克沙地治理区	0.0008	0.1177	0.0005	0.0194	5×10^{-6}	5×10^{-6}
农牧交错地带沙化土地治理区	0.0008	0.1418	0.0012	0.0622	0.0012	0.2378
燕山丘陵山地水源保护区	0.0019	0.0727	0.0017	0.2412	0.0008	0.0847

3.3.2　京津风沙源区 NDVI 的时空变化

（1）京津风沙源区 NDVI 空间分布特征

NDVI 时间序列是研究区内所有像元的平均值，因此，其体现的只是京津风沙源区整体变化趋势，并没有反映植被覆盖变化的空间差异。因此，为了更好地研究京津风沙源区植被覆盖总体变化在空间上的分布情况，在栅格尺度上对 1982～2009 年各个季节（春、夏、秋、生长季）NDVI 取平均得到多年平均 NDVI 的空间分布。如图 3-17 所示，从整个研究区 NDVI 分布来看，全区平均 NDVI 为 0.361，标准误为 0.140，从空间分布来看，植被覆盖度从东南向西北递减，植被覆盖度较高的地区（NDVI 值主要介于 0.5～0.75）主要分布在东南部的燕山丘陵山地水源保护区以及浑善达克沙地治理区中的大兴安岭南部亚区，分布的植被类型主要为暖温带落叶阔叶林带和温带草甸草原带；植被覆盖度较低的地区（NDVI<0.3）主要分布在西北沙化草原治理区，其中荒漠草原亚区的植被覆盖度最低，NDVI 值域范围为 0.09～0.18，科尔沁沙地亚区的中部也有少量分布，分布的植被类型为温带荒漠草原。从春、夏、秋多年平均 NDVI 空间分布图可以看出，大部分区域 NDVI 高低值表现比较一致，并不会随着季节的变化而发生变化，高值区分布在东南部的燕山丘陵山地水源保护区，低值区分布在荒漠草原亚区，沙化草原中的典型草原亚区东部和浑善达克沙地治理区中的大兴安岭南部亚区季节变化比较明显，春季 NDVI 较小，在夏秋两季，随着降水的增加和温度的升高，NDVI 值呈现出在夏季显著增加，在秋季稍微回落的变化趋势。

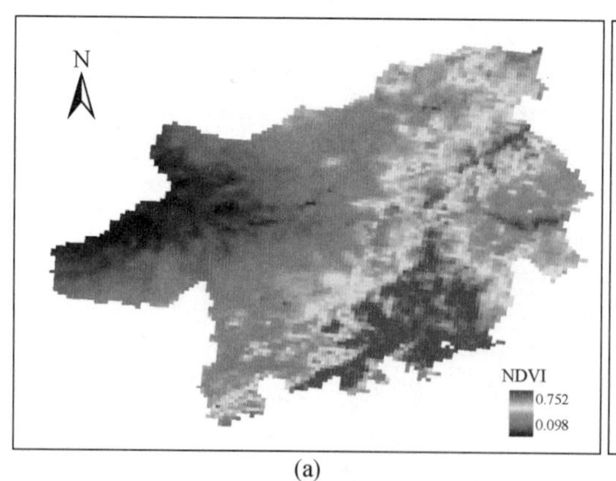

(a)

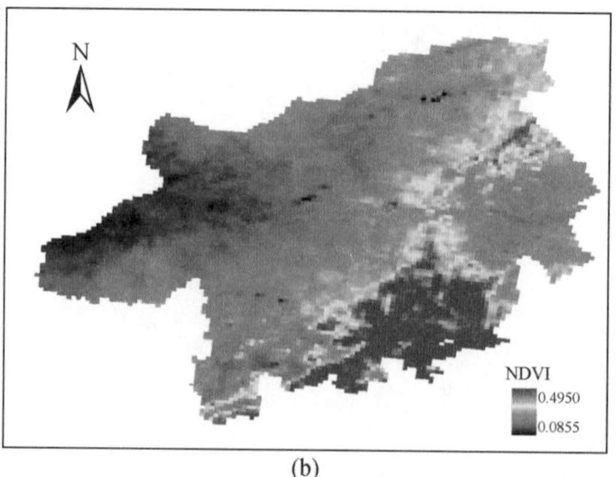

(b)

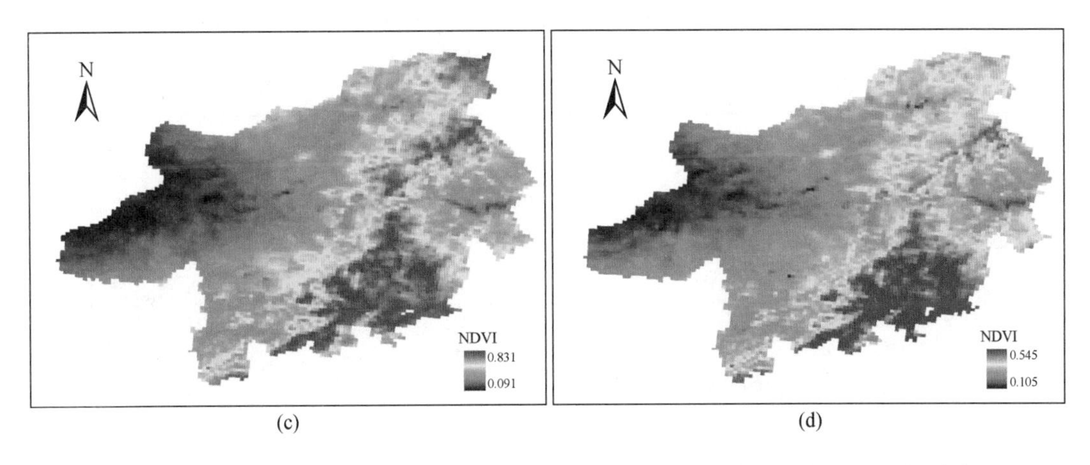

图3-17　生长季（a）、春季（b）、夏季（c）和秋季（d）多年平均NDVI空间分布

（2）京津风沙源区生长季NDVI线性趋势的空间特征

图3-18为逐像元计算的京津风沙源区生长季NDVI变化趋势和与年相关系数的空间分布图，结果显示，京津风沙源区NDVI在1982～2009年发生了很大的变化，从整体来看，植被覆盖度在提高，但存在明显的区域差异。从图3-18（a）中我们得出，植被覆盖度增加最大的区域为科尔沁沙地亚区、大兴安岭南部亚区的东南部、晋北山地丘陵亚区和燕山丘陵山地水源保护区的西部地区，线性倾向率达到了0.092/10a，而植被覆盖度略有减少的区域为科尔沁沙地亚区的北部、典型草原亚区的东部地区和荒漠草原亚区的西部，最低达到了-0.05/10a。同时，统计了线性倾向率为正和为负的像元数，线性倾向率为正的像元数为5607个，占像元总数的78.3%；倾向率为负的像元数为1554个，占像元总数的21.7%。

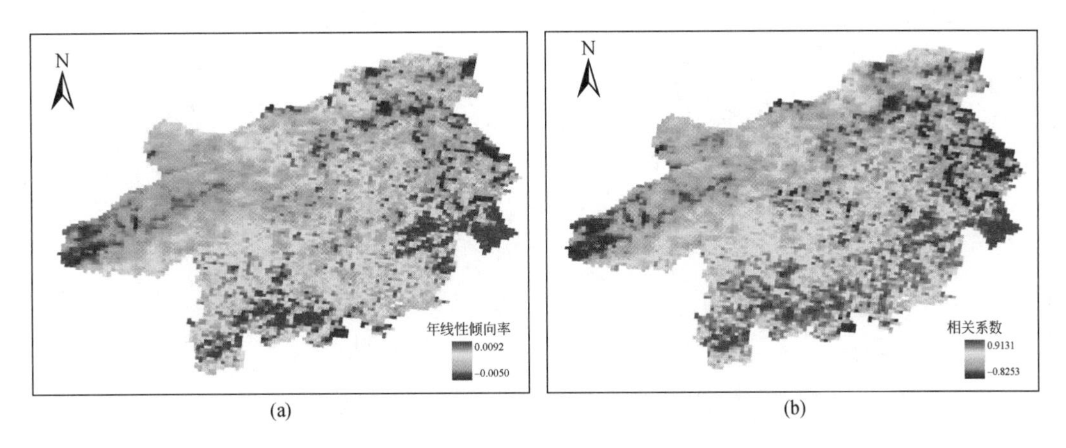

图3-18　京津风沙源区生长季NDVI变化趋势（a）及其相关系数（b）空间分布

（3）京津风沙源区不同季节NDVI线性趋势的空间特征

为全面了解研究区不同季节植被的时空变化特征，分别求出1982～2009年春季、

夏季、秋季三个季节逐像元的线性趋势和与年的相关系数，如图 3-19 所示，研究区春季、夏季、秋季植被变化趋势的空间分布有一定的特点。

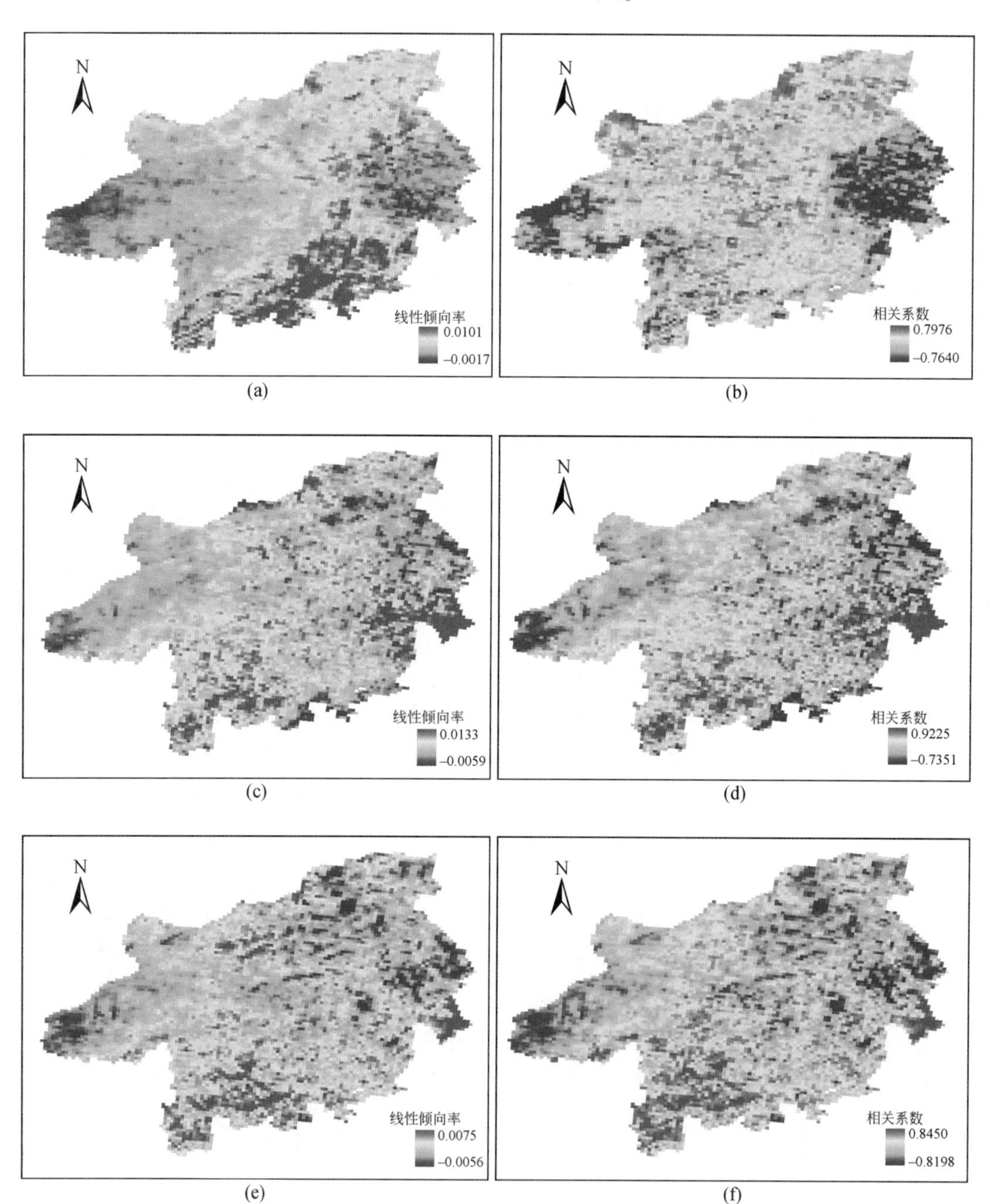

图 3-19　京津风沙源区春季、夏季和秋季 NDVI 变化趋势及其相关系数空间分布
（a）、（c）、（e）分别为春、夏和秋季 NDVI 变化趋势，（b）、（d）、（f）为春、夏和秋季 NDVI 与年的相关性

春季呈增加趋势的像元居多，显著增加的区域主要分布在东南部燕山丘陵山地水源保护区和大兴安岭南部亚区的大部分地区，像元个数为 7093 个，占像元总数的

99.05%，线性倾向率最高达到0.101/10a；减少趋势的像元主要集中在荒漠草原亚区和科尔沁沙地亚区，线性倾向率最低为-0.017/10a，区域平均线性倾向率为0.029/10a。增加趋势比较显著的地区为研究区北部的典型草原亚区和荒漠草原亚区的东北部，减少趋势比较显著的地区为典型草原亚区西南部地区和浑善达克沙地亚区的大部分地区，总的来说，荒漠草原亚区和典型草原亚区植被的年际变化比较显著。

夏季NDVI线性趋势呈增加的像元个数减少，呈降低趋势的像元个数增加，区域平均线性倾向率为0.014/10a，降低趋势的像元约占像元总数的25.39%，主要分布在科尔沁沙地亚区和大兴安岭南部亚区的北部地区，线性倾向率最低达到-0.059/10a，典型草原亚区和燕山丘陵山地水源保护区经历了由春季NDVI增加到夏季NDVI降低的变化趋势，而东部的科尔沁沙地亚区和农牧交错地带草原亚区则经历了由春季NDVI降低到夏季NDVI增加的变化趋势。

秋季NDVI线性趋势呈增加的像元个数继续减少，区域平均线性倾向率为0.068/10a，表现出微弱的植被增加趋势，多分布在晋北山地丘陵亚区和科尔沁沙地南部地区，且增加趋势较显著，减少趋势主要分布在研究区的东北部大部分地区和荒漠草原亚区，科尔沁沙地亚区整个区域内植被变化十分显著。

3.4 植被NDVI对气候变化的响应

3.4.1 生长季NDVI与气温和降水的年际相关关系

气温和降水是表征气候最重要的因子，在分析植被变化与气候变化响应关系时，主要分析了平均气温和降水与植被NDVI的关系。图3-20为京津风沙源区生长季NDVI与生长季气温和降水的变化关系。从图中可见，生长季NDVI与生长季气温具有一定的相关性，但并不显著，与生长季降水呈显著的正相关关系。

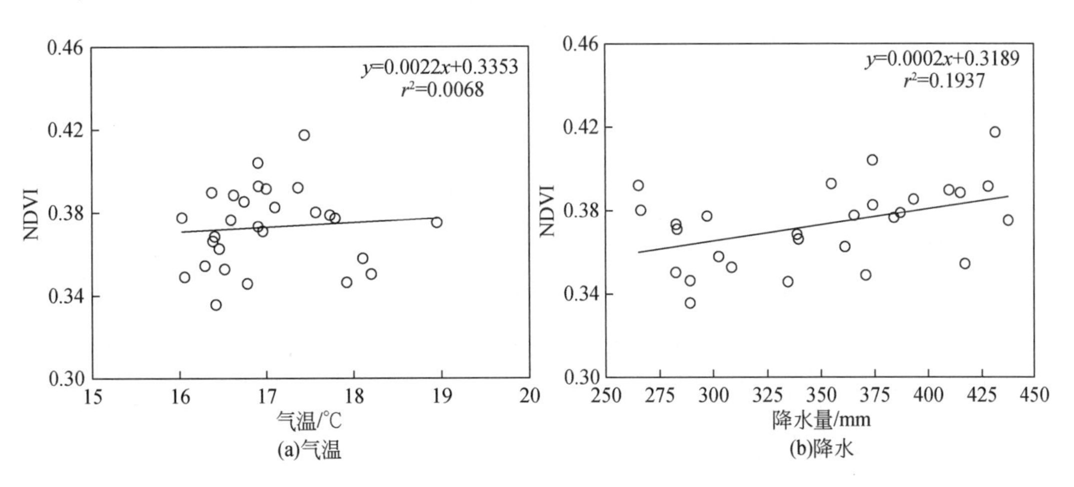

图3-20 京津风沙源区生长季NDVI与气温和降水的相关关系

3.4.2　不同季节 NDVI 与气温和降水的年际相关关系

分析京津风沙源区不同季节植被覆盖与气温和降水之间的相关关系，如图 3-21 所示，气温与春秋季 NDVI 表现为正相关关系，与夏季 NDVI 表现为负相关关系，春季的高温促进了植被的生命活动，夏季的高温加速了水分的流失而抑制了植被的生长，秋季气温的下降，达到了植被的适宜温度，植被生命周期变长。春季和夏季 NDVI 与降水存在微弱的正相关关系，秋季 NDVI 与降水存在负相关关系，但不显著。

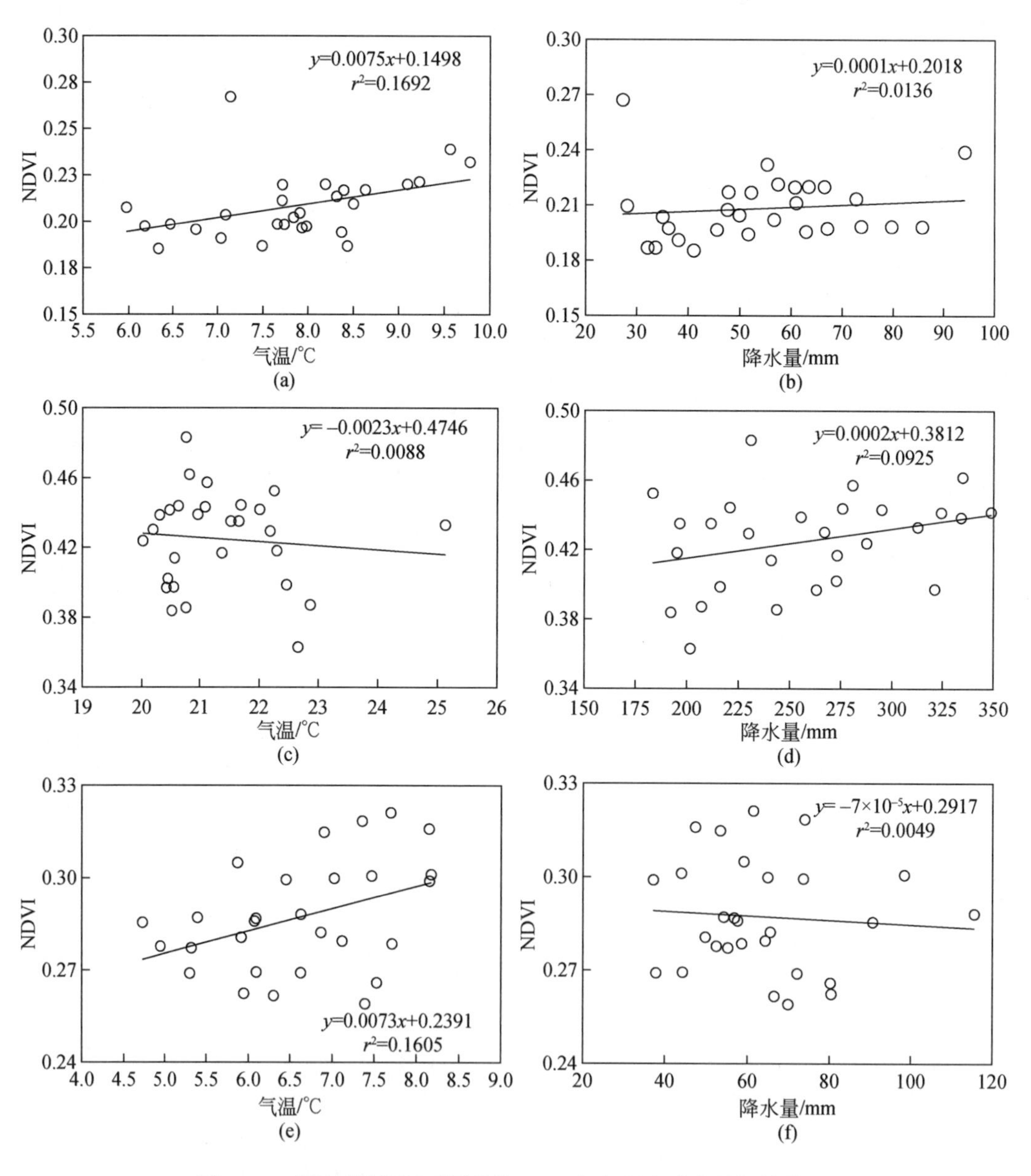

图 3-21　京津风沙源区不同季节 NDVI 与气温和降水的相关关系

(a) 为春季气温与春季 NDVI 的相关性，(b) 为春季降水与春季 NDVI 的相关性，(c) 为夏季气温与夏季 NDVI 的相关性，(d) 为夏季降水与夏季 NDVI 的相关性，(e) 为秋季气温与秋季 NDVI 的相关性，(f) 为秋季降水与秋季 NDVI 的相关性

3.4.3　植被NDVI与气候相关性空间分布

气温和降水是影响植被生长的主要制约因子，对植被空间分布具有决定性意义。为了更好地反映出植被覆盖变化趋势的空间差异，我们基于像元对1982～2009年京津风沙源区植被NDVI与全年气温、降水进行了相关分析，由图3-22可见，年均NDVI与年均气温在空间上基本上以正相关为主，正相关栅格数占总面栅格数的91.47%；年均NDVI与年降水量在空间上也基本以正相关为主，正相关栅格数也远远超负相关栅格数，正相关栅格数占总面栅格数的78.89%，比年均NDVI与年均气温的比例（91.47%）略低。

从植被NDVI与气温和降水相关性（图3-22）的显著水平可以看出，研究区范围内年均NDVI与年均气温呈现极显著、显著和较显著正相关的区域远远大于呈现极显著、显著和较显著负相关的区域，前者占全区总面积的40.5%，后者占比很少，极显著和显著正相关的区域主要分布在浑善达克沙地亚区、科尔沁沙地亚区南部的小部分和晋北山地丘陵亚区的部分区域。年均NDVI与年降水呈现极显著、显著和较显著正相关区域占研究区的比例也比呈现极显著、显著和较显著负相关区域所占比例高，分别为35.21%和1.68%。与降水呈现极显著、显著和较显著正相关的区域主要集中分布于荒漠草原亚区、农牧交错带草原亚区和典型草原亚区的小部分区域。与降水呈极显著、显著和较显著负相关区域则零星分布于研究区的东部偏南地区。

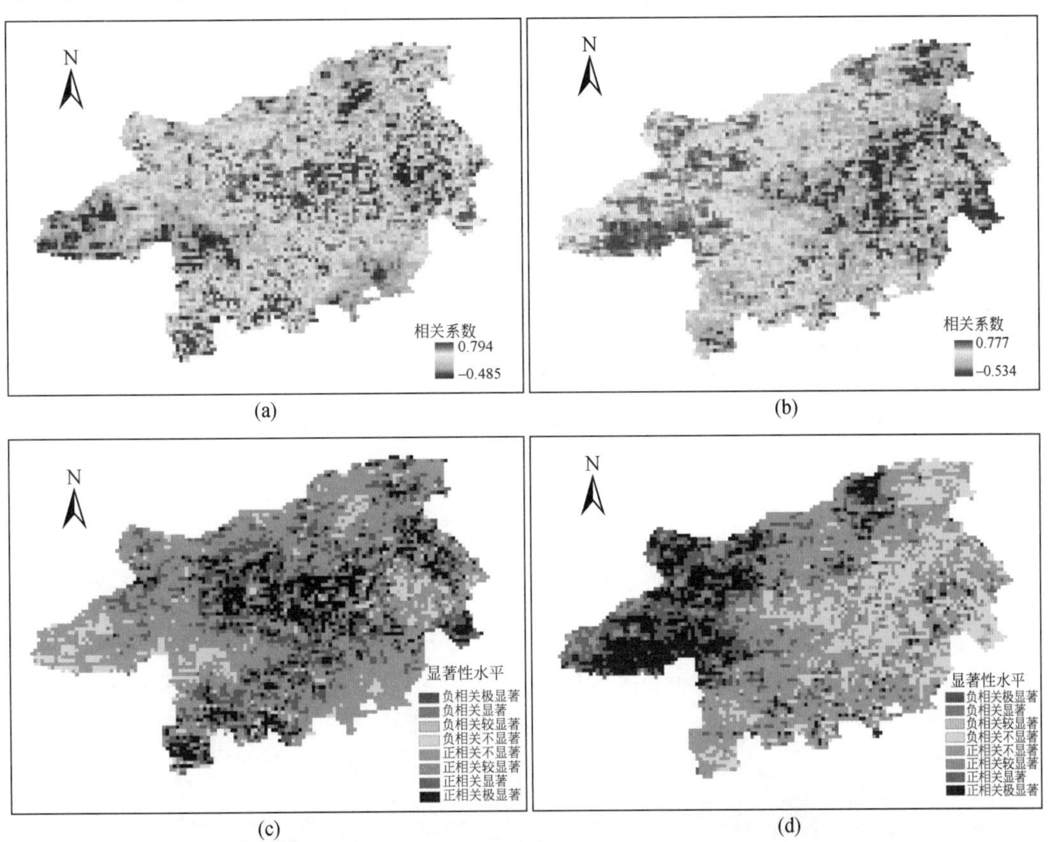

图3-22　年均NDVI与气温（a）、（c）和降水（b）、（d）相关系数及显著性水平空间格局

从不同季节 NDVI 与降水、气温相关系数的空间分布可见（图 3-23 和图 3-24），春季 NDVI 与气温、降水呈正相关的栅格数均比呈负相关的栅格数多，分别占研究区总面积的 87.82%、94.28%，呈负相关的区域分别占全区总面积的 12.18%、5.72%。春季 NDVI 与气温相关系数最高可达到 0.783，主要零星分布在燕山丘陵山地水源保护区、晋北山地丘陵亚区和大兴安岭南部亚区的北部地区。春季气温的升高和降水量的增加对大部分区域植被的生长产生了一定的促进作用。春季 NDVI 与降水相关系数最高可达到 0.750，位于研究区西北部地区，相对比较集中。从气温和降水影响的显著性水平分析可知，春季 NDVI 与气温和降水在大部分区域呈现正相关关系，且呈极显著、显著和较

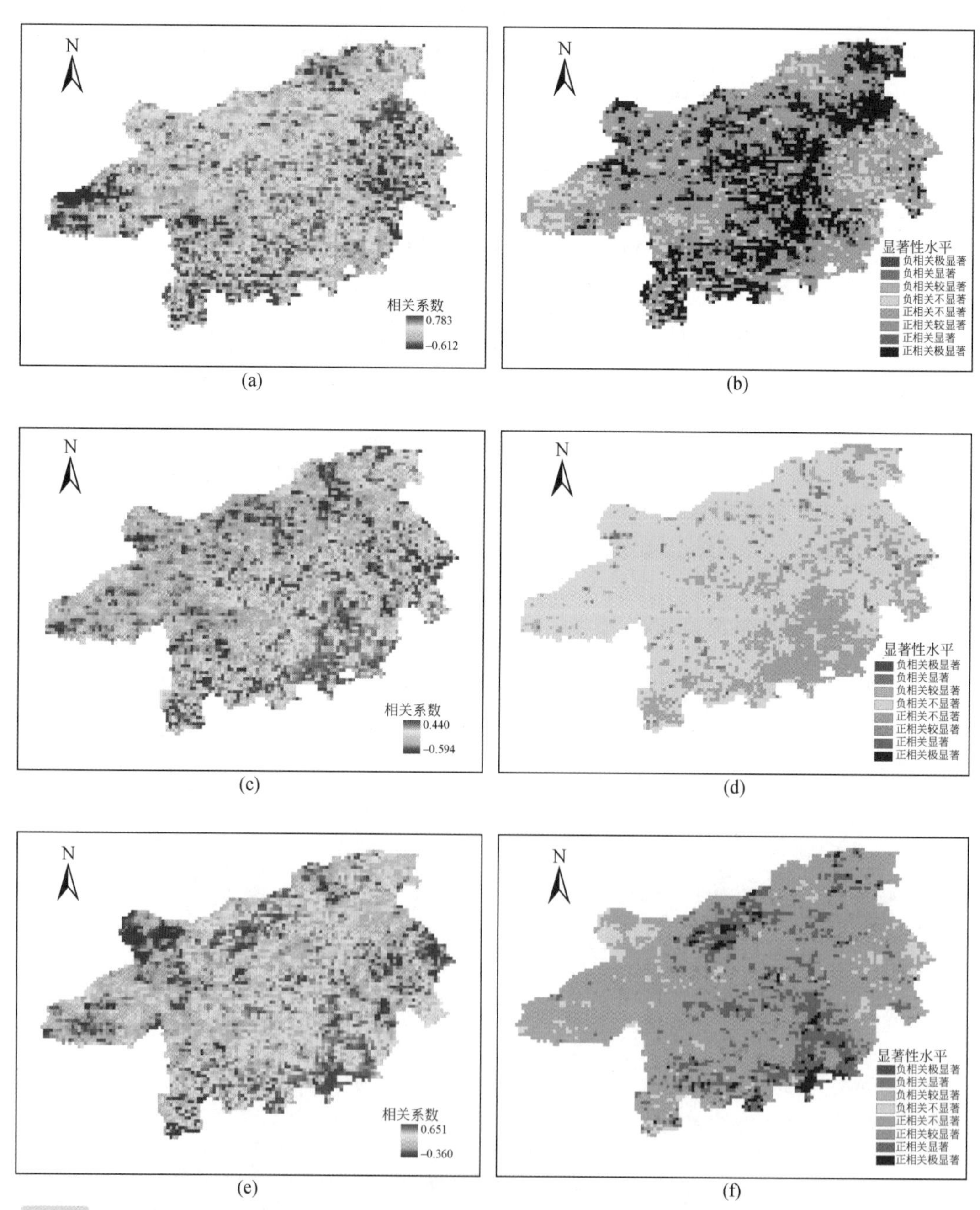

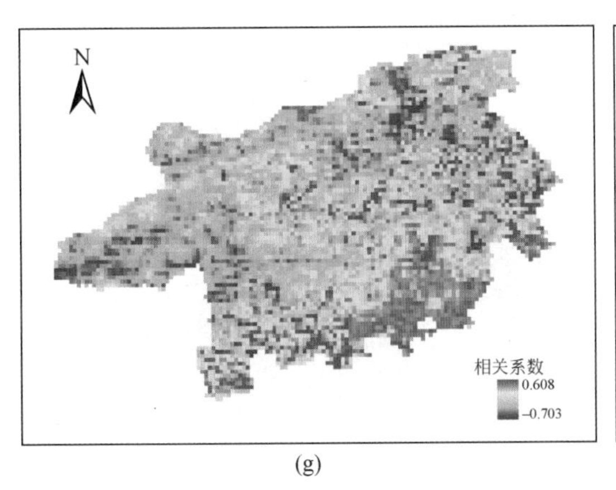

(g)

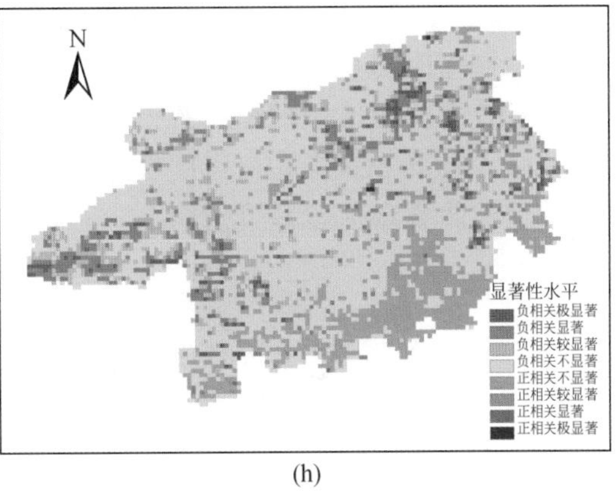

(h)

图 3-23　不同季节尺度上 NDVI 与温度的相关系数及显著性水平空间格局

(a)、(c)、(e) 和 (g) 分别为春季、夏季、秋季和生长季 NDVI 与气温的相关系数，
(b)、(d)、(f) 和 (h) 分别为春季、夏季、秋季和生长季 NDVI 与气温相关性显著水平

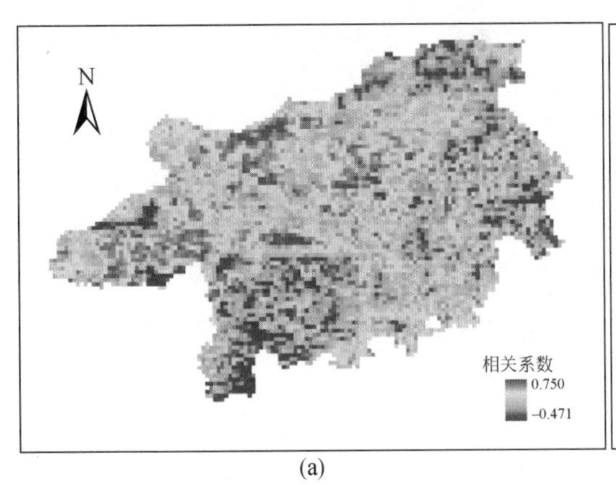

(a)

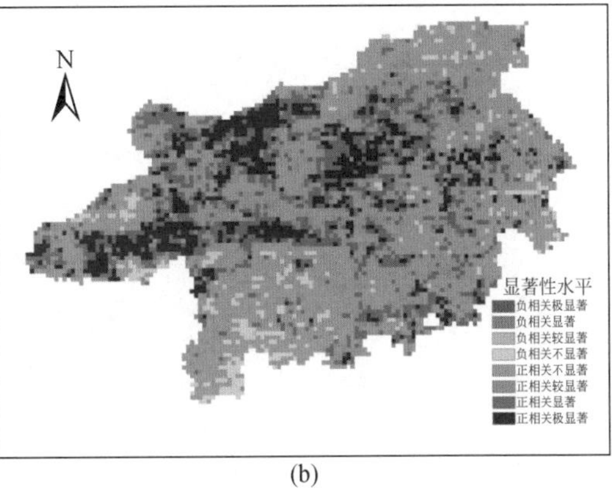

(b)

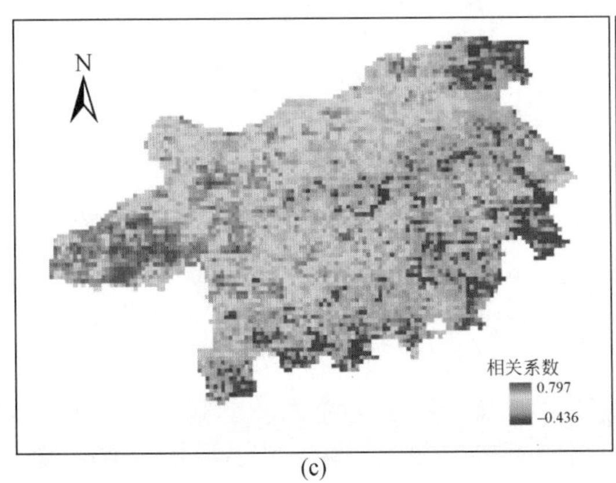

(c)

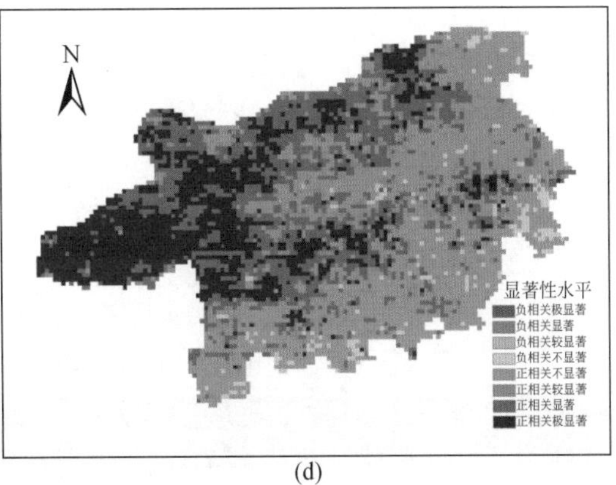

(d)

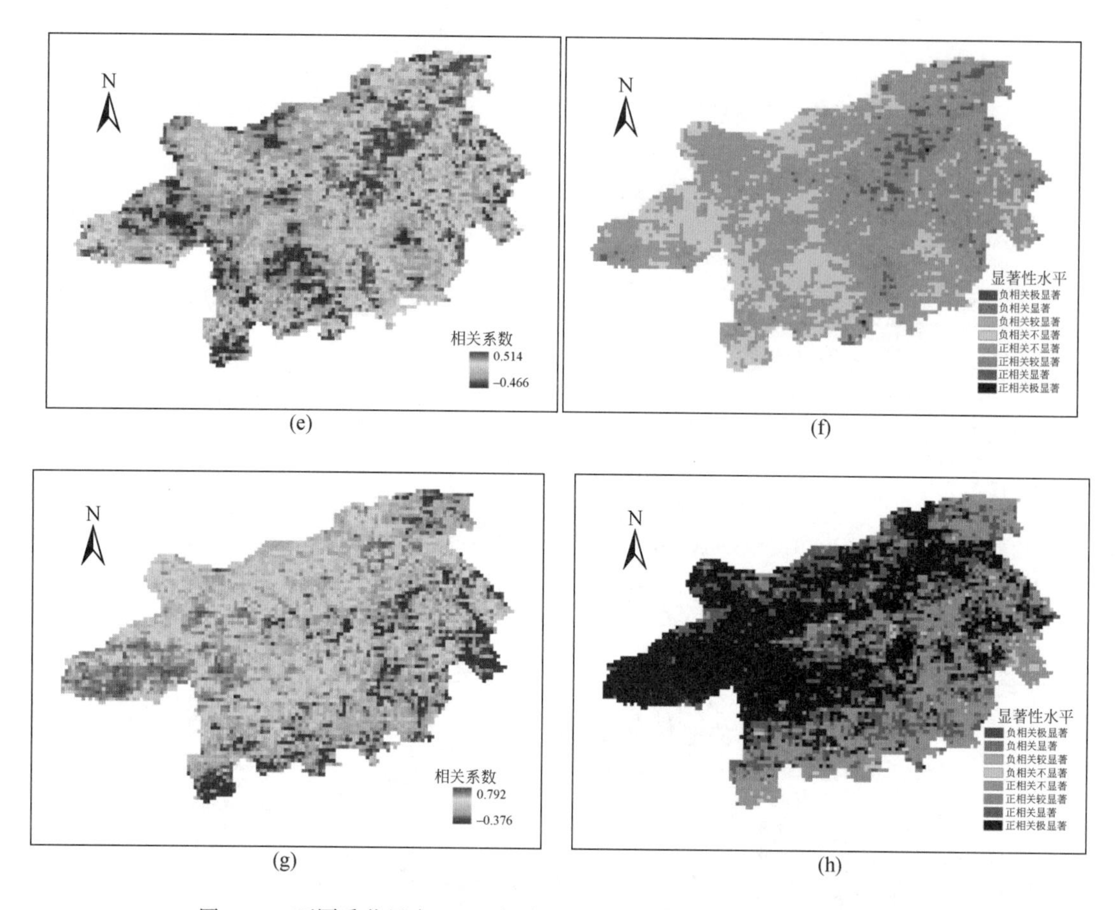

图3-24　不同季节尺度NDVI与降水的相关系数及显著性水平空间格局

(a)、(c)、(e) 和 (g) 别为春季、夏季、秋季和生长季NDVI与降水的相关系数，(b)、(d)、(f) 和 (h) 分别为春季、夏季、秋季和生长季NDVI与降水相关性显著水平

显著正相关的区域面积要远远大于呈极显著、显著和较显著负相关的区域面积。春季NDVI与气温呈极显著、显著和较显著正相关区域面积占全区面积的36.83%，与降水呈极显著、显著和较显著正相关区域面积占全区面积的47.76%。春季NDVI与气温呈负相关的区域主要分布在荒漠草原亚区和科尔沁沙地亚区，与降水呈现负相关的区域主要分布在浑善达克沙地亚区和荒漠草原亚区。

夏季NDVI与气温、降水呈正相关的区域面积分别占全区总面积的22.05%、96.71%，呈负相关区域面积分别占全区总面积的77.95%、3.29%，与气温呈正相关的区域主要分布于燕山丘陵山地水源保护区，其他区域则主要表现为负相关，与降水呈正相关的区域主要分布于荒漠草原亚区、典型草原亚区和农牧交错地带草原亚区的大部分地区，其所表现的正负相关性和NDVI与气温所表现的正负相关性正好相关。夏季NDVI与气温呈极显著、显著和较显著正相关的区域面积占全区总面积的0.15%，呈现极显著、显著和较显著负相关的区域面积占全区总面积的5.69%，与降水呈极显著、显著和较显著正相关的区域面积占全区总面积的57.25%，呈现极显著、显著和较显著负相关的区域面积占全区总面积的比例不足0.01%。夏季NDVI与气温呈极显著、显著和较显著正相关的区域面积低于相应的呈负相关的区域面积，与降水呈极显著、显著和较显著正相关的区域面积远远高于相应的呈负相关区域的面积；与气温呈现极显著、显著和较显著正相关的区域主要分布在科尔沁沙地亚区零星地区，呈现极显著、显著和较显著负相关的区域除了燕山丘陵山地水源保护区以外，在其他区域都有零散分布；与降水呈极显著、显著和较显著正相关的区域主要分布于荒漠草原亚区、浑善达克沙地亚区的西部、农牧交错地带草原亚区和研究区北部的典型草原亚区大部分地区，呈现极显著、显著和较显著负相关的区域零星分布不集中，科尔沁沙地亚区所占面积较大。

秋季NDVI与气温、降水呈正相关的区域面积分别占全区总面积的94.31%、76.83%，呈负相关的区域面积分别占全区总面积的5.69%、23.17%，与气温呈正相关的区域主要分布于燕山丘陵山地水源保护区和典型草原亚区，呈负相关的区域则分布在荒漠草原亚区和科尔沁沙地亚区；与降水呈正相关的区域主要分布于研究区东部广大地区，负相关关系在西部表现比较明显。与气温和降水呈极显著、显著和较显著正相关的区域要远远大于呈相应负相关的区域，分别占全区总面积的25.22%和3.82%。与气温呈极显著、显著和较显著正相关的区域主要分布在燕山丘陵山地水源保护区和典型草原亚区，与气温呈极显著、显著和较显著负相关的区域主要集中在荒漠草原亚区的小部分地区；与降水呈极显著、显著和较显著正相关的区域主要分布在典型草原亚区的零星区域。

生长季NDVI与气温、降水呈正相关的区域面积分别占全区总面积的16.26%、98.70%，呈负相关的区域面积分别占全区总面积的83.74%、1.30%，与气温的相关系数最高达到0.608，最低达到-0.703，与降水的相关系数最高达到0.792，最低达到-0.376。与气温呈正相关的区域主要分布于燕山丘陵山地水源保护区和晋北山地丘陵亚区，呈负相关的区域则分布在研究区东北部广大地区和荒漠草原亚区；与降水呈正相关最明显的区域为荒漠草原亚区，其次是典型草原亚区和农牧交错地带草原亚区，负相关关系在晋北山地丘陵亚区和科尔沁沙地亚区表现比较明显，燕山丘陵山地水源保护区和典型草原亚区也有较大分布。生长季NDVI与气温呈极显著、显著和较显著正相关区域占全区总面积的0.39%，相应显著水平负相关区域面积为24.50%；与降水呈极显著、显著和较显著正相关的区域占全区总面积的78.64%，相应显著水平负相关区域极少。生长季NDVI与气温呈极显著、显著和较显著正相关的区域分布极少，大部分区域呈现负相关关系，且相关关系不显著，其中呈极显著和较显著正相关的区域主要分布在荒漠草原和典型草原亚区的部分地区；与降水呈极显著、显著和较显著正相关的区域分布广泛，荒漠草原亚区和农牧交错地带草原亚区正相关极显著，包括大部分典型草原亚区和浑善达克沙地亚区，正相关不显著区域主要分布在研究区的东南部地区。

复相关系数反映的是NDVI与气温、降水的多因素相关程度，从图3-25不同季节NDVI与气温、降水的复相关系数来看，年NDVI与气温、降水的复相关系数介于0.023～0.823，高值区位于荒漠草原亚区，低值区则分布在燕山丘陵山地水源保护区。NDVI与气温和降水的复相关关系随着季节的变化在空间上表现出一定的规律。荒漠草原亚区春

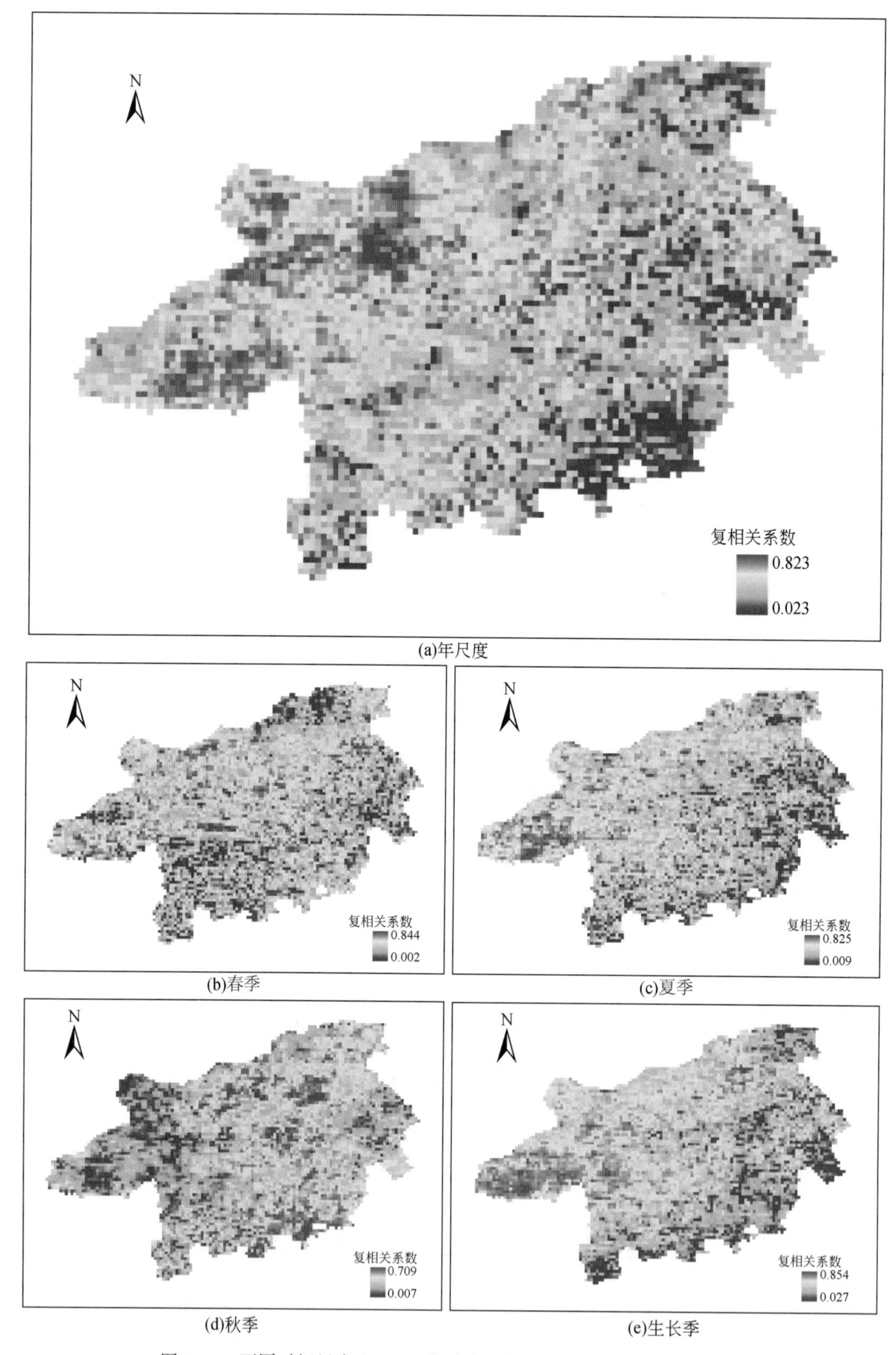

图 3-25 不同时间尺度上 NDVI 与降水和气温的复相关系数空间格局

季复相关系数较小，夏季复相关系数增加显著，到秋季复相关系数减少；同属沙化草原治理区的典型草原亚区则是春季复相关系数最小，夏季复相关系数逐渐增加，到秋季复相关系数增加显著。燕山丘陵山地水源保护区的复相关系数在春季和夏季差异不显著，到秋季快速增加，NDVI 与气温和降水的复相关程度显著提高，甚至达到 0.709。科尔沁沙化亚区春夏秋三个季节复相关系数变化不明显，浑善达克沙地亚区则经历了春夏秋先变弱再变强的趋势，相反，农牧交错地带草原亚区则经历了春夏秋先变强再变弱的趋势，晋北山地丘陵亚区季节变化不显著。生长季 NDVI 与气温和降水的复相关系数分布呈现从东南向西北逐渐增高的趋势，最高复相关系数可达到 0.854。

3.4.4 京津风沙源区植被 NDVI 与气温和降水的滞后性分析

（1）不同季节 NDVI 与气温和降水的滞后性分析

由表 3-2 可知，京津风沙源区春季、秋季、生长季 NDVI 季均值与同期气温呈现正相关关系，其中春季和秋季对植被影响较大，通过了 $p<0.05$ 的显著性检验，夏季温度过高蒸发量变大，植物可能受到水分的限制而导致生长受到抑制。将上一季气象因子和该季植被 NDVI 做相关分析可以发现，该季 NDVI 均值和上一季气温均呈正相关关系，但相关性不显著。京津风沙源区累积同期降水量对生长季的植被产生了促进作用，且通过显著性检验（$p<0.05$），而秋季降水对 NDVI 产生抑制作用，春季 NDVI 与上一年冬季降水在 0.05 水平上达到显著相关。

表 3-2　植被 NDVI 季均值与气候因子同期和时滞相关关系

季节	气温		降水	
	同期相关系数	时滞相关系数	同期相关系数	时滞相关系数
春季	0.411*	0.154	0.117	0.472*
夏季	-0.094	0.014	0.304	0.278
秋季	0.401*	0.162	-0.070	0.004
生长季	0.080	0.096	0.440*	-0.025

* $p<0.05$，显著。时滞相关表示该季 NDVI 与上一季气象因子关系

（2）不同治理区 NDVI 与气温和降水的月尺度相关性分析

运用相关分析的方法，将各治理区多年月平均 NDVl 分别与对应月的平均气温和降水量做相关分析，因为气象因子对植被的影响会产生滞后效应，所以本研究选取当月、上月、上两月气温和降水分别与 NDVI 进行相关分析，结果见表 3-3。

表 3-3　不同治理分区 NDVI 与气象因子不同尺度上的相关关系

不同治理区	沙化草原治理区	浑善达克沙地治理区	农牧交错地带沙化土地治理区	燕山丘陵山地水源保护区
当月平均气温	0.862**	0.878**	0.874**	0.937**
当月平均降水	0.861**	0.892**	0.959**	0.925**
上月平均气温	0.943**	0.903**	0.889**	0.917**

续表

不同治理区	沙化草原治理区	浑善达克沙地治理区	农牧交错地带沙化土地治理区	燕山丘陵山地水源保护区
上月平均降水	0.915**	0.946**	0.919**	0.848**
上两月平均气温	0.722*	0.647*	0.631	0.583
上两月平均降水	0.608*	0.590	0.478	0.435
两个月累积气温	0.930**	0.927**	0.919**	0.968**
两个月累积降水	0.953**	0.980**	0.996**	0.944**
三个月累积气温	0.936**	0.917**	0.906**	0.922**
三个月累积降水	0.952**	0.963**	0.922**	0.869**

*在0.05水平上显著；**在0.01水平上显著

从表3-3中可以看出，各治理分区平均气温和平均降水对NDVI产生正效应，并且通过了$p<0.01$的显著性检验，且燕山丘陵山地水源保护区NDVI与当月平均气温的相关性最高为0.937，沙化草原治理区NDVI与当月平均气温的相关性相对较低，为0.862；农牧交错地带沙化土地治理区和燕山丘陵山地水源保护区NDVI与当月平均降水的相关性要明显高于其他两个治理区。因此，植被生长对气象因子的变化有明显的滞后效应，但是各个分区表现不同。沙化草原治理区和浑善达克沙地治理区NDVI与上月平均气温和平均降水的相关关系与当月平均气温和平均降水的相关关系相比，均显著提高；燕山丘陵山地水源保护区NDVI与上月平均气温和平均降水量的相关关系与当月平均气温和平均降水量的相关关系相比显著降低。同时，除沙化草原治理区外，其他三大治理分区与上两月的平均气温和平均降水也呈相关关系，部分通过了$p<0.05$的显著性检验，但都比与上月平均气温和降水的相关性小。除了沙化草原治理区NDVI与上两月平均气温和降水、浑善达克沙地治理区NDVI与上两月平均气温有显著关系外，其他都呈现相关性不显著。为了进一步探讨植被NDVI与气温和降水的关系，分别分析了不同治理分区的NDVI与上两个月累积气温、累积降水和上三个月累积气温、累积降水之间的相关关系，由表3-3我们可以得出，四大治理分区NDVI与上两个月的累积气温和累积降水的相关性在五个尺度上表现最高，相关系数都达到了0.9以上，尤其是浑善达克沙地治理区和农牧交错地带沙化土地治理区的NDVI与前两个月的累积降水的相关系数分别为0.980和0.996。除了农牧交错地带沙化土地治理区NDVI与前三个月累积降水、燕山丘陵山地水源保护区NDVI与前三个月累积气温、累积降水相关系数比与当月平均气温、平均降水的相关系数低外，其他治理分区NDVI与前三个月累积气温、累积降水量的相关系数均比与当月平均气温、平均降水的相关系数高。

（3）不同治理区NDVI与气温和降水季节变化的滞后性分析

由于各治理分区各季节间气候差异比较明显，因此对各个季节尺度上NDVI的相关系数进行分析。如表3-4所示，京津风沙源地区不同的治理分区季节NDVI与季节平均气温和降水量均呈现出一定的关系，但差异显著。四大治理分区春季NDVI与当季平均气温都呈现正相关，但都未通过显著性检验，其中燕山丘陵山地水源保护区的相关性最高，为0.369。将各治理分区春季NDVI与上一年冬季气温做相关分析发现，相关性均减弱，说明上一年冬季气温对来年春季植被的影响较弱，其中浑善达克沙地治理区相关性表现得最不明显。把春季各个气温分区 NDVI 与当季降水和上一年冬季降水做相关分析得出，除了农牧交错地带沙化土地治理区 NDVI 与当季降水呈现负相关关系外，其他都表现出正相关关系，且沙化草原治理区通过了 $p<0.05$ 的显著性检验，相关系数为 0.396。同时，沙化草原治理区和浑善达克沙地治理区 NDVI 与当季降水的相关性要高于与上一年冬季降水的相关性，而农牧交错地带沙化土地治理区和燕山丘陵山地水源保护区 NDVI 与当季降水的相关性要低于与上一年冬季降水的相关性。这可能表明在植被较好的区域，植被对土壤水分需求量相对较高，降水通过影响土壤水分有效性，进而促进植被生长；在植被较差的区域，由于土壤入渗量大，冬季的少量降水通过土壤大孔隙易流失，因此不如当季降水对植被的影响显著。在四大治理分区中，浑善达克沙地治理区、农牧交错地带沙化土地治理区和燕山丘陵山地水源保护区 NDVI 与当季降水的相关性均弱于 NDVI 与当季气温的相关性。

对夏季各治理分区 NDVI 与当季和上一季气候因子做相关分析可以发现，燕山丘陵山地水源保护区 NDVI 与当季气温呈正相关、与当季降水呈负相关，与前一季气温和降水的相关性高于与当季气温和降水的相关性；而其他三个治理区 NDVI 与当季气温呈现负相关、与当季降水量呈现正相关，与前一季气温表现为正相关关系，表明夏季气温升高，植被蒸发较大，对植被的生长产生了抑制作用，但是春季气温升高则增加了土壤温度，利于植物复苏和发芽；而夏季降水增加使得植被生命活动旺盛，促进了植被的生长。沙化草原治理区 NDVI 与同期降水相关性通过了 $p<0.01$ 的显著性检验，相关系数达到了 0.527，浑善达克沙地治理区 NDVI 与前一季气温的正相关、沙化草原治理区 NDVI 与同期气温的负相关性均在 $p<0.05$ 的水平上达到显著。

秋季各治理分区 NDVI 与当季气温均呈现正相关关系，其中燕山丘陵山地水源保护区通过了 $p<0.05$ 的显著性检验，沙化草原治理区和浑善达克沙地治理区 NDVI 与前一季气温呈现负相关关系，农牧交错地带沙化土地治理区和燕山丘陵山地水源保护区 NDVI 与前一季气温呈现正相关关系，但都不显著。而对于降水来说，除了沙化草原治理区 NDVI 与当季降水呈现负相关关系以外，其他三大治理区呈现正相关关系，与前一季降水的相关性则表现为在浑善达克沙地治理区呈正相关，在其余三个治理区呈负相关。

生长季 NDVI 与当年气温和降水的相关性主要表现为正相关，只有沙化草原治理区 NDVI 与当季气温呈负相关，这说明在整个生长季过程中，气温的升高和降水的增加对植被产生了促进作用，加速了植物的生命活动，利于植被生长。沙化草原治理区和浑善达克沙地治理区 NDVI 与前一季气温呈负相关，农牧交错地带沙化土地治理区和燕山丘陵山地水源保护区与前一季气温呈正相关；从与前一季降水的相关程度来看，农牧交错地带沙化土地治理区表现为微弱的负相关，其他均表现为不显著的正相关。

通过计算偏相关系数并与相关系数进行比较后发现，植被与气候因素的关系较为复杂，NDVI 与气候因子的偏相关系数与相关系数之间的关系因地域不同而不同，不显著水平说明虽然气温和降水是影响京津风沙源区植被生长的主要气象因子，但单个因子不能从根本上决定其生长状况，植被生长受日照时数、地形和人为活动等多个因子共同影响。

表 3-4　不同治理分区季均 NDVI 与气温和降水的同期和时滞相关和偏相关关系

治理分区	指标	时间	春季		夏季		秋季		生长季	
			相关系数	偏相关系数	相关系数	偏相关系数	相关系数	偏相关系数	相关系数	偏相关系数
沙化草原治理区	气温	当季	0.337	0.234	-0.392*	-0.051	0.317	0.319	-0.192	0.347
		前一季	0.067		0.287		-0.187		-0.294	
	降水	当季	0.396*	0.319	0.527**	0.386	-0.022	0.042	0.683**	0.707
		前一季	0.102		0.251		-0.083		0.120	
浑善达克沙地治理区	气温	当季	0.289	0.293	-0.261	-0.155	0.331	0.347	0.020	0.244
		前一季	0.021		0.433*		-0.299		-0.036	
	降水	当季	0.208	0.215	0.259	0.152	0.013	0.110	0.312	0.388
		前一季	0.158		0.193		0.142		0.289	
农牧交错地带沙化土地治理区	气温	当季	0.271	0.283	-0.065	0.075	0.294	0.296	0.150	0.327
		前一季	0.103		0.257		0.241		0.237	
	降水	当季	-0.087	-0.123	0.225	0.228	0.035	0.050	0.311	0.418
		前一季	0.179		-0.116		-0.268		-0.055	
燕山丘陵山地水源保护区	气温	当季	0.369	0.374	0.110	0.116	0.376*	0.410	0.133	0.109
		前一季	0.250		0.348		0.159		0.049	
	降水	当季	0.108	0.125	-0.035	-0.050	0.192	0.259	0.122	0.094
		前一季	0.301		0.229		-0.069		0.035	

* 在 0.05 水平上显著；** 在 0.01 水平上显著

3.5　小结

京津风沙源治理工程是我国政府为改善和优化京津及周边地区生态环境状况、减轻风沙危害紧急启动实施的一项具有重大战略意义的生态建设工程，其特殊的地理位置决定了分析该区域植被覆盖变化的重要性。本章利用 1982 ~ 2006 年的 GIMMS NDVI 数据以及 2007 ~ 2009 年的 MODIS NDVI 数据，研究了京津风沙源区 1982 ~ 2009 年植被覆盖变化的时空特征，从区域尺度上分析了该地区 1959 ~ 2009 年的气候变化特征以及不同治理区内植被覆盖对气候因子（气温、降水和潜在蒸散）的响应。这对于揭示不同治理区内植被变化特征，更好地根据治理区的特点采取适宜当地植被生长的治理措施和植被恢复措施，保护和恢复区域生态环境具有重要的参考意义。

1982 ~ 2009 年京津风沙源区植被覆盖总体上趋于变好。从不同季节看，春、夏、秋三个季节均呈上升趋势，且春季增加相对更明显，夏秋季节增加相对较微弱。区域内燕山丘陵山地水源保护区生长季 NDVI 均值要远远高于其他三大治理区，浑善达克沙地治理区和农牧交错地带沙化土地治理区生长季 NDVI 均值波动表现比较一致。

从植被覆盖度空间分布情况来看，植被覆盖度从东南向西北递减，植被覆盖较好的地区主要分布在东南部的燕山丘陵山地水源保护区以及浑善达克沙地治理区，而植被覆盖较差的地区主要分布在西北沙化草原治理区。从 NDVI 季节空间分布可知，沙化草原中的典型草原亚区东部和浑善达克沙地治理区中的大兴安岭南部亚区 NDVI 季节变化比较明显，在夏秋季随降水的增加和温度的升高，NDVI 呈现出在夏季显著增加，在秋季稍微回落的趋势变化。植被覆盖度增加最大的区域为科尔沁沙地亚区、大兴安岭南部亚区的东南部、晋北山地丘陵亚区和燕山丘陵山地水源保护区的西部地区。

京津风沙源区生长季平均 NDVI 与生长季年均降水量呈显著正相关关系，与生长季年均气温相关性不显著，平均气温促进了春季和秋季植被活动，抑制了夏季植被的生长，且相关性不显著，春季和夏季 NDVI 与降水量之间存在微弱的正相关，秋季 NDVI 与降水量存在负相关。年均 NDVI 与年均气温在空间上基本上以正相关为主。NDVI 与气温呈现正相关关系的区域主要分布于燕山丘陵山地水源保护区和晋北山地丘陵亚区，呈现负相关关系的区域则分布在研究区东北部广大地区和荒漠草原亚区；与降水呈现正相关关系最明显的区域为荒漠草原亚区，其次是典型草原亚区和农牧交错地带草原亚区，负相关关系在晋北山地丘陵亚区和科尔沁沙地亚区表现得比较明显，在燕山丘陵山地水源保护区和典型草原亚区也有较大分布。

京津风沙源区植被不同季节 NDVI 与同期和时滞气象因子表现为春、秋、生长季 NDVI 与当季均温都呈正相关，同期降水对生长季 NDVI 表现显著的正趋势，除沙化草原治理区外，其他治理分区 NDVI 与上两个月的累积气温和累积降水量的相关性最高。

第4章　中蒙俄国际经济走廊干旱时空演变

随着全球气候变暖加剧，极端气候事件频发，高温干旱作为对生态、经济和社会影响最严重的灾害之一，受到了各国政府、科学界的广泛关注。本章针对中蒙俄国际经济走廊区域和蒙古高原区域，分析其干旱的时空格局与演变趋势，为应对极端干旱提供参考。

4.1　中蒙俄国际经济走廊干旱时空变化

4.1.1　研究区概况与研究方法

4.1.1.1　研究区概况

中蒙俄国际经济走廊位于亚洲北部和东北部，地理范围约为56°E～141.5°E、37.3°N～62°N，区域总面积约9.2×10^6km^2，包含中国东北部和北部的4个省份、蒙古国东南部12个省，以及俄罗斯东西伯利亚、远东南部的7个边疆区。

研究区包括蒙古高原、东北平原、东西伯利亚高原、远东山地等，总体地形相对平坦，山脉较少，最低海拔40m，最高海拔4390m。区内生态格局复杂多样，包含高山冰川、高山裸地、山地森林、草甸草原、典型草地、荒漠草地、裸地、沙地、沙漠等多种生态系统。全区气候多变，大风强劲；除中国东北部为温带季风气候外，大部分区域属温带大陆性气候，冬季严寒，夏季温热，具有明显的季节差异。降水量整体较少，地区差异较大，年降水量为50～1000mm，其中东南多，蒙古高原腹地最少，且降水多集中在每年7～8月；年蒸发量是年降水量的10倍至数十倍，其中蒙古高原戈壁蒸发最强。在特殊的气候和地形影响下，区内存在土壤沙化、沙尘暴肆虐等生态环境问题：中国东北平原、俄罗斯远东地区夏季降水集中，冬春两季冻融作用显著，极易诱发水土流失、土地退化；蒙古高原南部戈壁广布，蒸发强烈，沙尘暴频发；蒙古国北部、俄罗斯东西伯利亚地区属中高纬度地区，年均气温低于0℃，在低温潮湿环境下，区域内大面积冻土周期性冻结、融化。

4.1.1.2　数据源与研究方法

（1）数据来源

本研究主要利用GIMMS NDVI3g数据开展中蒙俄国际经济走廊干旱时空格局演变研究，该数据由美国国家航空航天局全球监测与模型研究组发布，基于15d最大合成生成，时间范围1981～2015年，空间分辨率1/12°（约8km），时间分辨率为15天。

(2) 基于像元二分模型反演地表植被覆盖度

模型运行中一个栅格信息是由裸土与植被按面积的加权平均所组成的。同样，通过卫星传感器所测到的每个像元的信息 ϕ，就可以表达为由植被区所贡献的信息和由裸土区域所贡献的信息的加权和（即基于一种线性拟合的假设）。因此，图像中每个像元的 NDVI 可以看成是有植被覆盖部分的 NDVI 与无植被覆盖部分的 NDVI 的加权平均，其中有植被覆盖部分的 NDVI 的权重即为此像元的植被覆盖度 Fc_v，而无植被覆盖部分的 NDVI 的权重即为（1−Fc）

$$\phi=\phi_v \times Fc_v+(1-Fc_v)\times\phi_s \tag{4-1}$$

式中，下标 v 和 s 分别为完全有植被覆盖区和裸土区的值。在估算大尺度的植被覆盖度时，由于地面数据缺乏，因此用基于线性关系的方法比其他较为复杂的方法更合适。因此，将式（4-1）直接应用到 NDVI 中，即可以得到植被覆盖度的最简单表达式

$$Fc_v=\frac{NDVI-NDVI_s}{NDVI_v-NDVI_s} \tag{4-2}$$

式中，$NDVI_v$ 为每类土地覆盖类型植被覆盖度为 100% 时相对应的像元 NDVI 值；$NDVI_s$ 是每类土地覆盖类型的 NDVI 最小值。

(3) 基于植被状态指数的干旱分析

植被状态指数（VCI）定义为

$$VCI_j=\frac{NDVI_j-NDVI_{min}}{NDVI_{max}-NDVI_{min}} \tag{4-3}$$

式中，VCI_j 为 j 时期的植被状态指数；$NDVI_j$ 为 j 时期的 NDVI 值；$NDVI_{max}$ 为所有像元中最大的 NDVI 值；$NDVI_{min}$ 为所有图像中最小的 NDVI 值。根据 VCI 进行干旱等级划分，如表 4-1 所示。

表 4-1　基于 VCI 进行干旱等级划分

VCI 数值范围	干旱等级
0 ~ 0.3	重旱
0.3 ~ 0.5	中旱
0.5 ~ 0.7	轻旱
0.7 ~ 1.0	无旱

4.1.2　中蒙俄国际经济走廊植被覆盖时空演变特征

基于像元二分模型获取中蒙俄国际经济走廊 1981 ~ 2015 年植被覆盖变化情况（图 4-1），该区植被覆盖度表现出较大的空间差异，较低区域分布于蒙古国东南部，以及中国内蒙古西部、科尔沁沙地等地区，该区分布有面积较大的沙漠、戈壁及沙地，土地覆盖类型以沙地、裸地和低覆盖度草地为主，因此植被覆盖度整体较低。植被覆盖度较高的地区有中国的内蒙古东部、大小兴安岭地区，蒙古国东北部，以及俄罗斯区域，该区植被以森林、灌丛、高覆盖度草地为主，气候湿润，降水量丰富，因此地表植被覆盖度较高。

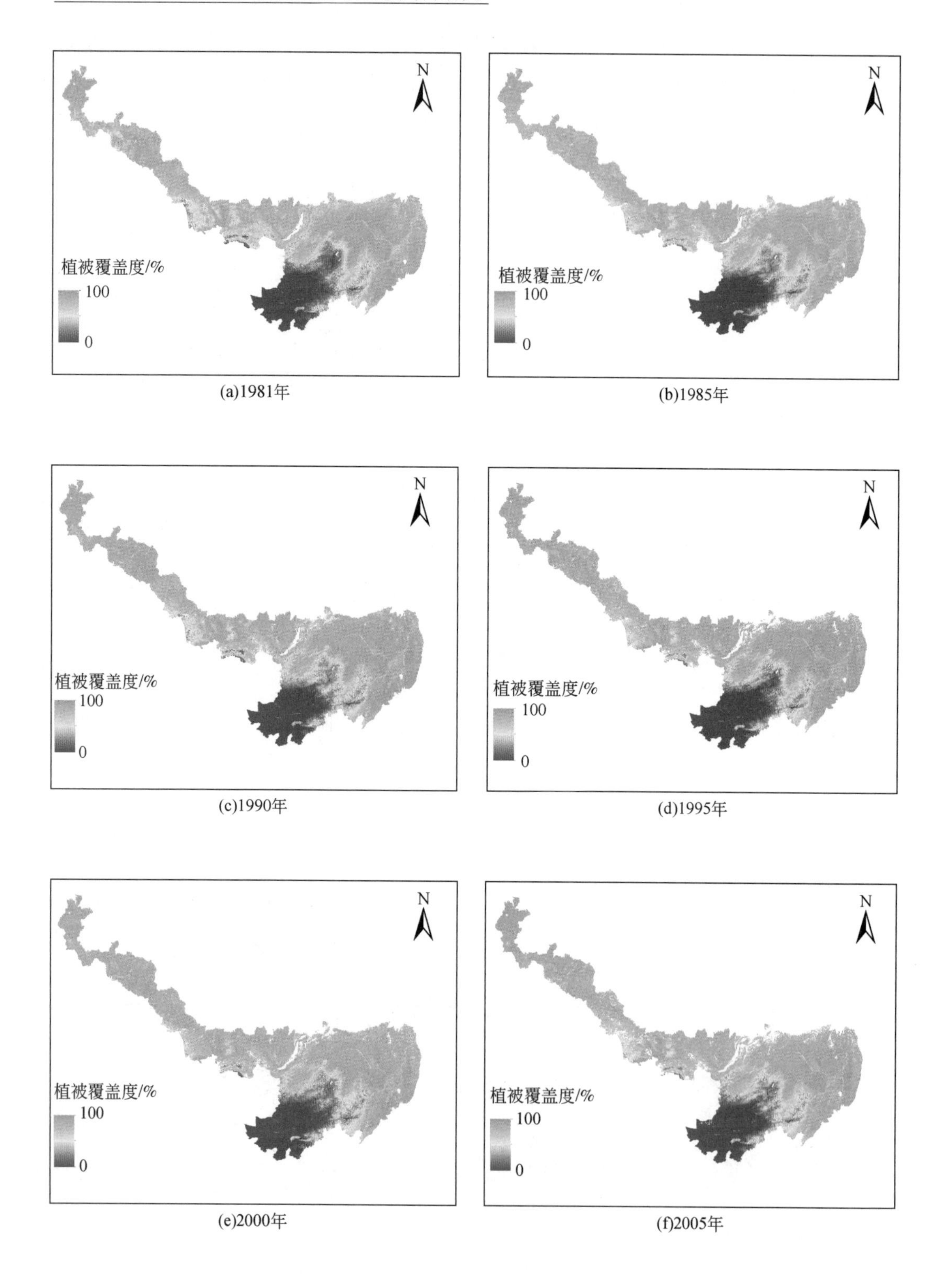

(a)1981年

(b)1985年

(c)1990年

(d)1995年

(e)2000年

(f)2005年

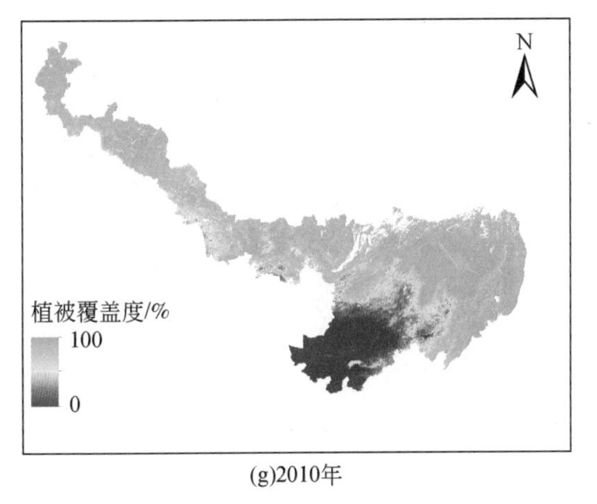

(g)2010年

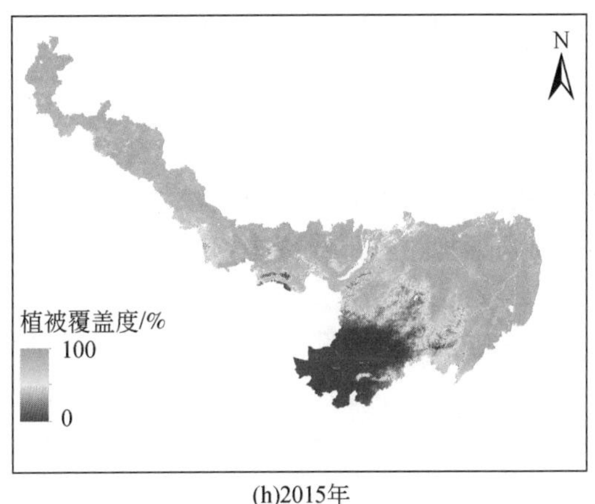

(h)2015年

图 4-1　1981 ~ 2015 年研究区植被覆盖时空分布

从时间变化上来看（图 4-2），研究时段内该区植被覆盖度在 71. 4 ~ 75. 8 波动，且呈持续波动增长趋势，增加幅度达 5. 7% 。研究时段内，植被覆盖度最低的年份是 1981 年，其次是 1982 年、1984 年、1985 年；植被覆盖度最高的年份为 1995 年，其次为 1999 年、2011 年、2015 年等。20 世纪 80 年代，植被覆盖度总体呈现持续增加趋势；90 年代，植被覆盖度年际差异较大，1990 ~ 1992 年呈现明显下降趋势，之后总体呈现增加趋势，其中 1992 年植被覆盖度最低，为 73. 2，1995 年和 1999 年植被覆盖度最高，为 75. 8。2000 年之后，植被覆盖度呈现波动增加趋势，整体来看，2008 年之前的植被覆盖度略低于 2008 年之后的植被覆盖度，值得一提的是，2003 年和 2009 年的植被覆盖度较低，均低于 73. 5。植被覆盖度的变化是气温、降水等自然因素和人类因素共同作用的结果，就短期来看，气温、降水等自然因素能够更加直接地作用于植被覆盖度的变化，该区植被覆盖度年际差异明显多是气温和降水的波动导致的。

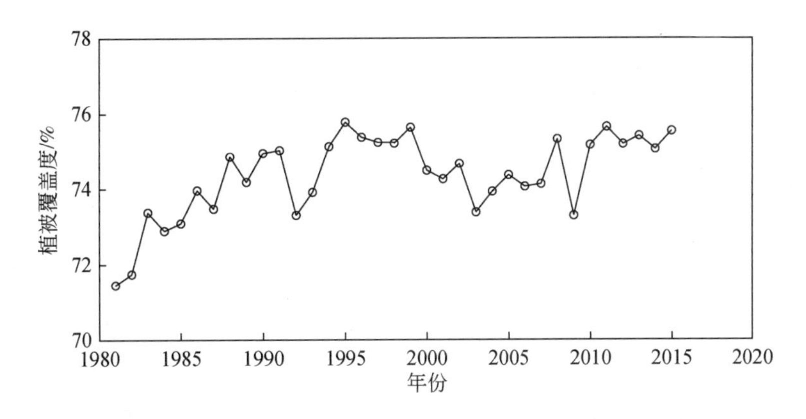

图 4-2　1981 ~ 2018 年中蒙俄国际经济走廊植被覆盖时间变化特征

4.1.3 中蒙俄国际经济走廊干旱时空演变分析

选取植被干旱指数（VCI）作为衡量该区干旱情况的指标，获取 1981 ~ 2015 年年度时空分布（图 4-3），结果发现，该区干旱也呈现出明显的空间差异，干旱严重的发生地区主要集中于蒙古国东南部、中国内蒙古中部地区，科尔沁沙地等地区也呈现出一定的干旱，俄罗斯区域总体上干旱程度较低。植被覆盖度的高低一定程度上决定了该区干旱的程度，即植被覆盖度高的地区干旱程度较低，植被覆盖度低的地区干旱程度较高。在蒙古国东南部，中国内蒙古西部、科尔沁沙地等地区，分布有面积较大的沙漠、戈壁及沙地，土地覆盖类型以沙地、裸地和低覆盖度草地为主，地表裸露面积较多，且该区干旱少雨，极易发生干旱。在中国内蒙古东部、大小兴安岭地区，蒙古国东北部，以及俄罗斯区域，植被以森林、灌丛、高覆盖度草地为主，气候湿润，降水量丰沛，干旱不易发生或发生较轻。从多年状况来看，中蒙俄国际经济走廊的南部区域，即蒙古国东南部，以及中国内蒙古中部、科尔沁沙地地区以重旱和中旱为主；该区东部，即蒙古国东部及北部，中国内蒙古东部、黑龙江部分区域，以及俄罗斯的东部以轻旱和中旱为主；中国大小兴安岭区域及中蒙俄国际经济走廊的西部地区以轻旱和无旱为主。

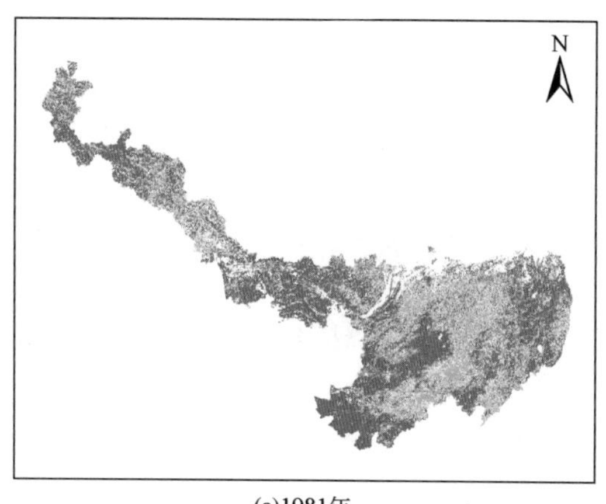

(a)1981年

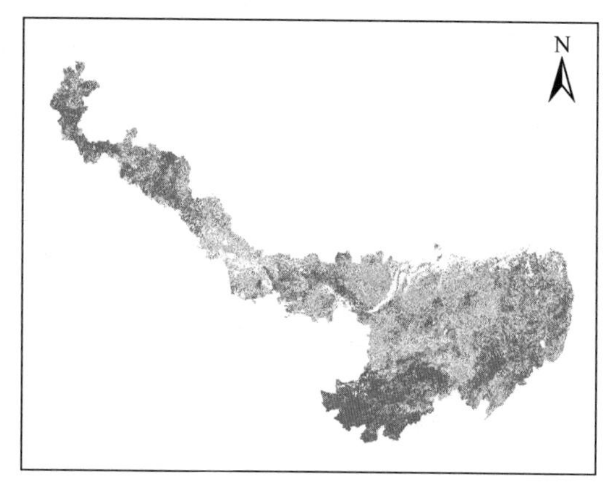

(b)1985年

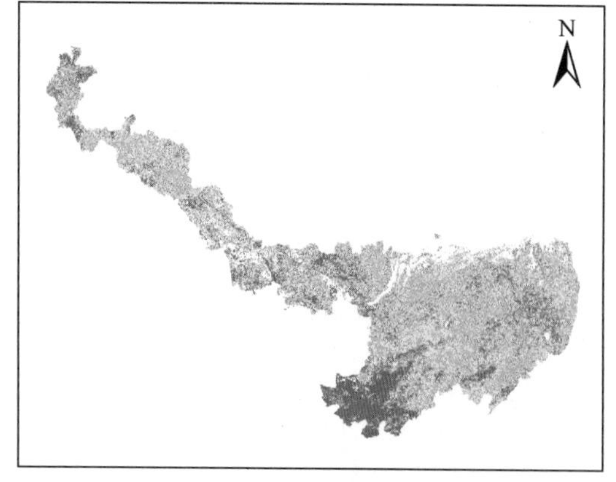

(c)1990年

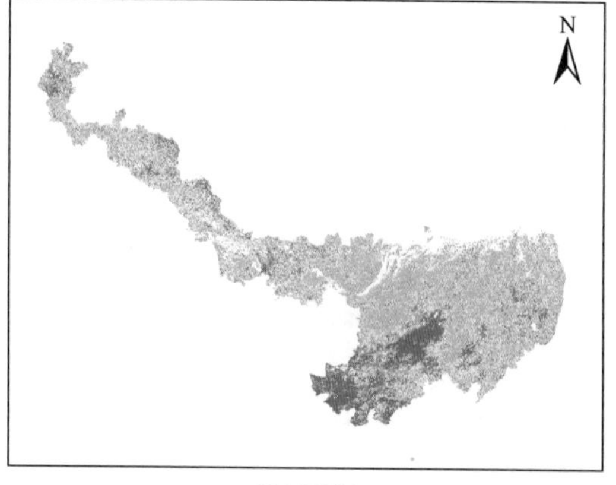

(d)1995年

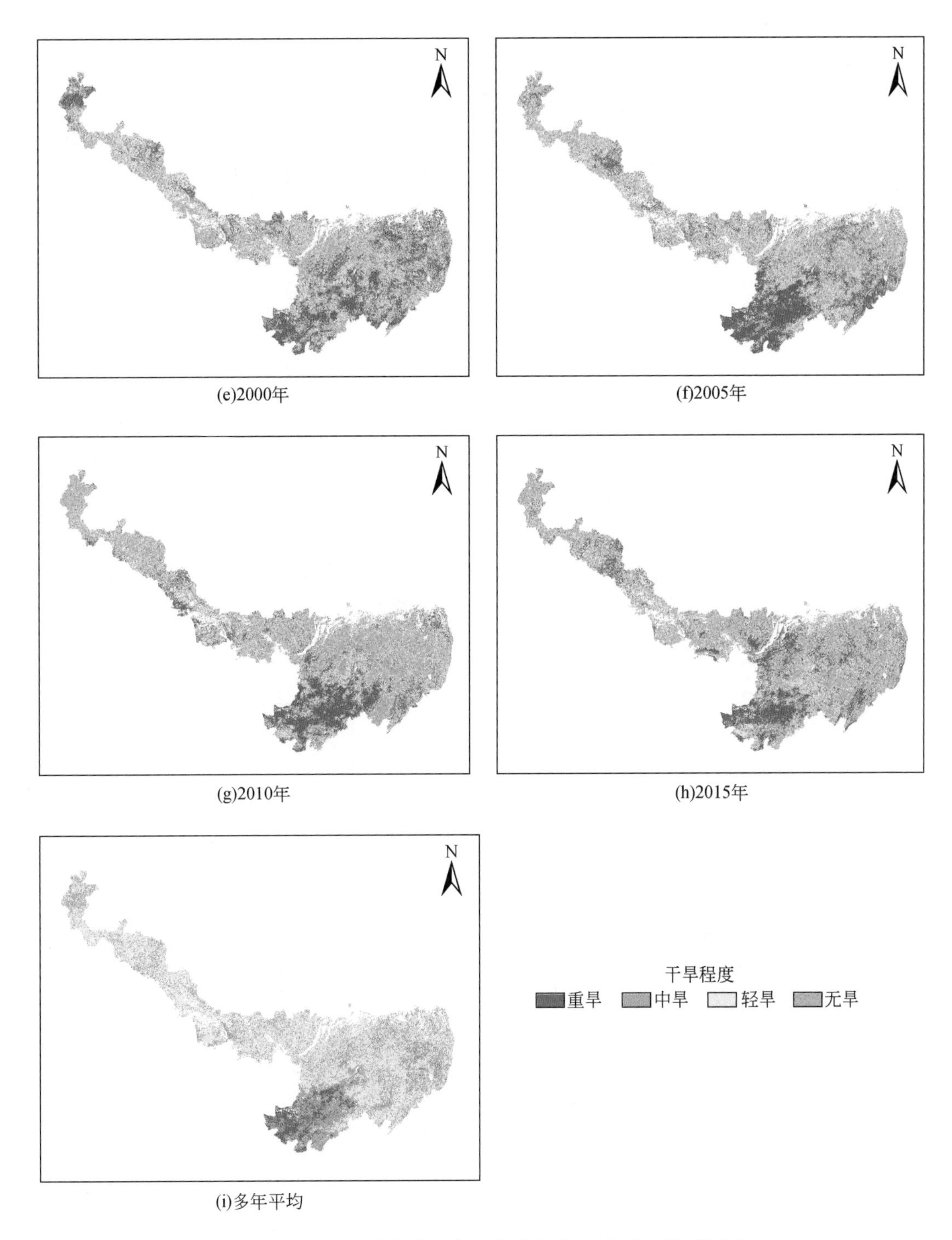

图 4-3　1981 ~ 2015 年研究区年干旱程度及多年平均干旱程度分布

图 4-4 统计了研究时段内该区域干旱发生次数（以月为最小计数单元）以及 VCI 的时间变化特征。结果表明，每个年份的干旱程度有所不同，个别年份干旱程度加重且分布十分广泛。研究时段内，1981 年的干旱程度最严重。1981 ~ 2015，VCI 呈波动增加趋

势，由1981年的0.36增加到了2015年的0.58，这说明该区总体干旱程度呈缓解趋势。但在不同时段，VCI呈现不同的变化特征。VCI较低的几个年份有1992年、1993年、2003年、2009年，说明这几个年份的干旱程度加剧。空间上，在蒙古国东南部，以及中国内蒙古中部地区、科尔沁沙地地区，干旱不仅程度严重且发生频次高；在中蒙俄国际经济走廊的北部、中部及东部地区，干旱发生频率很低如贝加尔湖地区、中国大小兴安岭等。

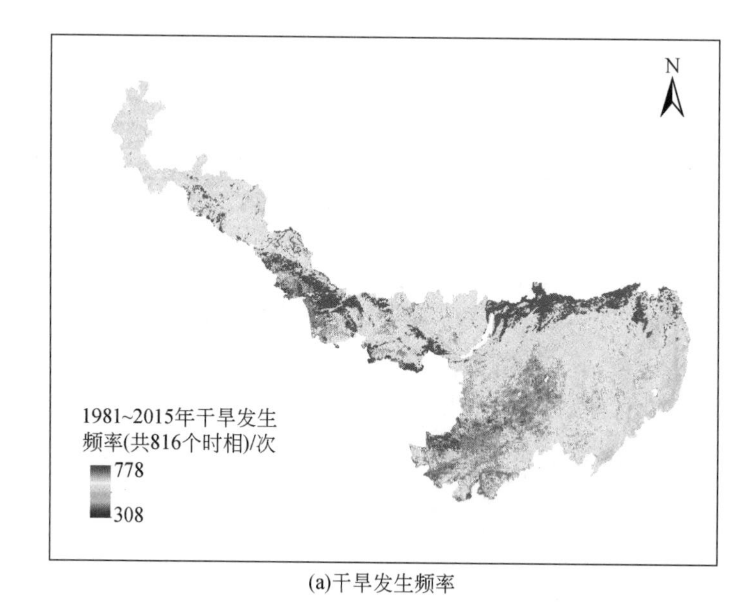

(a)干旱发生频率

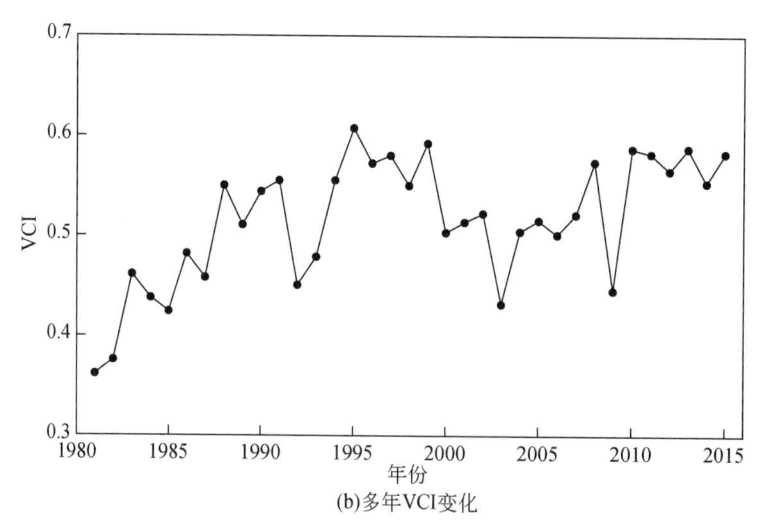

(b)多年VCI变化

图4-4　1981~2015年研究区干旱发生频率及多年VCI的变化

图4-5统计了各干旱程度占全区总面积的比例，结果表明，重旱在1981年、1982年、1983年、1984年、1985年、1992年、1993年、2003年及2009年所占比例较大，均占到全区面积的24%以上。其中，重旱在1981年、1982年占比最大，分布最广泛，

占全区面积的40%以上；2003年和2009年，干旱程度也较重，重旱面积占全区面积的30%以上，但总体来看，重旱的比例总体上呈减少趋势。中旱面积也呈轻微减少趋势，轻旱的面积总体来看变化较小，维持在20%～30%，无旱面积则呈增大趋势，其中，在1995年、1997年、1999年、2008年、2010～2015年，无旱的面积比例在各类干旱程度中最大，这说明在这些年份，该区的干旱程度非常低。2010～2015年，无旱的面积比例可达到35%以上。总体来看，1981～2015年，中蒙俄国际经济走廊的干旱程度呈现减轻的趋势。

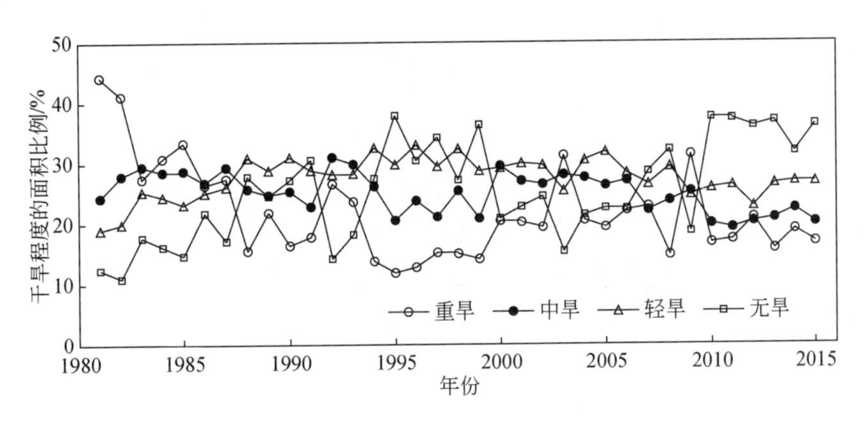

图4-5 1981～2015年干旱程度面积比例变化

4.2 蒙古高原干旱时空演变

4.2.1 研究区概况与研究方法

4.2.1.1 研究区概况

蒙古高原位于87°40′N～122°15′N，37°46′E～53°08′E，东起大兴安岭西麓，西部为萨彦岭和阿尔泰山脉所环绕，北界为萨彦岭、肯特山以及雅布洛诺夫山脉，南部以阴山山脉为界。蒙古高原大致包括了蒙古国全部地区，俄罗斯联邦西伯利亚部分地区，以及中国内蒙古自治区和新疆维吾尔自治区的部分地区。蒙古高原作为欧亚大陆高原在中亚和东北亚地区的延伸，平均海拔1580m，整体地势西高东低。蒙古高原远离海洋，周边为中、高山地所环绕，是典型的大陆性气候区，其气候特点为冬季严寒漫长，夏季炎热短暂，降水稀少；除高原东部、东南部以及北部等少数地区外，蒙古高原绝大部分地区年降水量均少于400mm。为了研究需要，本研究的研究区界定为蒙古国、中国的内蒙古自治区以及俄罗斯的图瓦共和国，为了表述方便，本研究称此研究区为蒙古高原。

蒙古国国土面积156.65万km^2，人口240多万，是世界第二大内陆国。境内西部和北部地势高峻，北部多山地和高原，平均海拔约1600m，山地主要有阿尔泰山、唐努山、杭爱山等。山地之间多内流水系、湖泊和盆地。蒙古国境内有多条河流，色楞格河为境内最大河流，向北注入俄罗斯的贝加尔湖。蒙古国属典型的大陆性高寒气候，夏短而热，冬长而寒。蒙古高原北部为高压中心，是亚洲“寒潮”的发源地之一，冬季气温达到-30℃以下，戈壁滩上的积雪可以持续到4月，一些湖泊结冰可以持续至6月。夏季气温可达到40℃以上，6月中旬到9月为雨季，年平均降水约200mm，年日照天数达260天以上。蒙古国境内天然牧场辽阔，占国土面积的83%，人均草原面积居世界之首。近几十年，在自然和人为因素的干扰下，蒙古国草原荒漠化面积不断扩大，沙化草原、戈壁面积占天然牧场近50%。蒙古国森林面积占国土面积的10%左右，主要分布于蒙古国北部地区。畜牧业是蒙古国国民经济的基础，主要饲养羊、牛、马及骆驼，皮革、马具、皮靴、羊毛、乳肉食品等为主要畜产品。蒙古国有丰富的地下矿产资源，如煤、金、铜等，其中煤的蕴藏量达3000亿t；工业以轻工、食品、采矿为主。旅游收入是蒙古国的一大收入来源。

内蒙古自治区位于中国的北部边疆，由东北向西南斜伸，呈狭长形，其北部同蒙古国和俄罗斯联邦接壤，国境线长4200km。经纬度东起126°04′E，西至97°12′E，横跨经度28°52′，东西直线距离约2400km；南起37°24′N，北至53°23′N，跨越纬度15°59′，直线距离约1700km；全区总面积118.3万km^2，占中国陆地面积的12.3%，是中国第三大省份。全区地势较高，平均海拔约1000m，基本上是一个高原型的地貌区。在世界自然区划中，内蒙古位于著名的亚洲中部蒙古高原的东南部及其周沿地带，统称内蒙古高原。内蒙古高原是中国四大高原中的第二大高原。内蒙古在内部结构上又有明显差异，其中高原约占总面积的53.4%，山地占20.9%，丘陵占16.4%，平原与滩川地占8.5%，河流、湖泊、水库等水面面积占0.8%。

图瓦共和国是俄罗斯联邦中的一个主体行政单位，属于西伯利亚联邦管区的一部分，首府为克孜勒。图瓦共和国地处亚洲中部、中西伯利亚南部、叶尼塞河上游，其南部和东南部是蒙古国，四周被塞留格木山、唐努山、西萨彦岭和东萨彦岭环抱，东部为上叶尼塞盆地，地貌以森林、草甸和草原为主。该区南北距离为420km，东西距离630km，总面积为23.63万km^2；气候属于温带大陆性气候，冬季寒冷，夏季温暖。1月平均气温-32℃，七月平均气温18℃。该区矿产资源丰富，出产有色金属、稀土、煤、石棉、铁矿、金、汞以及各种建筑材料。其境内的大多数河流流经高山，所以水力资源丰富。此外还有50多个含碳酸盐的温泉，木材资源也极为丰富，总储量达1亿m^3；主要河流为叶尼塞河。

4.2.1.2 数据来源

（1）遥感数据

MODIS数据来源于 https://ladsweb.modaps.eosdis.nasa.gov/search/，数据主要有MOD11A2全球1km地表温度和发射率8天合成L3产品，时间序列为2000年第65天到2018年第353天；MOD13A2全球1km分辨率16天合成植被指数数据，时间序列为2000年第49天到2012年第353天。

1981～1999年按旬合成植被指数数据集来源于“Twenty-year Global 4-minitute AVHRR NDVI Dataset”数据集，同期按旬合成地表温度数据来源于其第4、5通道的热红外亮温数据集，空间分辨率为8km，时间序列为1981年7月13日至1999年12月21

日（缺少 1994 年第 26 旬至第 36 旬数据），数据集包括：①第一通道（Ch1）的反射率（0.58 ~0.68μm）百分比（0，100）；②第二通道（Ch2）的反射率（0.72 ~ 1.10μm）百分比（0，100）；③第三通道（Ch3）的亮温值（3.55 ~ 3.95μm）开氏温标（160，340）；④第四通道（Ch4）的亮温值（10.3 ~ 11.3μm）开氏温标（160，340）；⑤第五通道（Ch5）的亮温值（11.5 ~ 12.5μm）开氏温标（160，340）。

（2）气象数据

气象数据是世界气象组织（World Meteorological Organization，WMO）的世界天气监测网计划（World Weather Watch Program）与“中国北方及其毗邻地区综合科学考察”项目组进行数据共享和交换的数据，时间序列为 1981 ~ 2010 年，包括全境 793 个气象站点的月均气温和月降水量数据，数据格式为文本格式。

（3）土壤含水量验证数据

数据来源于中国气象数据网(http://data.cma.cn)，数据集名称为“中国农作物生长发育和农田土壤湿度旬值数据集”。该数据集包含了 1991 年 9 月至 2012 年 10 月中国农业气象站观测的农作物生长发育状况，具体内容包括旬作物名称、发育期名称、发育期日期、发育程度、发育期距平、植株高度、生长状况、植株密度、到本旬末积温、积温距平、干土层厚度、10cm 土壤相对湿度、20cm 土壤相对湿度、50cm 土壤相对湿度、70cm 土壤相对湿度，以及 100cm 土壤相对湿度。

（4）土地利用/土地覆盖数据

数据来源于国家地球系统科学数据中心共享服务平台，数据集名称为“中国北方及其毗邻地区 500m 分辨率土地覆盖数据集”，时间序列为 1992 年、2001 年、2005 年及 2009 年。为了研究需要，本研究对原始分类系统进行了必要的合并，分类系统及合并类型如表 4-2 所示。

表 4-2　土地利用/土地覆盖数据分类系统

一级分类	代码	二级分类	描述	合并项
森林	1	落叶针叶林	由年内季节落叶的针叶树覆盖的土地	针叶林
	2	常绿针叶林	由常年保持常绿的针叶树覆盖的土地	
	4	针阔混交林	由阔叶树和针叶树覆盖的土地，且每种树的覆盖度在 25% ~75%	混交林
	3	落叶阔叶林	由年内季节落叶的阔叶树覆盖的土地	阔叶林
	5	常绿阔叶林	由常年保持常绿的阔叶树覆盖的土地	
	6	灌丛	木本植被，高度在 0.3 ~5m	灌丛
草地	7	高覆盖草地	草本植被，覆盖度>65%	草地
	8	中覆盖草地	草本植被，覆盖度在 40% ~65%	
	9	低覆盖草地	草本植被，覆盖度在 15% ~40%	
农田	10	农田	由无需灌溉或季节性灌溉的农作物覆盖的土地或需要周期性灌溉的农作物（主要指水稻）覆盖的土地	农田
湿地	11	湿地	由周期性被水淹没的草本或木本覆盖的潮湿平缓地带	湿地

续表

一级分类	代码	二级分类	描述	合并项
其他	12	冰雪	由冰雪覆盖的土地	水域
	15	水体	包括河流，湖泊，水库等	
	13	裸地	指地表几乎没有植被覆盖或植被较稀疏的土地	裸地
	14	建设用地	包括城镇、工矿、交通和其他建设用地	建设用地

4.2.1.3 数据处理

（1）MODIS 数据的处理

利用美国地质调查局地球资源观测系统数据中心（USGS EROS）开发的 MRT（MODIS Reprojection Tool）对 MOD11A2 和 MOD13A2 进行几何校正和镶嵌处理，然后利用蒙古高原矢量边界对数据进行裁切，合成了蒙古高原的每 8 天的地表温度数据、每 16 天的 NDVI 数据及 EVI 数据。用平均值合成法求得生长季（4～10 月，本章下同）每月的地表温度，然后对生长季 7 个月的地表温度取平均，分别获得 2000～2012 年各月及各生长季平均地表温度。用最大值合成法求得生长季每月的 NDVI 和 EVI，仍然用最大值合成法求得每年生长季最大 NDVI 和 EVI，分别获得 2000～2012 年各月最大 NDVI、EVI 及生长季最大 NDVI、EVI 数据。

（2）AVHRR-PathFinder 数据的处理

利用蒙古高原边界矢量图对 AVHRR-PathFinder 数据进行统一裁切。其植被指数 NDVI 的制备过程为：采用经过辐射校正和几何粗校正的 NOAA-AVHRR 数据源，再进一步对每轨图像进行几何精校正、除坏线、除云等处理，进而进行 NDVI 计算及合成。

NDVI 由经过大气校正的可见光（0.58～0.68μm）和近红外波段（0.725～1.1μm）反射率获得，并以最大值合成法按旬合成，有效除去云的影响（Holben，1986）。在合成过程中排除观测天顶角大于 42°的像元数据，这样的合成过程能有效减小由于二向性反射产生的角度效应，况且观测角对经大气校正的 NDVI 的影响是相对很小的。NDVI 计算公式为

$$\mathrm{NDVI}=1000\times(b_2-b_1)/(b_2+b_1) \tag{4-4}$$

式中，b_1、b_2 为 AVHRR 的第 1、2 通道。

地表温度的合成利用相应时间经过辐射校正的第 4、5 通道亮温。利用第 4、5 通道地表比辐射率与 NDVI 关系计算地表比辐射率，在此基础上利用分裂窗算法计算地表面温度，分裂窗算法在一定程度上减小了太阳高度角和大气中水汽对热红外信息的影响。

（3）气象数据的处理

首先将气象站点数据空间化，然后利用克里金法进行空间插值，为了与植被指数及地表温度数据的空间分辨率相一致，在进行插值时将 1981～1999 年的气象数据插值成 8km 分辨率数据，2000～2010 年气象数据插值成 1km 分辨率数据，最终分别得到 1981～1999 年 8km 分辨率月平均气温和月降水数据以及 2000～2010 年 1km 分辨率月平均气温和月降水数据。对每年生长季气温数据求平均得到了 1981～2010 年生长季平均气温数据，对每年生长季降水数据求和得到了 1981～2010 年生长季总降水量数据。

4.2.1.4　研究方法

（1）数据一致性评价

AVHRR 和 MODIS 数据集在地表生态环境及植被大尺度遥感监测中具有明显的优势（Yu et al.，2010）。但由于两类数据集传感器参数、空间分辨率等不同，因此需对两个数据集的一致性进行评估（Frey et al.，2012）。根据两种数据集重叠周期内（2000～2001 年）的数据，利用线性回归模型建立两类数据集年最大 NDVI/Ts、年最小 NDVI/Ts 值直接关系，得到如下结果

$$\mathrm{NDVIA}=0.912\times\mathrm{NDVIM}+0.020 \tag{4-5}$$

$$\mathrm{TsA}=0.979\times\mathrm{TsM}+1.766 \tag{4-6}$$

式中，NDVIA 和 NDVIM 分别为 AVHRR NDVI 和 MODIS NDVI；TsA 和 TsM 分别为 AVHRR Ts 和 MODIS Ts。

结果表明，两类数据集显示良好的线性关系，两个数据集的 NDVI 和 Ts 值的 r^2 分别为 0.960（$p<0.01$）和 0.963（$p<0.01$）（Cao et al.，2017，2020）。考虑到两种数据集有良好的相关性，因此我们对 AVHRR 数据集进行修正，使其与 MODIS 数据集具有更好的一致性。

（2）Ts-NDVI 通用特征空间

地表温度（Ts）与归一化植被指数（NDVI）存在显著的负相关关系（Carlson，2007；Goetz，1997），Ts 与 NDVI 相结合能够提供关于植被和土壤湿度状况的重要指示信息（Goetz，1997）。研究表明，如果研究区地表总体覆盖类型变化不大，则可以利用多年同期卫星观测数据，合成同期各合成年份都适用的 Ts-NDVI 特征空间边界，以改善传统的仅基于当前单一卫星观测数据的特征空间，提高干、湿边的稳定性，使基于卫星观测的特征空间边界最大程度上接近其理论边界，并将这种基于长时间、大范围卫星观测资料改进的特征空间暂称为“通用特征空间”（于敏等，2011）。

具体合成步骤为：①针对某观测时段，单独提取每年的基于该单一时段卫星观测数据的 Ts-NDVI 特征空间：从裸土到密闭冠层，以较小的植被指数间隔，用最大值合成法提取每个植被指数对应的最大地表温度，形成该年单一时段特征空间的干边地表温度；用最小值合成法提取每个植被指数对应的最小地表温度，形成该年单一时段特征空间的湿边地表温度；②合成各年通用的 Ts-NDVI 特征空间：以相同的植被指数间隔，在已提取的各年单一时段特征空间的干边地表温度中，用最大值合成法提取各植被指数对应的多年最大地表温度，作为通用特征空间的干边地表温度；用最小值合成法提取各植被指数对应的多年最小地表温度，作为通用特征空间的湿边地表温度；③以上述植被指数间隔和合成后的通用特征空间干、湿边地表温度，通过线性拟合得到通用特征空间的干、湿边界

$$T_{\mathrm{wet}_i}=a_1+b_1\times I_{\mathrm{NDV}_i} \tag{4-7}$$

$$T_{\mathrm{dry}_i}=a_2+b_2\times I_{\mathrm{NDV}_i} \tag{4-8}$$

式中，I_{NDV_i} 为像素点 i 的植被指数；T_{dry_i}、T_{wet_i} 分别为合成后的通用特征空间中 I_{NDV_i} 对应的干、湿边地表温度；a_1、b_1 和 a_2、b_2 分别为通用特征空间湿边和干边的截距、斜率，通过线性拟合获得。通用特征空间方法是基于长时间、大范围卫星观测资料，对多年单

一时段特征空间边界的再合成，但并不重新合成卫星观测图像中每个像素点的数据，尽可能回避了特征空间内部各像素点地表类型变化带来的影响。

（3）温度植被干旱指数（TVDI）的构建

基于合成得到的通用特征空间干、湿边方程，计算温度植被干旱指数

$$\mathrm{TVDI}=\frac{T_s-(a_1+b_1\times I_{\mathrm{NDV}})}{(a_2+b_2\times I_{\mathrm{NDV}_i})-(a_1+b_1\times I_{\mathrm{NDV}})} \tag{4-9}$$

式中，a_1、b_1、a_2、b_2 分别是干边和湿边拟合方程的系数。

4.2.2 蒙古高原干旱的年变化特征

基于 1982 ~ 2018 年 MODIS 植被指数和地表温度数据，通过构建 Ts-NDVI 特征空间，获取蒙古高原 TVDI 的时空分布特征，对蒙古高原的干旱时空演变进行研究。统计 1982 ~ 2018 年 TVDI 的空间分布（图 4-6），结果发现，TVDI 在空间上呈梯度分布，南部和东部较高，北部和西部较低。温度和湿度梯度的差异主导了高原土地利用和土地覆盖的分布，从而影响了土壤湿度和干旱的梯度分布。蒙古高原的中部、南部和东部地区表现出极干旱和干旱的水平。在戈壁沙漠所处的南部高原，有一大片极干旱的地区。极湿润和湿润区主要分布在北部高原。蒙古高原西北和东北地区基本无干旱情况。

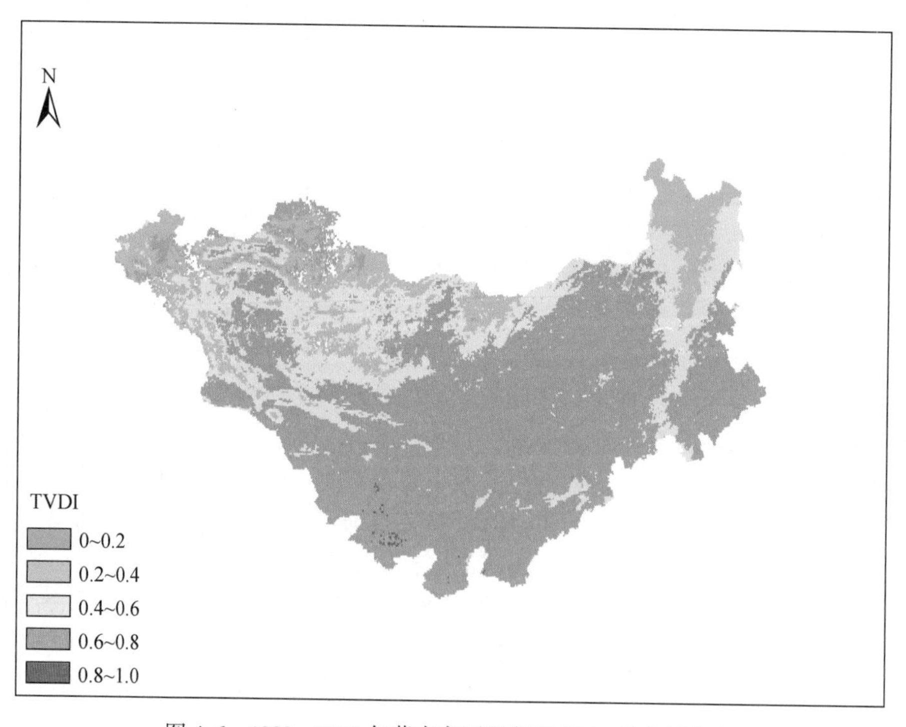

图 4-6　1982 ~ 2018 年蒙古高原研究区 TVDI 的空间分布

蒙古高原干旱面积平均约占 55.28%，说明该区干旱普遍，局部地区严重。总体而言，1982 ~ 2018 年，干旱和极干旱面积约为 35.27 万 km^2，且逐年增加，平均增长率约 22.90%。极干旱面积增长更为显著，增长率约为 35.27%。1982 ~ 2018 年，蒙古高原由于气候干燥、生态系统脆弱、植被覆盖度低，干旱和干旱化现象严重。尤其 2000 年

以后，旱情更加严重（图4-7）。

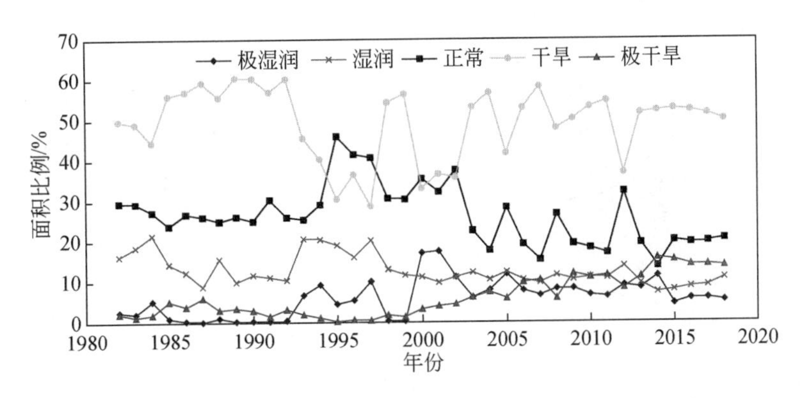

图4-7　1982～2018年蒙古高原不同年份TVDI的面积比例

根据TVDI多年月平均值，蒙古高原大部分地区每月都发生干旱（图4-8）。5～8月，干旱区域广泛，干旱严重。4月、9月和10月，干旱面积有所减少，但极端干旱面积大于其他月份。生长季初（4月）和生长季末（9月、10月），植被需水量和耗水量较低，地表蒸散量也较小，但降水量较低，故部分地区会出现极端干旱。

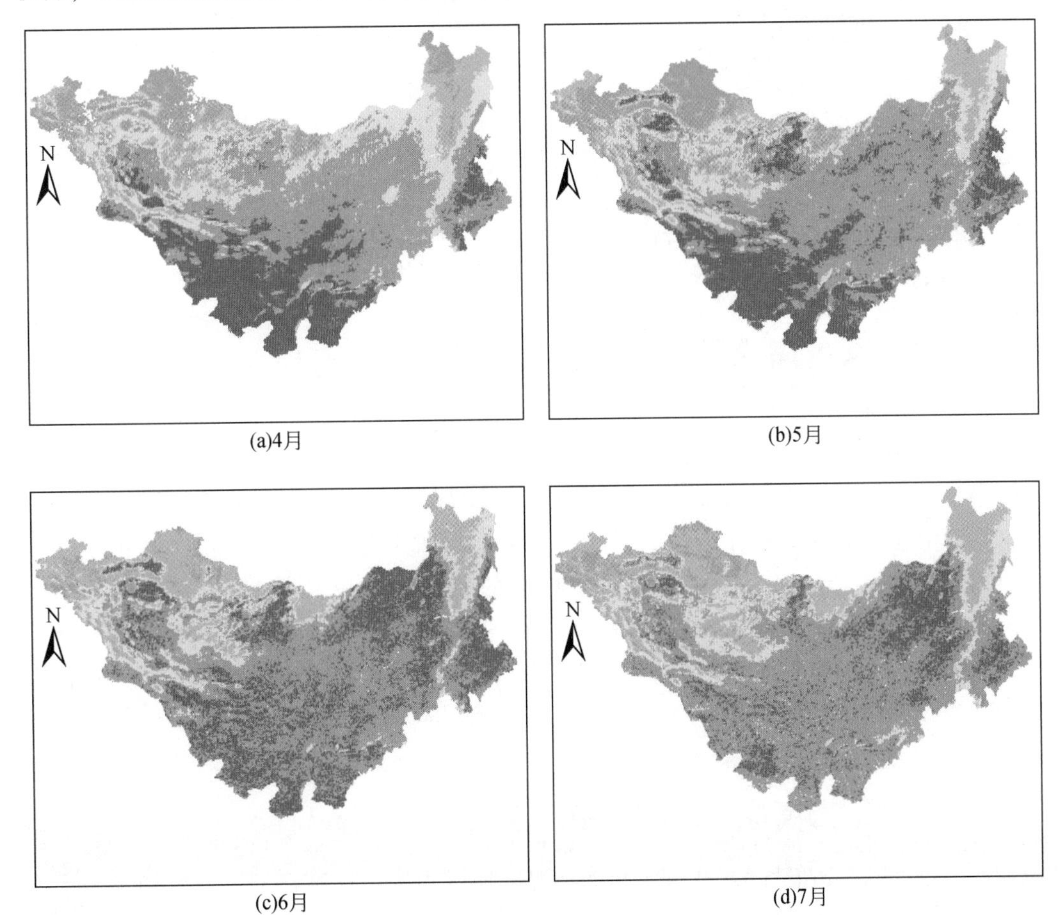

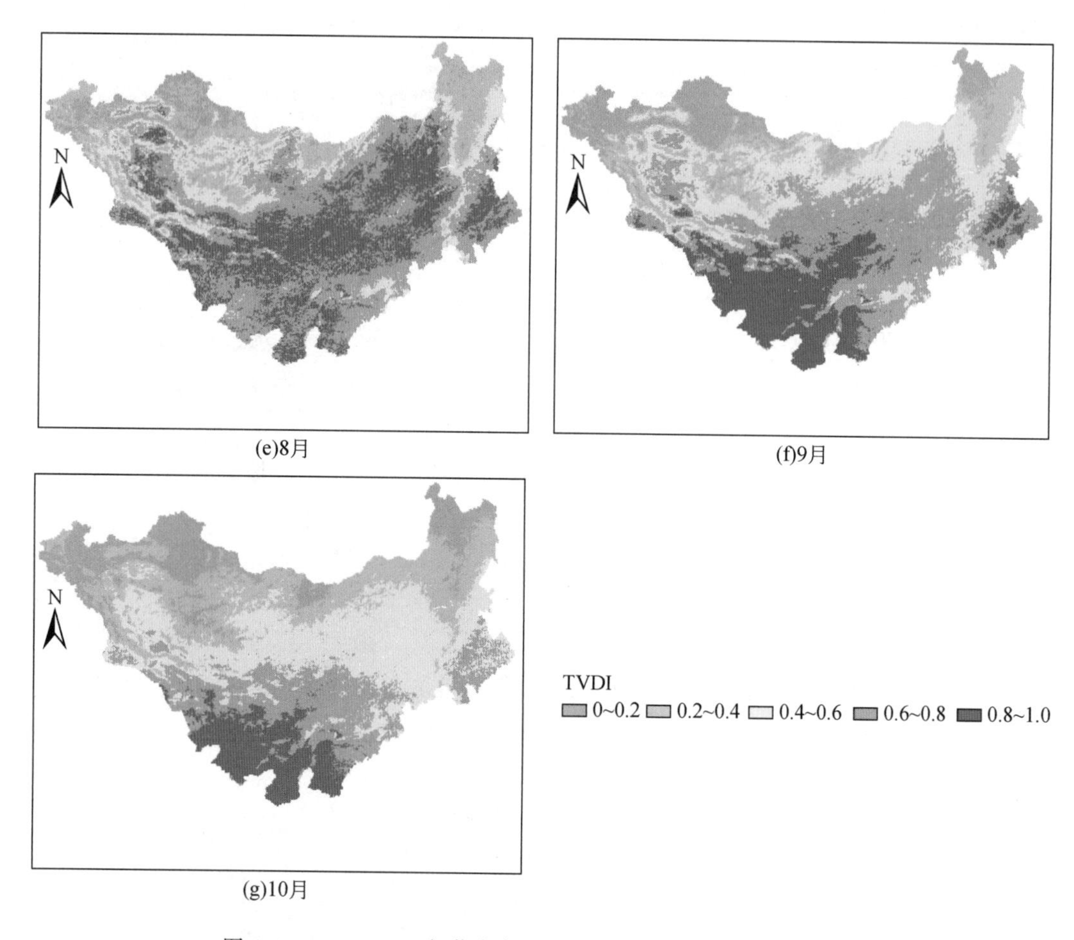

图 4-8　1982～2018 年蒙古高原逐月（4～10 月）TVDI 的分布

4.2.3　蒙古高原干旱的月变化特征

如图 4-9 所示，4 月，蒙古高原约 60.22% 的地区遭受干旱。5 月、6 月，干旱面积分别增加到 67.39% 和 71.67%。干旱在 6 月和 7 月最为严重。8 月，受旱面积开始减少，9 月、10 月进一步减少。我们的模型结果还表明，尽管旱情在整个生长季都很普遍，但生长季初期旱情比生长季末期更严重。我们认为这一趋势是由于植被生长季初期和生长季高峰期降水偏少，阻碍了植被的萌发和生长。从 TVDI 的时空变化来看，蒙古高原受干旱主导。蒙古高原干旱主要受温带大陆性气候、降水稀少、草地为主、草地稀疏等因素控制。此外，自 20 世纪 50 年代以来，蒙古高原的气温一直在以高于世界平均增速的速度上升（Wang et al., 2008），这是造成干旱的另一个关键原因。

4.2.4　蒙古高原干旱发生频率特征

干旱发生频率分布与 TVDI 分布相似。温度梯度和湿度梯度在干旱程度和发生频率的空间分布中起主导作用。从图 4-10 可以看出，干旱发生频率小于 40 次的地区主要分

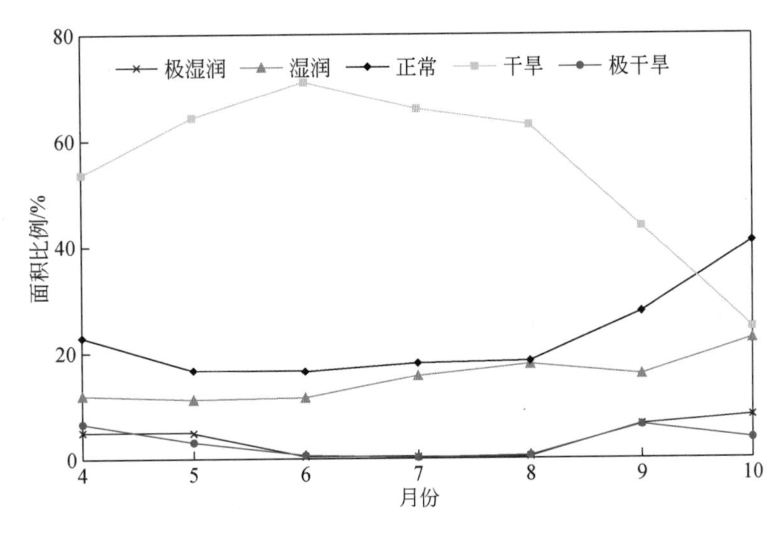

图4-9　1982～2018年蒙古高原逐月（4～10月）不同TVDI分类的面积比例

布在蒙古高原北部和西部的森林和灌丛。干旱发生频率在160次以上的地区主要集中在蒙石高原中部、南部和东部，草原和裸地覆盖广泛。1982～2018年的259个月，植被生长季遭受200多次干旱影响的面积约为72.29万km^2（26.11%），受160～200次干旱影响的面积约为77.77万km^2（25.32%）。旱灾不足40次的面积仅为56.46万km^2（18.99%）。

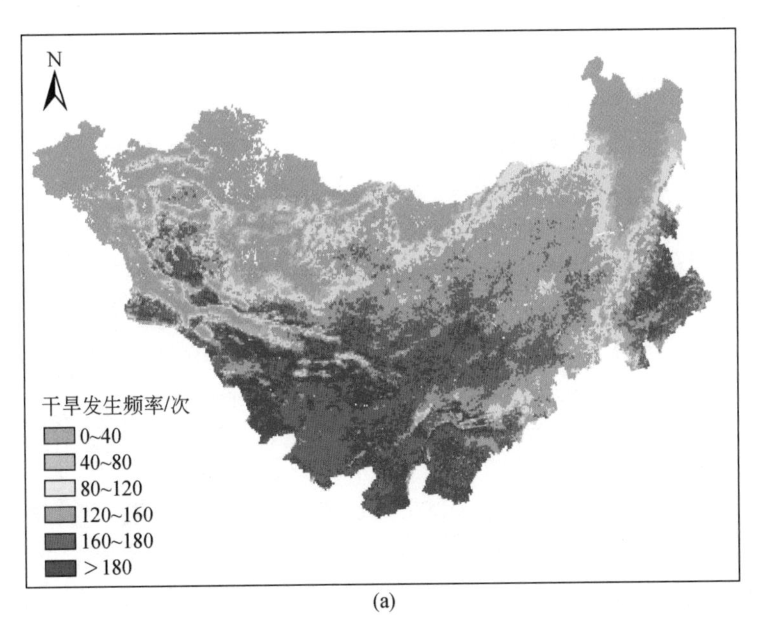

(a)

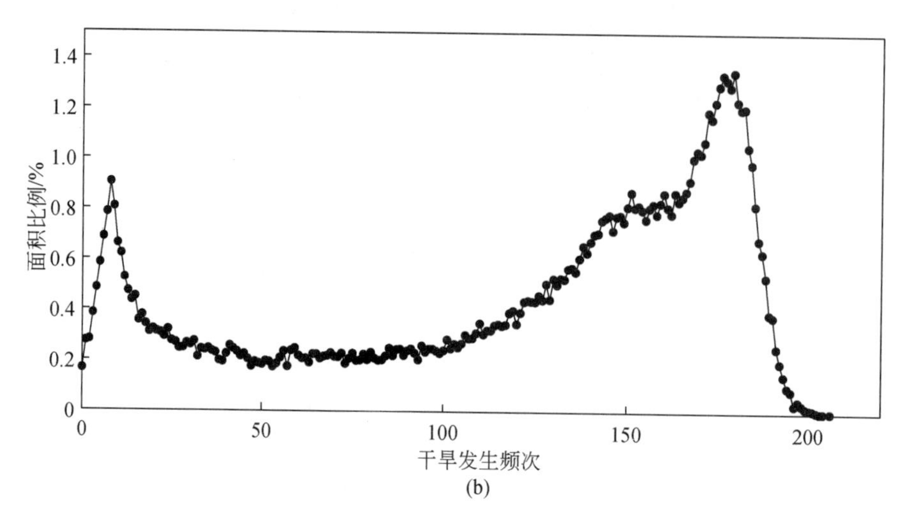

图 4-10　1982 ~ 2018 年蒙古高原生长季总干旱发生频次（a）和不同发生频次的面积比例（b）

干旱发生频率随经纬度梯度的变化而变化，且与降水梯度和土地覆盖类型关系密切。图 4-11 表明，干旱的发生和发生频率与土地覆盖类型有关。森林、灌丛和其他地表覆盖类型（如雪、水、湿地）均属于多年生湿润型，干旱发生频率较低。农田表现为春、夏干旱类型；草地可分为春、夏、秋干旱类型，草地 4 ~ 6 月平均每月发生干旱约 20 次。建设用地可分为春、夏干旱类型。裸地为多年生干旱型。

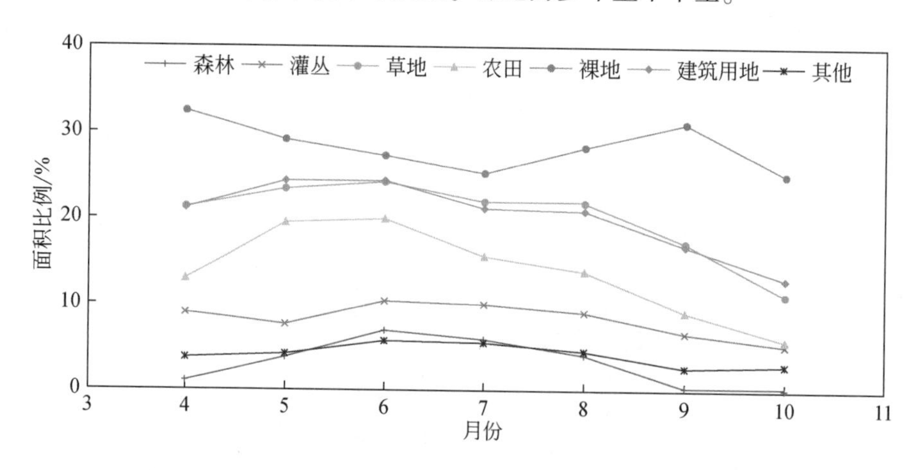

图 4-11　1981 ~ 2018 年不同土地利用类型各月干旱发生频次变化

图 4-12 表明，春季（4 月）高原中部、南部和东部干旱频率较高；5 ~ 8 月，旱情不重、不频繁；9 月和 10 月，蒙古国北部和内蒙古北部干旱发生次数有所减少，而蒙古高原南部干旱仍然频繁。春季和夏季干旱主要发生在大兴安岭东部和西部地区。内蒙古东部地区是农田和草原地区，干旱频繁而广泛。蒙古高原南部沙漠和荒漠草原分布广泛，常年干旱最为频繁。春、夏干旱类型主要集中在蒙古高原中北部地区，5 ~ 8 月干旱频繁发生。蒙古高原北部和西北部以及图瓦共和国分布有大面积的森林，很少发生干旱。

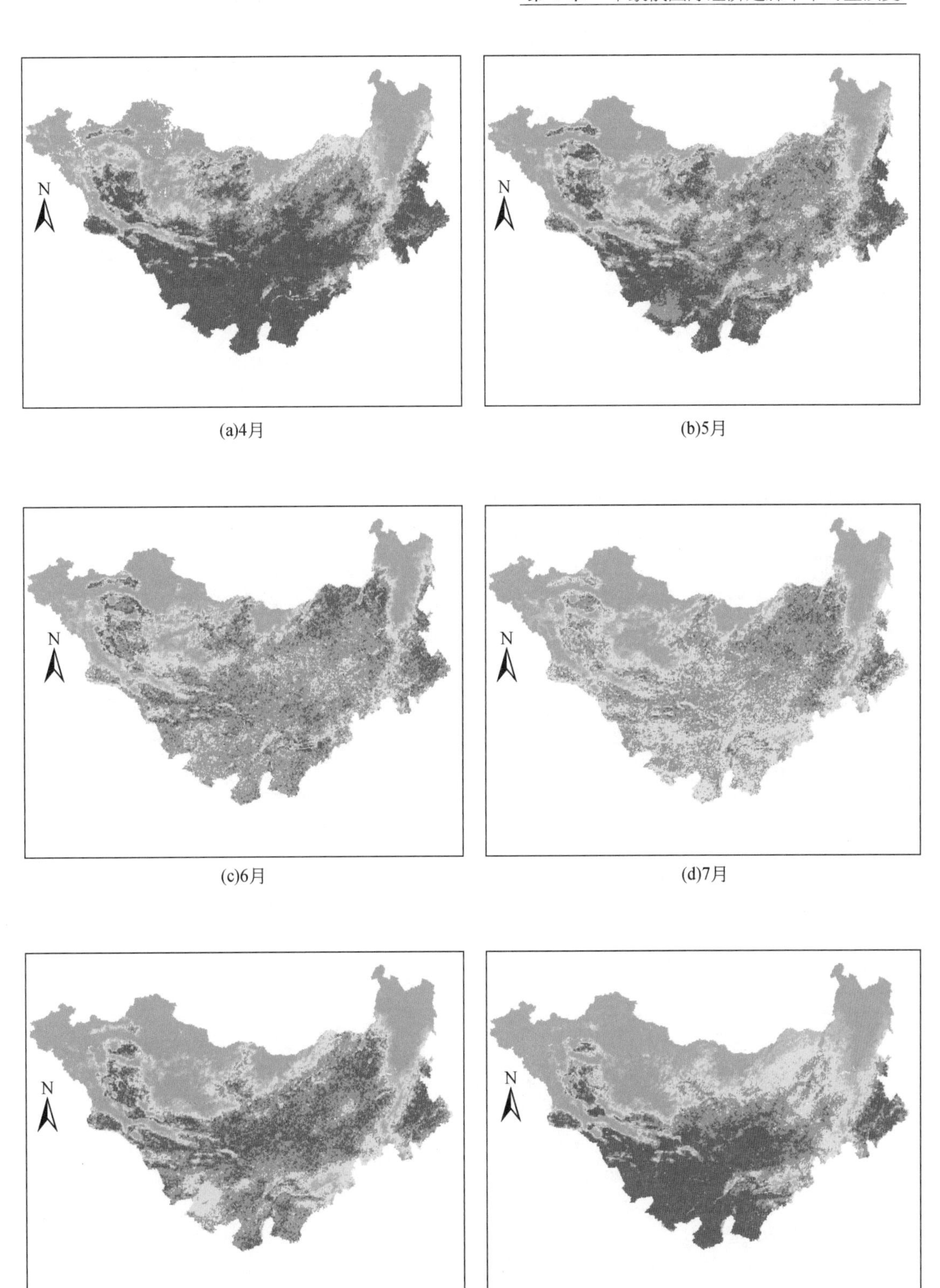

(a)4月　(b)5月

(c)6月　(d)7月

(e)8月　(f)9月

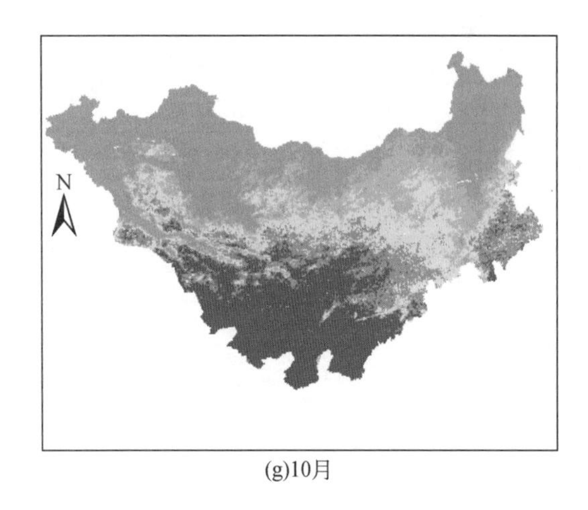

(g)10月

图 4-12　1982～2018 年蒙古高原 4～10 月干旱发生频率的空间分布特征

干旱发生具有一定的随机性和周期性特征，干旱发生频率正是反映这一特征的重要指标。在整个蒙古高原，干旱发生频率因土地利用/土地覆盖类型而异（图 4-13）。除裸地外，其他土地利用类型（特别是草地和农田）的干旱主要发生在 4～9 月。秋季发生旱灾 35 次以上的地区范围广阔。干旱主要发生在裸地和草地，约占总面积的 79.47%，为植被少、降水少的地形。我们估计低降水和低植被覆盖度将导致更加频繁和极端的干旱。蒙古高原属温带大陆性气候，年降水量少，由北向南呈递减趋势。降水模式的变化控制着植被的分布。因此，降水在干旱周期的形成中起着至关重要的作用，降水主要集中在夏季。

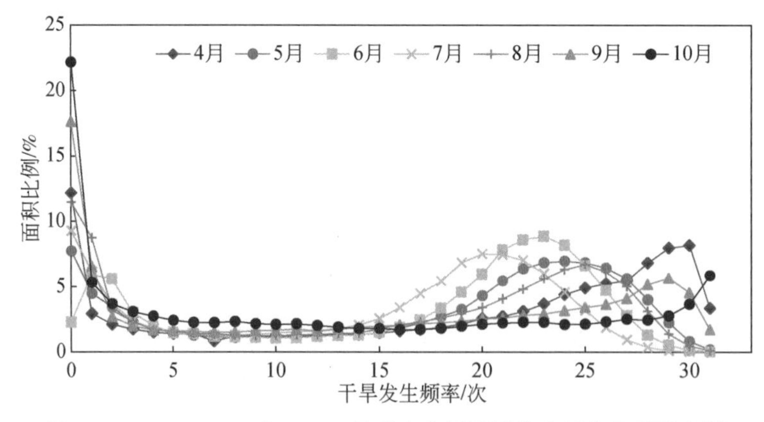

图 4-13　1982～2018 年 4～10 月蒙古高原干旱发生频率的面积比例

4.3　小结

1982～2015 年，中蒙俄国际经济走廊地区的干旱呈减弱趋势，2010～2015 年，无旱的面积比例可达到 35% 以上。总体来看，该区的干旱程度有所减轻。

1982～2018年，蒙古高原普遍存在干旱和干旱化现象，约55.28%的地区遭受干旱。分时段来看，1982～1999年，蒙古高原干旱面积约占总面积的52.31%，2000～2018年干旱面积比例上升为58.10%，说明21世纪以来，旱情更加明显。气候变暖速度加快，人类活动加剧，水资源减少，导致未来干旱和干旱化更加严重。月TVDI呈现出与年TVDI相似的纬向梯度差异。蒙古高原的干旱发生在整个植被生长季。4～8月，旱情严重，蒙古高原地区60%以上发生干旱。干旱在6月和7月最为严重。8月，受旱面积开始减少，9月、10月进一步减少。干旱在植被生长季节初期比在其末期更为严重。

干旱发生频率分布与TVDI分布相似。温度梯度和湿度梯度在干旱程度和发生频率的空间分布中起主导作用。蒙古高原干旱频繁而严重。干旱发生频率在160次以上的地区主要集中在蒙古高原中部、南部和东部，草原和裸地覆盖广泛。1982～2018年，有51.43%的地区遭受干旱。蒙古高原干旱的程度和发生频率主要受温度梯度和湿度梯度的支配，并与土地覆盖类型和地形密切相关。

降水梯度控制着蒙古高原植被的分布。但温度升高导致地表蒸散量增加，进一步加剧了干旱的发生。由于雨季的开始、降水和降水量的分布具有一定的不确定性，干旱具有随机性和周期性。我们的结论是，必须对区域干旱事件进行准确监测，对其发生机制则需要进一步探索，并需考虑自然、气候、社会和其他影响因素。

第5章　中蒙俄国际经济走廊荒漠化与沙尘暴灾害

中蒙俄国际经济走廊地区，特别是蒙古国南部和中国北部、西北部地区是受荒漠化影响最为严重的区域，也是亚洲沙尘最重要的源区。每年冬春季，由于沙尘暴、扬沙、浮尘等沙尘天气过程的作用，大量沙尘被传输到大气中，对区域生态环境与经济社会可持续发展具有较大的影响。本章针对中蒙俄国际经济走廊地区，分析其荒漠化的时空格局与动态演变，综合分析亚洲沙尘暴的传输路径、沙尘释放与沉降通量，并针对2021年3月的一场典型特大沙尘暴进行分析。

5.1　荒漠化时空格局

5.1.1　数据获取

GIMMS NDVI3g数据是新一代15d最大合成数据，来源于美国国家航空航天局全球监测与模型研究组。该集成数据由先进的高分辨率辐射仪（AVHRR NOAA-7，9，11，14，16-19）获得，提高了融雪检测（Pinzon and Tucker，2014）。标准投影为Albers Conical Equal Area，空间分辨率为8km，时间跨度为1982年1月至2015年12月，每个NDVI3g数据包含两个文件，分别是NDVI值和FLAG文件，利用最大合成法获得每月NDVI最大值，得出1982～2015年逐月NDVI数据集。

5.1.2　基于荒漠化指数监测荒漠化分级

荒漠化指数（DI）是表征荒漠化程度的量化指标。荒漠化程度越高，荒漠化指数越大，植被覆盖度越低。荒漠化指数的计算方法为

$$DI = 1 - Fc_v \tag{5-1}$$

式中，DI为荒漠化指数；Fc_v为植被覆盖度。

参考国内外荒漠化分布图编图的类型分级指标方案及其他荒漠化分级方面相关文献，本研究将荒漠化程度分为5个级别：极重度荒漠化、重度荒漠化、中度荒漠化、轻度荒漠化和未荒漠化。根据“五带六区”的植被分布情况，采用相对指标法，将5级荒漠化程度的范围进行确定，如表5-1所示。

5.1.3　中蒙俄国际经济走廊荒漠化灾害时空格局

图5-1为中蒙俄国际经济走廊1981～2015年荒漠化程度时空分布情况。结果表明，研究区内平均有122.89万km^2的土地发生荒漠化，约占全区总面积的18.8%，荒漠化主要发生在蒙古国南部及中国内蒙古中部地区，而在中国东北地区及俄罗斯的区域内，

表 5-1　荒漠化分级标准

荒漠化程度	DI 范围	景观综合特征描述
极重度荒漠化	>0.95	植被覆盖度小于 5%，植物生物量极低，地表有明显的流动沙丘覆盖，流沙面积>90%
重度荒漠化	0.9 ~ 0.95	植被覆盖度在 5% ~ 10%，植物生物量低，沙地成为半流动状态，流沙面积在 50% ~ 90%
中度荒漠化	0.7 ~ 0.9	植被覆盖度在 10% ~ 30%，植物生物量较低，流沙面积为 25% ~ 50%
轻度荒漠化	0.5 ~ 0.7	植被覆盖度在 30% ~ 50%，植物生物量中等水平，流沙斑点状分布，流沙面积 5% ~ 25%
非荒漠化	<0.5	植被覆盖度大于 50%，植物生物量高

基本没有荒漠化存在。从时间变化来看，1981 ~ 2015 年，荒漠化土地面积和荒漠化指数均呈现下降趋势（图 5-2）。荒漠化指数从 1981 年的 0.285 下降到 2015 年的 0.244，下降幅度为 14.4%。荒漠化土地面积从 1981 年的 134.68 万 km^2 减少到了 2015 年的 117.0 万 km^2，降幅达 0.5 万 km^2/a，说明该区土地荒漠化现象在 1981 ~ 2015 年得到一定程度的遏制。

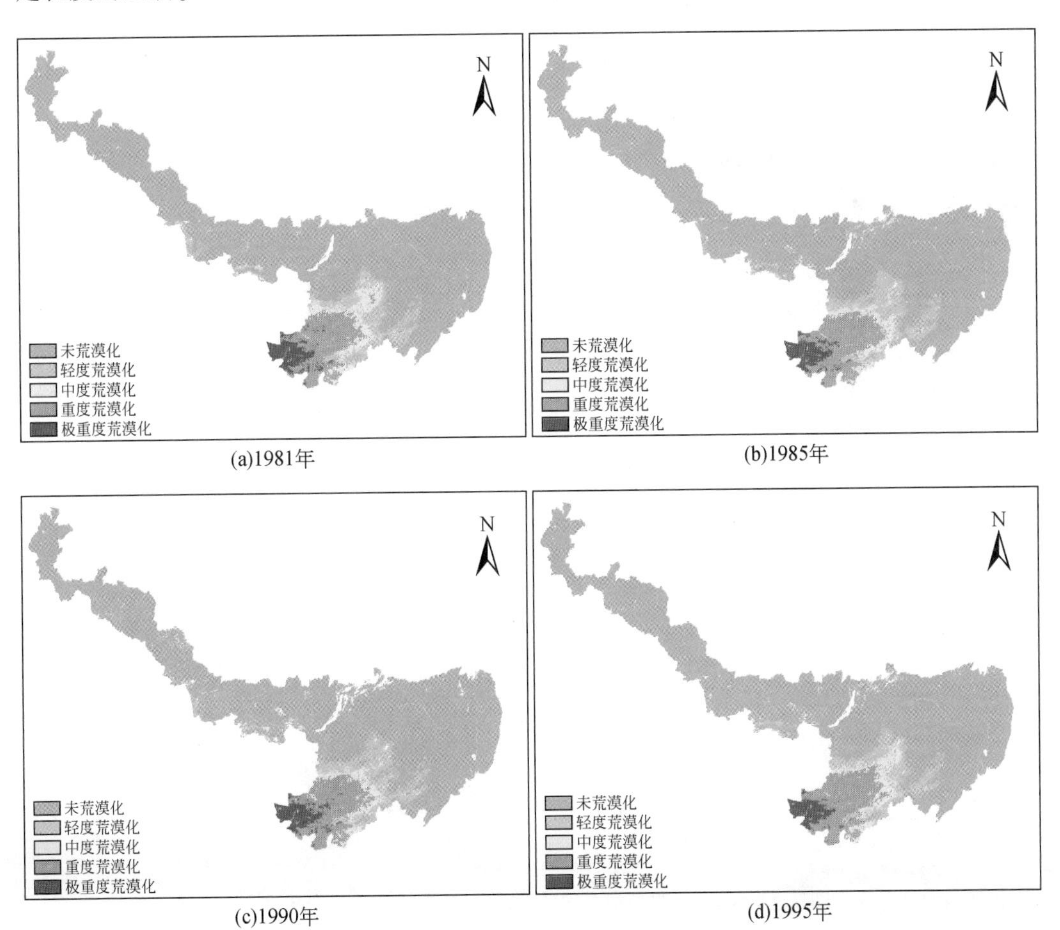

(a)1981年　(b)1985年

(c)1990年　(d)1995年

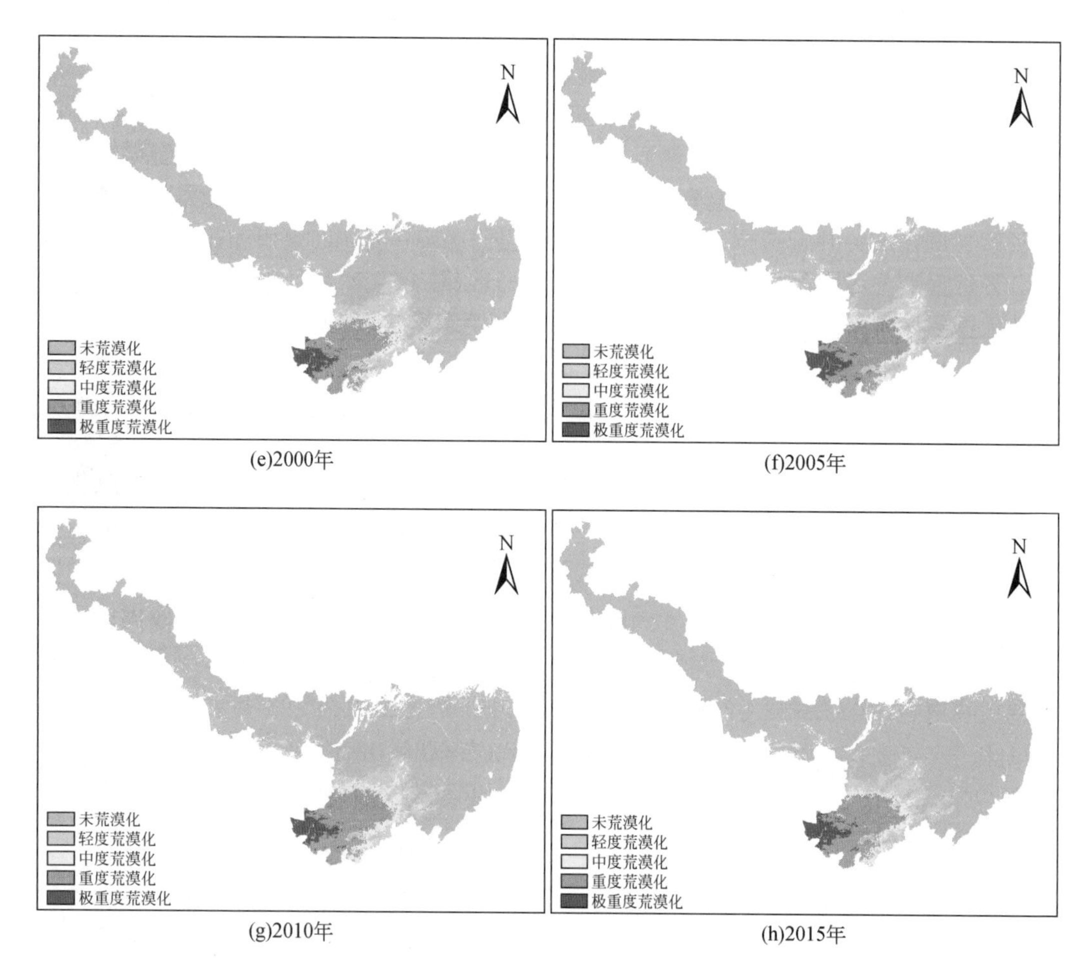

图 5-1　1981～2015 年研究区荒漠化程度时空分布情况

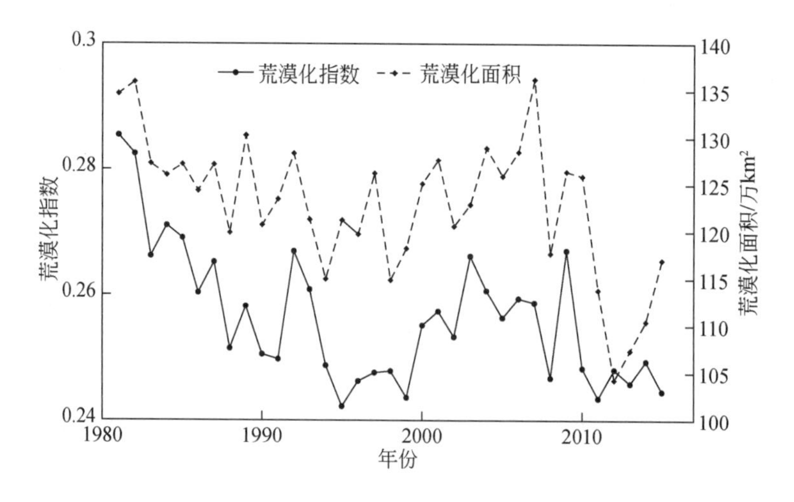

图 5-2　1981～2015 年研究区荒漠化面积与荒漠化指数变化

从荒漠化指数的时间变化来看（图5-2），1981～2015年荒漠化指数呈现波动下降趋势。在1985年之前，荒漠化指数处于较高的水平，均大于0.26，也就是说该区有26%以上的面积出现荒漠化。1981～1990年，荒漠化指数持续下降，在1988年、1990年出现最小值，分别为0.251和0.246。1991～2000年，以1992年的荒漠化指数最高，为0.263，荒漠化面积最大。进入2000年后，尤其在2000～2010年，荒漠化指数变化不大，其中以2003年和2009年的荒漠化指数最大，2008年荒漠化指数最小。研究时段内，该区土地荒漠化面积也呈现波动下降趋势，在20世纪80年代，该区土地荒漠化面积最大，平均面积约为128.1万km^2，以1981年和1982年土地荒漠化面积最大。在20世纪90年代，土地荒漠化平均面积下降到120.9万km^2，以1992年和1997年土地荒漠化面积为最大，分别为128.4万km^2和126.2万km^2。2000～2009年，土地荒漠化面积呈现小幅增加趋势，平均面积为125.0万km^2，其中以2007年和2006年土地荒漠化面积最大，分别为136.2万km^2和128.9万km^2。2010年之后，土地荒漠化面积呈现明显下降趋势，平均面积为113.1万km^2，其中以2010年土地荒漠化面积最大，为125.9万km^2。总体来看，1981～2015年，该区土地荒漠化面积总体呈现下降趋势，土地荒漠化面积最大的年份有1981年、1982年、2007年，面积最小的年份有2012年、2013年、2014年（图5-3）。

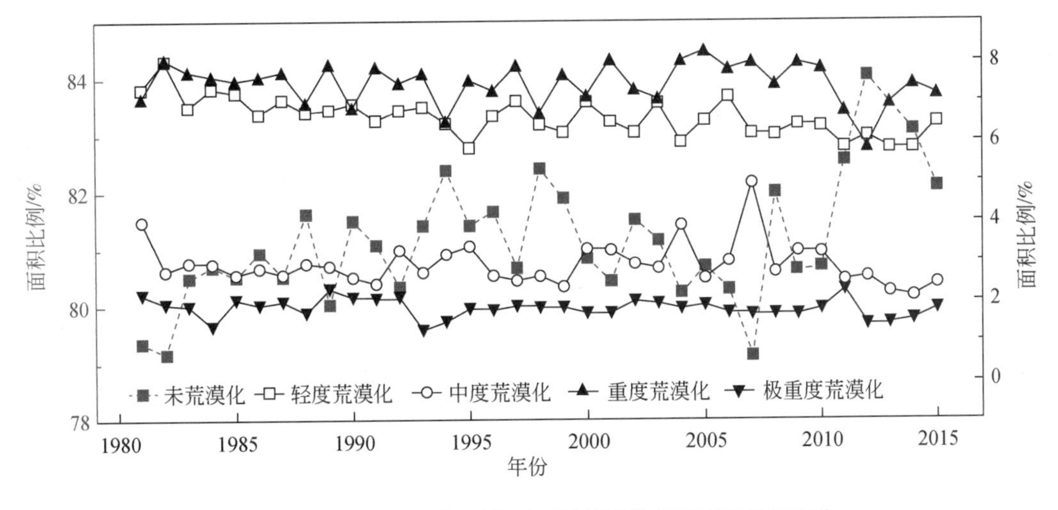

图5-3　1981～2015年研究区不同荒漠化程度面积比例变化

整体来看，中蒙俄国际经济走廊区域的荒漠化现象并不严重，1981～2015年，非荒漠化面积平均占全区总面积的81.2%，轻度、中度、重度、极重度荒漠化面积占全区总面积的比例分别为6.63%、2.90%、7.50%、1.77%。在荒漠化土地中，以重度荒漠化和轻度荒漠化面积较大，两者面积之和约占荒漠化土地总面积的75.12%。不同荒漠化土地类型面积都呈现不同程度的减小趋势，其中轻度荒漠化土地减小速率约为0.16万km^2/a，中度荒漠化土地减小速率为0.30万km^2/a，极重度荒漠化土地减小速率为0.07万km^2/a，重度荒漠化土地面积基本保持不变。

综上，1981～2015年，中蒙俄国际经济走廊区域的荒漠化现象出现了明显的遏制趋势，轻度、中度及极重度荒漠化土地类型都呈现不同程度的减少，重度荒漠化土地面积基本保持不变。

5.2 中蒙俄国际经济走廊沙尘暴灾害

5.2.1 沙尘与沙尘暴现象

沙尘是空气中扬起的细沙粒和尘土。沙尘天气是地球上干旱半干旱区经常发生的一种天气现象，是大气运动与自然环境综合作用的结果。在自然因素和人为干扰的综合影响下，很多干旱半干旱地区的土地荒漠化问题日益严重。当强风来临时，地表的土壤、沙尘等颗粒被卷入大气中，导致空气短时间内迅速混浊、能见度下降，在天气系统作用下，沙尘向下风向地区传播扩散。有时候，沙尘暴甚至可能会影响到全球广大区域。

根据气象学分类，沙尘天气划分为三个等级：浮尘、扬沙和沙尘暴。浮尘是指无风或风力较小情况下尘土、细沙均匀地浮游于空气中，使水平能见度小于10km的天气现象，浮尘中的尘土和细沙多为远距离的沙尘经上层气流传播而来，或沙尘暴、扬沙时尚未下沉的沙尘。扬沙是指由于较大的风力吹起地面尘沙而使空气混浊，水平能见度介于1～10km的天气现象。沙尘暴是指强风把地面大量沙尘卷入空中，使空气特别混浊，水平能见度低于1km的天气现象。

在沙尘暴形成过程中，大风、不稳定大气层结和丰富的沙尘源是其发生的主要条件。大风和不稳定大气层结是由大气运动状态决定的，是沙尘暴形成的驱动因子，决定了沙尘暴的强度、移动路径和持续时间，而沙尘源则为沙尘暴形成提供了丰富的沙粒和尘埃，主要决定了沙尘暴源地空间分布。

5.2.2 沙尘源区与沉降区

沙尘暴作为一种高强度风沙灾害现象，主要发生在全球干旱半干旱地区。中亚、北美、北非和澳大利亚是世界四大沙尘暴多发频发区域，它们大部分分布在赤道两侧（25°S～25°N）副热带低纬度干旱气候区，即哈得莱环流圈中下沉气流所控制的干旱气候区。从全球角度看，非洲、亚洲、大洋洲和北美洲的沙漠地区均是沙尘气溶胶的重要源区。

对中蒙俄国际经济走廊地区来说，中国西北的新疆、内蒙古、宁夏、青海等省份及蒙古国中南部由于气候干旱，地表植被稀少，多为沙漠和戈壁，是亚洲沙尘暴的主要发源地。特别是蒙古国中南部和中国北方沙漠区是亚洲沙尘暴发生的主要源区。据Zhang等（2003）基于数值模拟并结合观测资料对亚洲沙尘排放的研究，在春季从东亚到北美西部的中纬度对流层中，绝大部分沙尘气溶胶来自亚洲，而蒙古国及中国北方的沙漠区（在中国主要为塔克拉玛干沙漠、巴丹吉林沙漠等）则是亚洲沙尘气溶胶的主要来源，亚洲沙尘气溶胶约70%来自这些地区。

亚洲沙尘在强大冬季风和西风带的输送下，不仅降落在我国黄土高原和东部地区、朝鲜半岛、日本和北太平洋地区，甚至被西风带到北美、格陵兰和极地地区。亚洲沙尘大约有半数（51%）沉降在沙尘源区，其余部分则被气旋冷锋等天气系统扬升至自由大气（3～10km），并主要沿40°N附近的带状区域向下游输送，其中21%在亚洲内陆沉降，9%在太平洋沿岸沉降，约16%在太平洋沉降，另有3%跨越太平洋到达北美大陆沉降（Zhang et al.，2003）。

中国北方和蒙古高原位于欧亚大陆腹地，有大片的戈壁和沙漠，沙尘物质极其丰富，亚洲沙尘暴天气多发生于这些地区及其周边地区。Zhang等（2007）研究了1960～2002年春季平均沙尘气溶胶释放通量（kg/km^2）空间分布，发现来自蒙古源区、以塔克拉玛干沙漠为中心的中国西部高粉尘沙漠区和以巴丹吉林沙漠为主体，包括腾格里及乌兰布和沙漠的中国北部高粉尘沙漠区的粉尘释放量约占亚洲粉尘释放总量的70%，表明这三个源区可视为亚洲沙尘暴的主要源地。来自哈萨克斯坦的沙漠和沙地、柴达木盆地的沙漠和库木塔格沙漠、毛乌素沙地和库布齐沙漠、浑善达克沙地和科尔沁沙地源地的粉尘释放，各自贡献了总释放量的4%～7%，它们是亚洲沙尘暴发生的次要源地。还有少量的粉尘气溶胶释放以及伴随的沙尘暴来自古尔班通古特沙漠和青藏高原南部源区，分别约占释放总量的0.5%和2%。

5.2.3　亚洲沙尘输送路径

沙尘天气的发生，不仅影响沙尘源区的环境，对当地生产生活造成危害性影响，还可以通过气溶胶粒子的长距离传输对下游地区造成危害。中国北方和蒙古国扬起的气溶胶可到达中国南部的香港海域和台湾地区（Kim and Park，2001）。早在20世纪80年代初，Duce等（1980）就认为来源于亚洲的春季粉尘主要被500hPa的西风急流所挟带沉积在北太平洋地区。研究也显示，除倒灌入南疆盆地的偏东风沙尘暴易在南疆盆地滞留外，随高空西风或西北气流，中蒙地区的沙尘暴沙尘2天后常东传到我国华北或东南沿海地区。若标准等压面700hPa东亚沿海低槽持续发展，则将利于沙尘向东南沿海输送（高卫东，2008；庄国顺等，2001）。中国西北产生的沙尘可到达韩国并经过2～3天飘移至日本，5μm以下的粒子经过10天左右可到达美国的加利福尼亚州（Lin，2001）。在沙尘天气里，500hPa高空由于存在很强的水平气流，特别是高空强西北气流，当沙尘粒子进入高层气层后，可快速输运到下游地区。Merrill等（1989）在研究西北太平洋上空的粉尘气溶胶后发现，高空西风是亚洲粉尘输向太平洋等区域的主要营力，且太平洋上空粉尘大气载荷的峰值与中国沙尘暴发生的频次相关（Prospero et al.，1989）。

亚洲沙尘的远距离传输主要有3条路径，即西北路径、西方路径和北方路径（Zhang et al.，1997；Fang et al.，1999；Xuan et al.，2000）。发生次数最多的是西北路径（76.9%）。冷空气从新疆北部入侵我国，途经新疆的克拉玛依-吐鲁番、哈密-内蒙古额济纳旗、河西走廊-民勤-榆林，其影响的范围主要是准噶尔盆地、河西走廊、宁夏平原、陕北的黄土高原。这条路径沙尘移速快，影响面积广（如1984年4月24日，2002年3月20日，2021年3月15～16日），且灾害严重。沙尘粒子可随高空气流飘到沿海城市如青岛，并沉降到大洋中，甚至可远距离越过太平洋（Lin，2001）。

其次是西方路径（15.4%），冷空气从新疆南部经青藏高原北部入侵我国，沙尘粒子从新疆和田出发，经塔里木盆地到柴达木盆地的格尔木，其影响范围主要在新疆南疆和青海东北部。

发生次数最少的是北方路径（7.7%），冷空气从蒙古国中部进入我国，然后在内蒙古沙尘源区加强。沙尘粒子主要来源于内蒙古的鄂尔多斯，经陕北榆林到黄土高原，影响范围主要是内蒙古中部、河套平原和黄土高原。

从卫星云图上观测到，沙尘气溶胶大部分集中在对流层中下部。在沙尘发生源地0～30km垂直空间内，气溶胶浓度有几个高值区：近地面、5km和21km。经过长距离输运后，沙尘气溶胶大都集中于500～1500m的空间范围（2000年4月28日）。在空中不同的位置，沙尘气溶胶粒度分布也明显不同，最下层（0.3m以下）以中粗沙粒（>0.5mm）为主，中层（0.3～10m）以细沙粒（0.05～0.5mm）为主，上层（10m以上）以粒尘（0.05mm）为主。不同粒径的气溶胶粒子在空中的高度不同，传播距离也不一样，粒径越小的微粒在空中传播的距离越远。由于我国沙源在西北地区，其上空盛行西风或西北风，所以我国沙尘区水平气溶胶颗粒浓度和大小是自西向东逐渐递减的。飘移较远的粒子直径一般在0.4～0.8μm，分布范围最广的粒径为0.4μm。据航空观测，其中微细沙尘可被吹扬得很高，波及高度达7500m。悬浮于空气中的沙尘，可搬运几百、几千千米，甚至1万km以上，沿途沉降，形成黄土堆积，或到达海上成为深海沉积的一部分。

5.2.4 沙尘释放与沉降通量

沙尘在大气传输过程中以气溶胶的形式进行传输，是对流层气溶胶的主要成分之一，对环境变化的影响显著（张小曳等，1996；Zhang et al.，2003；成天涛等，2005）。全球每年卷入大气的沙尘颗粒即沙尘气溶胶达到10亿～20亿t，约占对流层气溶胶总量的50%（Husar et al.，1997；Herman et al.，1997；钱云等，1999；王明星和张仁健，2001）。沙尘天气能在较短时间内对生态、环境和人类生活造成巨大的危害，漂浮在大气里的沙尘气溶胶还通过自身的光学特性以及与云、水汽等因子的相互作用，对气候变化产生重要影响。

目前对全球与不同区域的沙尘释放量的评估还存在很大的不确定性。根据多项研究推测，全球沙尘释放量介于1000～3000Tg/a，大气承载量为8～36Tg/a（表5-2）。

沙尘气溶胶粒子在源地因地面低压和上升气流影响而被带到高空，随着风速的减小和重力作用在空中飘移一段距离后就开始在异地沉降。一次强沙尘暴造成的大气降尘污染范围和沉降量非常大。沙尘粒子在大气中的寿命长短不一，一些大颗粒物质或只影响源地小范围沙尘暴形成的气溶胶在大气中存在时间约为几小时，飘移到远处的小颗粒对下游地区的影响约为1～2天，长距离输运中某些元素的转化（如由气态转化为颗粒物）可能会长时间存在于大气中。沙尘粒子通过干沉降和湿沉降两种途径从大气中清除出去。没有降水发生时，在输运途径中，沙尘气溶胶连续不断地由大气向地面迁移，形成干沉降。

目前不同研究对于全球及区域沙尘沉降量的估算结果还存在较大的差异。北太平洋和北大西洋是分别受亚洲沙尘和北非沙尘影响最大的海区（Zender et al.，2003）。特别是来自北非的沙尘，几乎对北半球都有重要的影响，其中北大西洋70%以上的沙尘来自于北非地区，而北太平洋地区也有30%～40%的沙尘来自于北非。亚洲沙尘则提供了北太平洋地区40%以上的沙尘以及北极地区30%以上的沙尘（Tanaka and Chiba，

表 5-2　全球与不同区域的沙尘释放量

区域	沙尘释放量/(Tg/a)	参考文献	备注
全球	3000	Tegen 和 Fung（1994）	
	1222	Tegen 和 Fung（1995）	
	1500	Andreae 等（1996）	
	3000	Mahowald 等（1999）	
	2150	Penner（2001）	
	1814	Ginoux 等（2001）	
	1650	Chin 等（2001）	
	1060±194	Werner 等（2002）	
	1100	Tegen 等（2002）	
	1490±160	Zender 等（2003）	
	1654	Luo 等（2003）	
	1654	Mahowald 和 Luo（2003）	
	1018	Miller 等（2004）	
	1921	Tegen 等（2004）	
	1790	Jickells 等（2005）	
	1935±51	Yue 等（2009）	
北非	130 ~ 1500	Goudie 和 Middleton（2001）；Tanaka 和 Chiba（2006）	占全球排放量的 50%
亚洲	38. 2	Ku 和 Park（2011）	仅为 4 月数据
	50 ~ 214	Zender 等（2003）；Tanaka Chiba（2006）	占全球总量的 3% ~ 11%
	800（500 ~ 1100）	Zhang 等（1997）	占全球排放量的 40%
	214	Tanaka 和 Chiba（2006）	东亚（中国东部和西部）
中国和蒙古国	100 ~ 460	Laurent 等（2006）	占全球排放量的 10% ~ 25%
塔克拉玛干沙漠，戈壁	43	Xuan 等（2000）	

2006）。根据模式计算，北大西洋年沙尘沉降量大于北太平洋海域。每年进入北太平洋地区的沙尘在 0. 35 亿 ~ 4. 80 亿 t，平均为（1. 33 ± 1. 46）亿 t，北大西洋区域为 0. 08 亿 ~ 2. 59 亿 t，平均为 2. 02 亿±0. 41 亿 t（表 5-3）。

Zhao 等（2003）利用模式模拟发现，2001 年 3 月、4 月和 5 月北太平洋地区的沙尘沉降量分别为 64. 19kg/km^2、61. 66kg/km^{2}和 48. 92kg/km^2。Gong 等（2003）模拟了沙尘的产生、传输及沉降过程，在北太平洋 PAPA 地区两次沙尘过程的日沉降通量分别为 33. 5μg/m^{2}和 32. 6μg/m^2。Lawrence 和 Neff（2009）总结了前人对沙尘沉降通量、粒径分布及化学组分的观测研究，指出全球范围内沙尘沉降通量大概为 0 ~ 450g/(m^2 · a)，并根据观测点到沙尘源地的距离，将这些研究结果划分为源地、局地以及全球区域三个等级。

表 5-3 不同研究对全球各大洋海区年沙尘沉降量估算结果 （单位：10^6t/a）

沉降区域	Duce 等（1991）	Prospero（1996）	Ginoux 等（2001）	Luo 等（2003）	Zender 等（2003）	Tengen 等（2004）	Yue 等（2010）	平均±标准差
北太平洋	480	96	92	35	31	56	141	133±146
南太平洋	39	220	28	20	8	11	41	22±13
北大西洋	220	8	184	230	178	259	122	202±41
南大西洋	24	5	20	30	29	35	25	24±9
印度洋	144	29	154	113	48	61	97	92±45

我国科学家认为，每年从中国沙漠输入太平洋的矿物尘土为0.06亿~0.12亿t/a（陈立奇，1985），与日本和美国的估计相一致。1987~1992年，中日黑潮合作调查研究期间，对中国的黄海、东海和日本以南海区进行的10个航次的海上气溶胶观测表明，大量的陆源气溶胶可通过大气输送到海上，其中春季经大气向黄海输入的矿物气溶胶达到经河流和大气总输入量的40%以上（刘毅和周明煜，1999）。矿物质（如Al、Sc、Fe等由沙漠风尘挟带）在黄海海-气界面的入海通量为9~76g/(m^2·a)，占总入海量的20%~70%，中国东海的入海量明显高于南海（Gao et al.，1997）。Zhang等（1993）通过对黄海北部两年多的观察认为，进入中国海的风沙通量比北太平洋中部高出许多。刘毅和周明煜（1999）研究发现，亚洲大陆东北部沙尘源区输送的沙尘气溶胶大部分降至黄海和东海海域。

Chen（1985）根据1982年的资料估算，每年从中国沙漠进入太平洋的沙尘为6.0~12.0Tg，其中在赤道地区通量最小，为0.07~0.33Tg/a。Zhang等（1993）估算每年进入中国海区的沙尘年沉降通量约为53.7g/(m^2·a)，比北太平洋中部高出一个量级左右。韩永祥等（2005）通过结合地面观测资料、气象诊断以及TOMS卫星数据对2001年4月一次强沙尘暴进行过程分析，并发现沙尘浓度由源地随着传输距离增加而呈指数衰减，并且估算这次沙尘过程可以为北太平洋PAPA地区带去3.1~5.8μg/m^2的铁。Zhang和Gao（2007）结合气象数据分析了2000~2002年42次亚洲沙尘天气过程的发生源区、移动路径和沉降范围，并且根据采样结果直接估算黄海沙尘年沉降通量约为0.13g/(m^2·d)，春季沉降通量约为0.2g/(m^2·d)。高会旺等（2009）对国内外关于亚洲沙尘远距离传输及其对海洋生态系统的影响研究进行了总结，指出亚洲沙尘可以通过长距离输送影响北太平洋地区，沙尘沉降是海洋营养物质和污染物质的来源之一。

5.2.5 典型特大沙尘暴分析

2021年3月14~17日发生了最近10年来最大的沙尘暴天气现象，对蒙古国和我国北方地区产生了非常大的影响。为分析沙尘暴灾害天气的影响，本研究以2021年3月14~17日特大沙尘暴为例进行灾害影响分析，主要结果如下。

（1）沙尘暴源区

本次沙尘暴于2021年3月13～14日起源于蒙古国西部地区，然后在蒙古国东南部戈壁与我国内蒙古西部和中部地区持续加强，横扫蒙古国大部分地区和我国北方。蒙古国色楞格省、库苏古尔省、扎布汗省、布尔干省、戈壁阿尔泰省、巴彦洪格尔省、戈壁苏木贝尔省、后杭爱省、前杭爱省、中央省、肯特省、苏赫巴托尔省、中戈壁省、南戈壁省和东戈壁省等大部分省份相继出现极端恶劣天气，遭遇特大沙尘暴袭击。

（2）沙尘暴传输路径

本次沙尘暴自蒙古国西部向东南方向传输，在传输路径上属亚洲沙尘暴传输介于西北路径和北方路径之间。

（3）沙尘暴影响范围

本次沙尘暴是我国及蒙古国最近10年来最强、影响范围最广的一次沙尘暴天气过程，受影响的范围包括蒙古国大部分，中国新疆南疆盆地西部、甘肃中西部、内蒙古及山西北部、河北北部、北京等地均出现扬沙或浮尘，部分地区出现沙尘暴。此次沙尘暴天气过程影响的范围在我国主要包括新疆、内蒙古、甘肃、宁夏、陕西、山西、河北、北京、天津、黑龙江、吉林、辽宁12省（自治区、直辖市），影响范围甚广，沙尘天气影响面积超过380万km^2，影响我国西北、华北大部、东北地区中西部、黄淮、江淮北部等地，约占我国陆地面积的40%。

（4）起尘源区贡献量分析

根据柳本立等（2022）的估算，在2021年3月14日的过程中，蒙古国境内起尘量峰值（15:00）为78 352t，此时中国境内为14 067t；15日10:00中国境内为起尘量峰值为41 727t，此时蒙古国境内已降低为7609t。14日00:00～24:00起尘过程主要发生在蒙古国，起尘量为7.70×10^5t，中国境内为2.62×10^5t，起尘量占比分别为75%和25%；15日00:00～24:00，起尘过程主要在中国境内，总起尘量为6.03×10^5t，占84%，而对应时间段内蒙古国仅为1.12×10^5t，占16%。两日总的起尘量约为1.75×10^6t。总体来看，3月15日影响华北地区的强沙尘暴，有75%的沙尘是于3月14日起源在蒙古国的。随后16日、17日的沙尘，有84%来自于15日中国北方和西北，但总起尘量减小了31%。14日、15日两天，境内外沙尘源区的贡献基本相当。

（5）沙尘暴危害及其影响

本次沙尘暴事件是最近10年来影响中国最大的一次沙尘暴事件，对蒙古国和中国均产生了重大损失。本次特大沙尘暴导致蒙古国10名牧民遇难，蒙古国西部部分地区13日和14日出现大面积停电事故，导致58座蒙古包和121处房屋、栅栏被摧毁，数千头牲畜走失，蒙古国东部地区部分输电线路受到破坏并断电，蒙古国和中国北方发生大面积空气污染。

本次特大沙尘暴对我国北方的环境空气质量产生了严重的影响。根据国家环境空气质量监测网数据，沙尘过境期间，我国北方多地空气质量达到严重污染。从沙尘影响程度看，全国共计177个地级及以上城市受到本次强沙尘天气过程影响，导致空气质量累计超标702天，按全年计算，全国优良天数比例下降约0.6%。

5.3 小结

中蒙俄国际经济走廊地区的荒漠化主要发生在蒙古国南部和中国内蒙古中部地区，其他地区的荒漠化问题较轻。1981 年以来，本区域的荒漠化面积与程度均呈下降趋势，荒漠化受到一定程度的遏制。在荒漠化土地中，重度荒漠化和轻度荒漠化面积最大，两者面积之和约占荒漠化土地总面积的 75.2%。不同荒漠化土地类型面积均呈现不同程度的减少趋势。

沙尘暴作为中蒙俄国际经济走廊区域一种重要的天气现象，对区域生态环境具有重要的影响。大量文献分析发现，蒙古国南部和中国内蒙古中西部是亚洲沙尘的重要源区，沙尘传输主要有三条路径，即西方路径、西北路径和北方路径，其中中蒙俄国际经济走廊区域是西北路径和北方路径的关键区域。来自于蒙古高原的沙尘的主要沉降区为黄土高原、华北地区以及北太平洋区域；对 2021 年 3 月 14 ~ 19 日的典型特大沙尘暴的分析发现，本次特大沙尘暴的沙尘源区主要为蒙古国中西部和我国北方沙漠地区，传输路径以西北路径为主。本次沙尘暴天气过程中，3 月 15 日影响华北地区的强沙尘暴，有 75% 源于 3 月 14 日的蒙古国沙尘。随后 16 日、17 日的沙尘，有 84% 来自于 15 日中国北方和西北，但总起尘量减小了 31%。14 日、15 日两日，境内外沙尘源区的贡献基本相当。

第6章 中蒙俄跨境地区野火灾害与风险评估

森林与草原野火是影响中蒙俄国际经济走廊地区的重要自然灾害，特别是地处中国、蒙古国和俄罗斯接壤地区的野火灾害频发，对区域生态环境产生重大的影响，对区域生态环境具有较大的破坏作用。本章基于 MCD64A1 过火迹地产品、MOD14A1/MYD14A1 热异常产品，并结合气象、大气环流、植被指数等其他辅助数据，采用空间统计分析，分析中蒙俄跨境地区野火过火面积和火点个数的时空动态格局；采用相关分析和结构方程模型等分析方法，探讨中蒙俄跨境全区域、俄罗斯远东地区、蒙古国中东部以及中国内蒙古野火发生的驱动因素；利用随机森林算法对火险因子重要性进行筛选和排序；最后采用随机森林算法、粒子群优化（particle swarm optimization，PSO）算法优化的自适应神经模糊推理系统（PSO-ANFIS）和遗传算法（genetic algorithrn，GA）优化的自适应神经模糊推理系统（GA-ANFIS）建立中蒙俄跨境地区野火风险评估模型，最终形成中蒙俄跨境地区野火灾害发生的可能性空间预测图，为野火灾害防控提供科学指导。

6.1 研究区概况与数据获取

6.1.1 研究区概况

（1）研究区位置

研究区位于中国、蒙古国和俄罗斯三国接壤地区（97°12′E～126°04′E，37°24′N～58°12′N），包括中国的内蒙古、蒙古国中东部以及俄罗斯远东的后贝加尔边疆区和布里亚特共和国，属蒙古高原的一部分，土地总面积约 248.67 万 km^2。

（2）气候特征

中蒙俄跨境地区属于温带大陆性气候，总体位于干旱半干旱区，四季明显。风大、天气变化快是该地区气候最大的特点。冬季寒冷漫长，夏季炎热干燥，春秋季节短促，并常会出现突发性天气，降水自北向南，由东向西逐渐减少，多年平均降水量为 303.8mm，降水主要集中在夏秋季节，5～9 月的降水量占年总降水量的 85%。气温的分布基本和降水量一致（图 6-1），东部和北部湿润区的气温相对较低，西部和南部干旱区气温相对较高。多年平均气温为 1.34℃，最冷月和最热月气温相差极大。日照充足，年日照时数大于 2700h。大风天气主要出现在冬春季节，春季约占 70%。气候条件对研究区植被覆盖的影响较大，由北向南依次分布着森林、森林草原、典型草原、荒漠草原、戈壁荒漠等植被覆盖类型，生态环境多样且较脆弱。

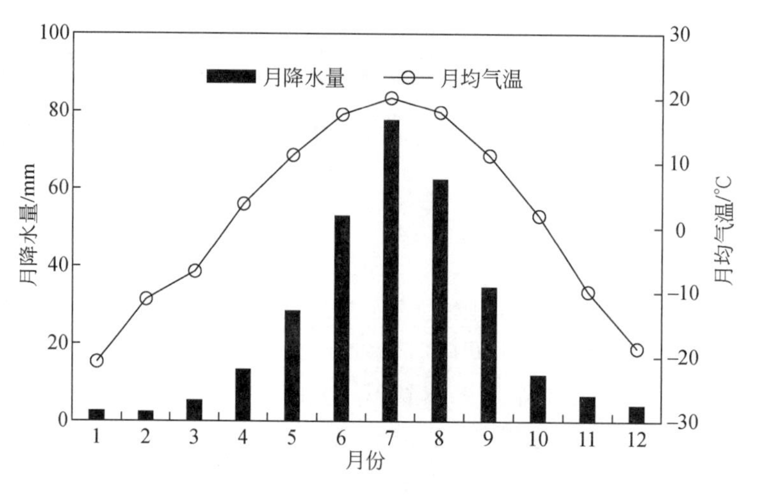

图 6-1　研究区月均气温和月降水量

（3）地形地貌

研究区地势较高，平均海拔为 1070m，相对平坦开阔。地貌形态主要由山地、广阔的戈壁以及大片丘陵平原构成，其中山地主要分布在研究区西北部，戈壁主要分布在东南部，大片丘陵平原主要集中分布在中部和东部，地势自东向西逐渐增加［图 6-2（a）］。

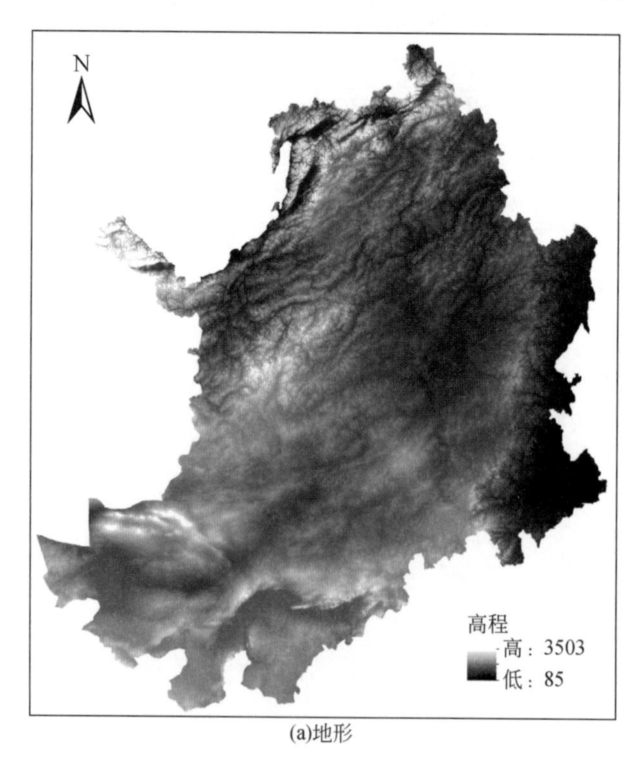

(a)地形

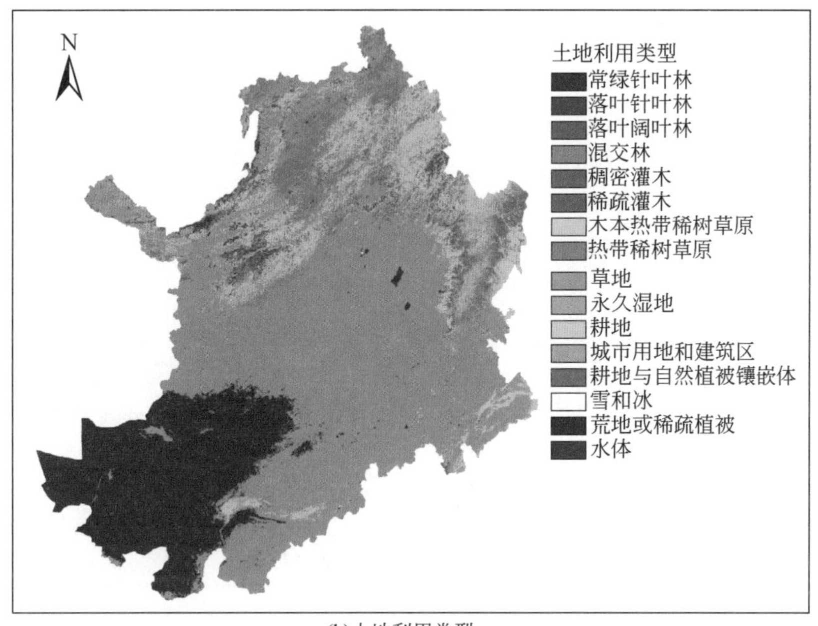

(b)土地利用类型

图6-2　研究区地形与土地利用类型

(4) 土地利用类型

中蒙俄跨境地区土地覆盖类型以森林和草原为主［图 6-2（b）］，森林和草原面积可占研究区土地总面积的 90%。森林草原资源极其丰富，其中，中国内蒙古东北部以森林和草原为主，如大兴安岭林区、呼伦贝尔草原以及鄂尔多斯草原等，森林总覆盖度 21.03%；内蒙古自治区全区草地总面积 7880 万 hm^2，占全区土地总面积的 66.6%。蒙古国中东部及俄罗斯后贝加尔边疆区和布里亚特共和国林草资源同样极其丰富，如后贝加尔边疆区全区总面积的 60% 被森林覆盖。

6.1.2　数据源和预处理

6.1.2.1　MODIS 数据

为了进行土地利用研究、气候季节和年际变化研究、自然灾害监测和分析研究等，美国国家航空航天局从 1991 年起开始实施地球观测系统。基于该计划，美国在 1999 年 2 月 18 日成功地发射了极地轨道环境遥感卫星 Terra，该卫星在每天地方时上午 10:30 从南向北穿越赤道线，因此，也被称为上午星。2002 年 5 月 4 日，美国又成功地发射了 Aqua 卫星，该卫星从南向北穿越赤道线，在每天地方时下午 2:30 过境，称为下午星。中分辨率成像光谱仪（MODIS）是搭载在 Terra 和 Aqua 两颗卫星上的用于观测全球生物和物理过程的重要仪器。它具有 36 个中等分辨率水平（0.25 ~ 1μm）的光谱波段，空间分辨率分别为 250m、500m 和 1000m，每 1 ~ 2 天对地球表面观测一次，获取陆地和海洋温度、初级生产率、陆地表面覆盖、云、气溶胶和火情等目标的图像。

本研究所采用的过火迹地产品 MCD64A1、热异常产品 MOD14A1/MYD14A1、土地利用/覆盖产品 MCD12Q1 和植被指数产品 MOD13A3 均为 L3 级数据产品。通过美国国家航空航天局官网（https://www. nasa. gov/）对上述 MODIS 产品进行下载。

（1）MCD64A1 过火迹地产品及预处理

过火迹地产品（MCD64A1）是每月 3 级网格 500m 标准的 HDF 格式产品，空间分辨率 500m，投影类型为 Sinusoidal。MCD64A1 原始数据包含 5 个子数据集，分别是 Burndate、BurnDate Uncertainty、QA（数据质量）、First Day 以及 Last Day。Burndata 包含过火像元及燃烧日期、燃烧日期在单个数据层编码为燃烧发生日历年的儒略日、未燃烧的区域、数据缺失区域和水体（表 6-1）。本研究主要使用 Burndata 数据进行野火时空动态和风险评估研究，以及利用 QA 数据集进行高置信度火点选取。该产品可用来监测野火发生的大致日期，反映最近野火的空间范围，为灾后提供评估信息。

表 6-1　MCD64A1 数据集属性值

属性值	对应具体内容
-2	数据缺失区域
-1	水体
0	未燃烧区域
1 ~ 366	燃烧发生日历年的儒略日

首先，本研究利用 MRT 软件对 MODIS 原始数据集中的 Burndata 和 QA 质量控制数据层进行批量格式转换、投影变换以及拼接，其投影方式为 Albert 投影（投影参数：第一标准纬线为 25°，第二标准纬线为 47°，中央经线为 105°，椭球体为 WGS-84，重采样方法为最邻近法）。然后利用 ArcGIS 软件，根据研究区行政区划矢量数据对影像进行裁剪，获得中蒙俄跨境地区遥感影像。借助 ArcGIS 中的 Zonal Statistics 工具，统计中蒙俄跨境地区 2001 ~ 2017 年不同时间尺度（年际/年内）、不同行政区划、不同土地利用类型的过火面积情况；利用 ArcGIS 软件对影像进行重分类，将火点赋值为 1，非火点赋值为 0，最后利用栅格计算器工具将所有重分类后的 Burndata 影像进行叠加，得到研究区野火发生频次图。

（2）MOD14A1/MYD14A1 热异常产品及预处理

MOD14A1/MYD14A1 热异常产品数据集是分别搭载于 Terra 卫星和 Aqua 卫星上的 MODIS 传感器获取的数据，该产品每 8 天合成一次，为正弦曲线投影方式的 HDF 格式产品，空间分辨率为 1000m。MOD14A1/MYD14A1 包含 FireMask、MaxFRP、QA 以及 Sample 共 4 个子数据集。本研究使用包含火点信息的 Fire Mask 数据集，时间分辨率为 1 天，其像元值所代表的内容如表 6-2 所示。

表 6-2　MOD14A1/MYD14A1 数据集属性值

属性值	表征的意义
0、1、2	未处理像元
3	水
4	云
5	没有火的裸地
6	未知像元
7	低置信度火点
8	中置信度火点
9	高置信度火点

该产品数据预处理（格式转换、投影变换、拼接及裁剪）的方式与 MCD64A1 产品的处理方式一致。利用 ArcGIS 软件提取属性值为 7、8 和 9 的像元即低置信度火点、中置信度火点以及高置信度火点，然后利用 ArcGIS 中的 Zonal Statistics 工具，结合行政区划图和土地利用数据对中蒙俄跨境地区 2001 ~ 2017 年野火火点个数在年际、年内、不同行政区域以及不同土地利用类型上的分布情况进行统计。

（3）土地利用/覆盖产品

MCD12Q1 土地利用/覆盖产品被用来进行不同土地利用类型上野火面积的统计，而且其在一定程度上可以表示人类的活动程度，因此可作为野火风险评估中人为因素的一种表达参与风险评估模型的构建。MCD12Q1 是根据一年的 Terra 卫星和 Aqua 卫星观测的数据进行处理获得的土地利用/覆盖产品，该产品的空间分辨率为 500m，时间分辨率为 1 年。本研究采用的是 MCD12Q1 数据集中的 IGBP 分类体系，该分类数据集主要包含了 17 个主要土地利用类型，本研究根据实际的研究目的，将其整合为四大类型，分别是森林、草地、农业用地和其他用地（表 6-3）。数据预处理（格式转换、投影变换、拼接及裁剪）的方式与 MCD64A1 产品的处理方式一致，然后利用 ArcGIS 软件对预处理后影像进行重分类操作，得到四大土地利用类型。

表 6-3　IGBP 土地利用类型及整合后土地利用类型

整合后土地利用类型	IGBP 土地利用类型
森林	1. 常绿针叶林 2. 常绿阔叶林 3. 落叶针叶林 4. 落叶阔叶林 5. 混交林 6. 稠密灌木 7. 稀疏灌木
草地	8. 木本热带稀树草原 9. 热带稀树草原 10. 草地
农业用地	12. 耕地 14. 耕地与自然植被镶嵌体
其他用地	0. 水体 11. 永久湿地 13. 城市用地和建筑区 15. 雪和冰 16. 荒地或稀疏植被

（4）MOD13A3 植被指数产品

植被是影响火灾发生的一个重要因素，而归一化植被指数（NDVI）反映了植被的健康状况（Bajocco et al.，2015），是负载燃料分配的替代指标。本研究使用的是每月 1000m 分辨率的植被指数产品 MOD13A3。数据预处理（格式转换、投影变换，拼接及裁剪）的方式与 MCD64A1 产品的处理方式一致。

6.1.2.2 野火其他影响因素数据

（1）气象数据

传统上，采用对气象站点的气象数据进行空间插值的方法获取覆盖整个研究区的气象栅格图像，但是中蒙俄跨境地区地广人稀，研究区除中国内蒙古气象站点多外，蒙古国东部和俄罗斯远东地区气象站点极少，气象站相比大范围的区域来讲，其分布的离散程度太高，插值所获取的数据质量很差，因此本研究选用 CRU 再分析数据集中的 10 种气象数据进行替代，它们分别是月降水量（PRE）、日平均温度（TMP）、改进型帕默尔干旱指数（scPDSI）、日温度范围（DTR）、霜冻日数（FRS）、潜在蒸散量（PET）、月平均日最低/最高气温（TMN/TMX）、水汽压（VAP）、雨日频率（WET），时间覆盖 2001～2017 年，空间分辨率 0.5°×0.5°，时间分辨率为月。该数据集可从 https://crudata.uea.ac.uk/cru/下载。

（2）地形数据

地形数据来自地理空间数据云提供的 30 空间分辨率数字高程模型（DEM）。该数据在不规则三角网算法采用线性、双线性内插的方法得到，具有较高的精度，可从 http://www.gscloud.cn/网站下载。坡向和坡度数据主要通过 ArcGIS 软件，利用已下载的 DEM 数据自动生成。

（3）大气环流数据

野火发生面积与大尺度大气环流指数研究表明，由于大气环流与地球系统之间复杂的遥相关，研究区野火发生与蔓延可能和这些大气环流之间存在一定的相关关系。本研究主要使用 4 种大气环流指数来探讨研究区野火发生和蔓延与大气环流之间的相关关系，它们分别是太平洋十年涛动（PDO）指数、南方涛动指数（SOI）、北大西洋涛动（NAO）指数和北极涛动（AO）指数。以上数据可从美国国家航空航天局官方网址 https://esrl.noaa.gov/data/correlation/#下载获取。

（4）DMSP/OLS 夜光遥感数据

DMSP/OLS 夜光遥感数据来源于美国国防气象卫星计划（DMSP）［美国国防部（DOD）极轨卫星计划］，卫星运行的线性扫描系统（OLS）传感器能够获得全球内每日的昼夜图像。夜间灯光影像可以反映道路、人口、居民点等的综合性信息。本研究所使用的 DMSP/OLS 的空间分辨率为 1000m，时间分辨率为年，由地理空间数据云平台提供。本研究区夜光空间分布见图 6-3（a）。

（5）载畜量数据

本研究利用世界栅格牲畜分布数据，应用徐敏云等（2011）提出的牛（0.8）、羊（0.1）和马（0.1）的换算系数，将不同牲畜种类的密度组合成等效牲畜单位定义的实际载畜量（ACC）。该数据可从 https://dataverse.harvard.edu/dataverse/glw_3 下载。本研究区载畜量空间分布见图 6-3（b）。

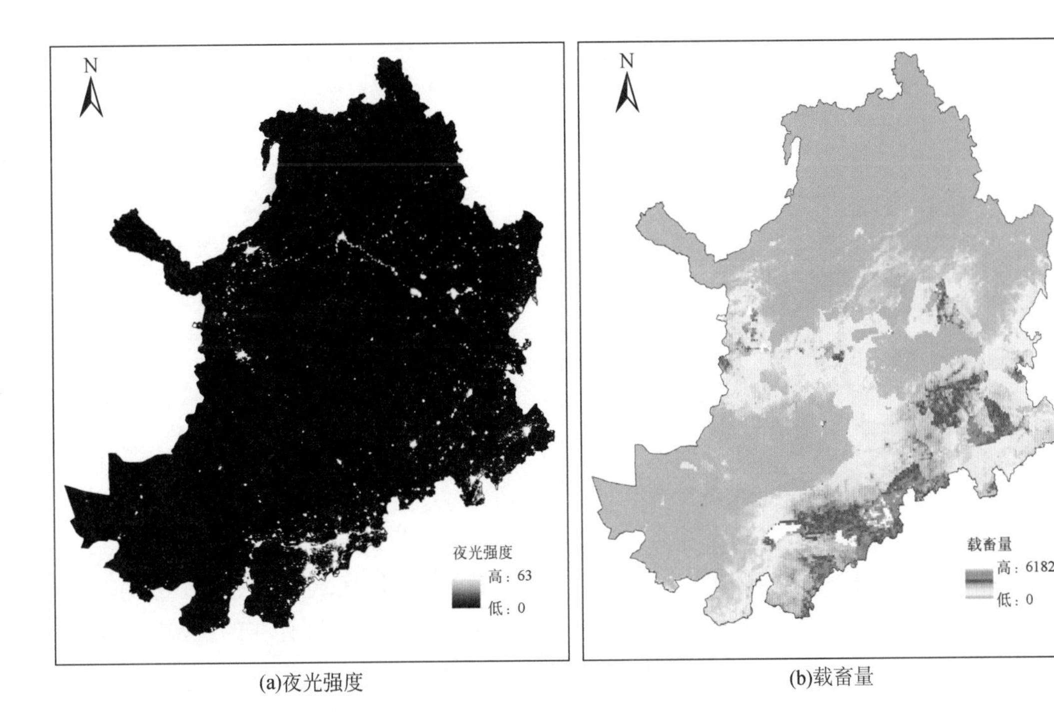

(a)夜光强度　(b)载畜量

图 6-3　研究区夜光影像及载畜量空间分布

6.1.3　研究方法

6.1.3.1　Slope 趋势分析

采用 Slope 趋势分析法，分析研究区气候（包括降水、温度、scPDSI）的 17 年空间变化率，计算公式为

$$\text{Slope} = \frac{n \times \sum_{i=1}^{n} i \times X_i - (\sum_{i=1}^{n} i)(\sum_{i=1}^{n} X_i)}{n \times \sum_{i=1}^{n} i^2 - (\sum_{i=1}^{n} i)^2} \tag{6-1}$$

式中，Slope 为趋势率；n 为年数，本研究 n 为 17 年；X_i为 i 年的气候因子和植被指数。

6.1.3.2　Pearson 相关分析法

利用 Pearson 相关分析法分析不同月份过火面积与气候因子（包括降水、温度、scPDSI）、植被状况（NDVI）和大气环流指数（PDO、SOI、AO 和 NAO）的相关性；同时分析野火发生相对于气候因子、植被状况和大气环流指数的滞后性关系。两个月累积为火灾发生当月与火灾发生前一个月的累积效应；三个月累积为火灾发生当月与火灾发生前两个月的累积效应。Pearson 相关系数计算公式为

$$r_{XY}=\frac{\sum_{i=1}^{n}(x_i-\overline{X})(y_i-\overline{Y})}{\sqrt{\sum_{i=1}^{n}(x_i-\overline{X})^2}\sqrt{\sum_{i=1}^{n}(y_i-\overline{Y})^2}} \tag{6-2}$$

式中，n 为年数，本研究中 n 为 17 年；$\overline{X}$为气候因子、植被状况以及大气环流指数分别在当月、野火发生前第一个月、野火发生前第二个月、两个月累积或三个月累积情况下的 17 年的月平均值；x_i为气候因子、植被状况或大气环流指数在上述四种情况下每年的月度值；r_{XY}为每月的过火面积与气候因子、植被状况及大气环境指数的相关系数。

6.1.3.3 结构方程模型

结构方程模型分析也称作“协方差结构分析”，是一种结合通径分析、因子分析及隐变量理论的多变量、多方程的统计分析方法。通径分析、多元回归分析及因子分析可以看作是结构方程模型分析的特殊形式。

本研究使用结构方程模型确定中蒙俄跨境地区、俄罗斯远东地区、蒙古国中东部以及中国内蒙古野火过火面积与气候因子、植被状况和大气环流之间存在的直接或间接关系（图 6-4）。在相关理论假设的先验结构方程模型的基础上，依据一系列模型拟合评价指标（卡方检验 λ^2，$p>0.05$，RMSEA<0.05，CFI≥0.95，SRMR<0.08），对先验结构方程模型进行修改，保证得到的结构方程模型的合理性与准确性。

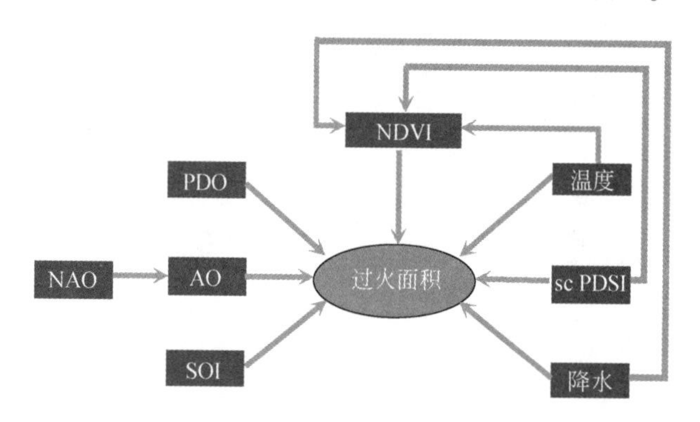

图 6-4　结构方程模型概念

6.1.4 野火灾害风险模拟方法

6.1.4.1 着火点与控制点创建

本研究利用 2013 ~ 2016 年 MCD64A1 过火迹地产品，将每一个火像素当作一个着火点，共得到约 45 万个着火点。由于自适应模糊神经系统和随机森林模型要求目标变量是二进制的，为了满足这一要求，我们随机生成非火点作为控制点。然而随机点数量过多时，模型会因为数据过于离散而无法收敛，根据之前的研究，本研究运用 ArcGIS 软件创建了与火点数量相等的随机点，共得到 90 万个样本点，该方法遵循了时间和空间双随机的原则，即空间坐标是随机生成的，因此我们的因变量由实际火点和生成的控制点组成。为便于分析，我们将1值指定给着火点，将0值指定给控制点，在模型的构建过程中，我们将总体样本的70%作为训练数据用于模型的建立，30%作为验证数据。

6.1.4.2　火险因子选取与归一化处理

在进行最初火险因子选择时，参考国内外火险因子指标体系，选取目前大多数研究者认可的火险因子，还根据中蒙俄跨境地区土地利用的特殊性增加反映其本质内涵的指标，最终选取了平均气温、降水量、载畜量等17个野火影响因子。

在进行中蒙俄跨境地区野火风险评估时，初始输入量为降水、scPDSI、载畜量等17个火险因子，输出量为研究区野火发生概率，但是这些输入数据差异巨大，若直接使用这些输入数据，会导致训练模型时梯度下降缓慢，降低训练效率，同时也会影响模型训练的准确度。自适应模糊神经系统需要将连续论域进行离散化，以便更好地对输入数据进行模糊化。同时，有研究发现，离散化后的输入变量数据会在一定程度上提高随机森林模型的预测准确度。因此，本研究首先将17个输入数据进行离散化，然后对离散化后的数据进行归一化处理，最终得到自适应模糊神经系统和随机森林模型的规范数据。当前较为常见的数据归一化方法有离差标准化方法和均值标准化方法，针对本研究需要将变量量化在［0.1，0.9］，因此选择离差标准化方法进行处理，其公式为

$$v_i' = \frac{v_i - \min v}{\max v - \min v}(U - L) + L \tag{6-3}$$

式中，v_i'为归一化后各驱动因子的数值；v_i为经过离散化后数值；U为归一化后的最大值；L为归一化后的最小值。

6.1.4.3　研究方法与相关理论

（1）随机森林算法

1）随机森林的定义。随机森林算法是由Leo Breiman和Adele Culter在20世纪80年代提出的一种新的机器学习算法。随机森林利用多棵决策树对训练样本进行训练，综合分析随机森林中所有决策树的投票结果，从而实现数据的分类和回归。该方法基于自助抽样，即不是所有原始训练样本数据都参与到随机森林中每棵决策树的构建中，而是从原始样本中随机地抽取一定量的样本参与分类回归树的构建，然后利用简单多数投票法或平均法对所有回归树的结果进行统计分析，进而得到最终的输出结果。随机森林算法的分类和回归精度较高，同时由于建立了多棵决策树，可以有效地预防模型过拟合的风险（谭仲辉等，2019）。

2）随机森林算法的构建过程。用N来表示野火训练样本的数量，M为火险因子的个数，随机森林使用自助抽样法从N个野火训练样本中随机抽取m次，可以形成k个野火训练子样本，然后在每一个野火训练子样本上构建一棵决策回归树模型，便得到k棵决策树，同时在构建的每棵决策树的每个节点处随机抽取m个特征变量（$m<M$），并从m个特征变量中选择一个能使分裂效果最好的特征变量进行二元分支。其中，在每棵决策树都可以自由生长无限分裂下去的同时，不需要对决策树进行任何剪枝，最后每

棵决策树都会得到一个输出结果，随机森林的最终结果则选取 k 棵决策树输出结果的众数或者平均数，当处理分类问题时，选取 k 个决策输出的众数；当解决回归问题时，则选取 k 个决策输出的平均值。

3）随机森林算法的参数设置。随机森林中分类回归树的棵数和每棵树节点上抽取的特征变量的个数是随机模型达到最优的关键。在确定 k 值时，不仅要保证 k 足够大，还要保证此时随机森林模型是收敛的。部分研究认为 M 的值为 m 的值的平方会有更好的计算效果（顾海燕等，2016）。因此，本研究将 k 值设置为2000，m 值设置为4，对中蒙俄跨境地区野火进行预测研究。

（2）自适应模糊神经系统及优化算法

1）自适应模糊神经系统的概念。在非线性控制与建模中，模糊推理系统和人工神经网络是两种较为有效且常见的方法，并且都取得了突破性的进展，这使得二者在非线性系统建模中的地位越来越重要。近年来，如何将模糊神经系统和人工神经网络进行融合，成为智能方法研究中的一个新热点。传统的模糊模型需要人为不断地对隶属度函数的参数进行调整来使模型的精度达到最好，这种调参方式会耗费大量的时间和人力。1985 年，Takagi 和 Sugeno 提出了一种采用混合学习算法对模糊模型参数进行自动调整，自动产生模糊规则的非线性 T-S 模型，即 Takagi-Sugeno 模糊模型。之后 Tong Roger 提出一种基于自适应神经网络的模糊推理系统来实现一阶 Sugeno 模糊模型功能，即自适应神经模糊推理系统（ANFIS）。

ANFIS 是一个全新的自适应网络系统，其特点是将人工神经网络与模糊推理系统结合，能将模糊化、模糊推理以及反模糊化这三个过程通过人工神经网络来实现，可以有效地解决非线性系统的建模和控制问题，已在多个跨学科问题中取得了广泛的应用。

2）ANFIS 网络结构。ANFIS 是基于模糊逻辑和人工神经网络的混合框架，用于推理输入和输出之间的关系。本研究采用 Jang 在 1993 年提出的带 Takagi-Sugeno 推理机的神经模糊结构模型进行中蒙俄跨境地区野火敏感性建模。之所以选择这种模糊推理引擎，是因为它能够更准确地建模复杂的非线性问题，而且规则比其他引擎更少，如 Mamdani 引擎。ANFIS 网络结构由五层组成，具有两种类型的节点：自适应节点和固定节点。第一层和第四层设计有自适应节点，而其他层只包含固定节点。在自适应节点中，连接权重在训练阶段进行调整以拟合训练数据，而固定节点仅对所有输入信号进行求和或归一化。以具有两个输入 x、y，一个输出 z 的 ANFIS 网络结构为例。

规则1：如果 x 是 A_1 且 y 是 B_1，那么 $f_1=p_1x+q_1y+r_1$；

规则2：如果 x 是 A_2 且 y 是 B_2，那么 $f_2=p_2x+q_2y+r_2$。

其中，A_i 与 B_i 是模糊集合；f_i 是由模糊规则推理得到的模型输出；［p_i，q_i，r_i］是自适应参数。这种具有五层网络、两种规则的 ANFIS 网络结构如图 6-5 所示。

ANFIS 网络结构每一层的功能如表 6-4 所示。

ANFIS 主要利用人工神经网络自主学习能力，自动寻求和调整神经模糊控制系统的参数和结构。ANFIS 主要包括结构调整和参数调整两大类型。结构调整位于参数调整之前，结构调整主要包括对输入变量的个数、输入样本数值的离散化、隶属度函数的类型以及模糊规则的数量等进行调整。当 ANFIS 模型的结构确定之后，就需要调整 ANFIS

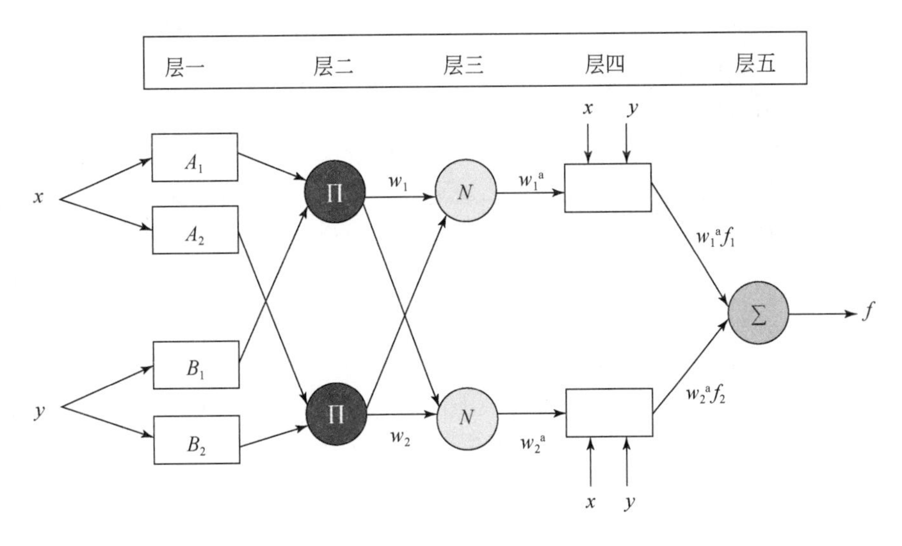

图 6-5　ANFIS 网络结构示意图

在此网络中，前三层为规则前件，后两层为规则后件，方框形节点表示该节点参数是可调的，圆形节点代表该节点没有参数或参数不可以调整的。ANFIS 中可调整的参数主要集中在第一层和第五层，第一层的参数为隶属函数参数，第四层为规则后件参数。上标表示层，下标表示该层的第 i 个节点

模型的参数。参数调整主要是对隶属度函数的参数（前件参数）和结论参数进行调整。而 ANFIS 的学习算法仅能对控制器的前提参数和结论参数进行自主学习，模型的结构需人为主观确定。梯度下降法或者梯度下降法和最小二乘法相结合的混合学习方法是调整前件参数和结论参数的两种常用导数优化方法。但这两种方法都容易陷入局部最优，且运算的速度较慢。

表 6-4　ANFIS 网络结构的具体作用介绍

结构	功能	公式	说明
第一层	模糊化层，将输入信号 x、y 进行模糊化，然后输出模糊化后变量的隶属度	一个节点的传递函数表示为 $O_i^1 = u_{A_i}(x)$	前件参数 x 为节点 i 的输入；A_i 为模糊集；O_i^1 为 A_i 的隶属函数值；u_{A_i} 为 A_i 的隶属度函数
第二层	规则的强度释放层，得到的是所有输入信号代数的乘积	输出值可用公式表示：$O_i^2 = w_i = u_{A_i}(x) \times u_{B_i}(y)$	
第三层	输出每个规则和全部规则之和的比值	$O_i^3 = w_i{}^a = \frac{w_i}{w_1 + w_2}$	
第四层	计算模糊规则的输出	$O_i^4 = w_i{}^a f_i = w_i{}^a (a_i x + b_i y + + c_i)$	a_i、b_i、c_i 为结论参数或后件参数
第五层	将模糊化的数值转换为清晰的数值，进行最终的输出	$O_i^5 = \sum w_i{}^a f_i = \frac{\sum w_i f_i}{\sum w_i}$	

为了避免 ANFIS 陷入局部最优，并能够更好地提高模型预测的精度和泛化能力，人们将视野转向了具有全局搜索能力且发展较为迅速的生物进化算法领域，如遗传算法、

粒子群优化算法以及模拟退火算法等。生物进化算法全局搜索能力因更好、不需要梯度信息等优点而成了优化模糊神经网络的一个重要方向。

因此，在使用 ANFIS 进行中蒙俄跨境地区野火风险预测时，首先需要确定 ANFIS 的结构方式，目前 ANFIS 结构的生成方式主要有三种，即传统的网格分割方式、减法聚类法以及模糊 C 均值聚类法。研究发现，规则数目较少的神经模糊被认为具有更好的解释力，因此本研究选择模糊 C 均值聚类法来生成 ANFIS 结构，根据随机森林算法对原始火险因子进行最佳选择，将其选择得到的 14 个最佳火险因子作为 ANFIS 的输入变量，并进行了多次实验，发现当聚类数设置为 30 时，可以获得很好的预测精度，用该方法生成的 ANFIS，规则数和聚类数相同，即规则数也为 30。用模糊 C 均值聚类法生成 ANFIS 的结构时，本研究选用高斯函数作为隶属度函数。对 ANFIS 的结构进行确定之后，研究分别使用粒子群优化算法和遗传算法调整 ANFIS 系统的前件参数和后件参数，从而获得最好的输出结果。

（3）粒子群优化算法

粒子群优化算法来源于对鸟群捕食的自然行为的研究，它用一种无质量的粒子来表示鸟群中的鸟，粒子只具有位置和速度两个特征，位置代表粒子移动的方向，速度代表粒子移动的快慢。每个粒子在每次迭代时单独寻找最优解，然后将每次迭代得到的最优解，与之前得到的个体最优解进行对比，得到更新后的个体最优解，即个体极值，并将该个体极值与整个粒子群的最优解进行对比，得到更新后的全局最优解，即全局最值，最后粒子群中的所有粒子根据当前的个体极值和全局极值对自己的速度和位置进行调整。粒子群优化算法中，各个粒子的位置和速度通过以下公式进行更新，实现粒子间信息的共享

$$v_i^{k+1}=w\,v_i^k+c_1r_1(p_i^k-x_i^k)+c_2r_2(p_g^k-x_i^k) \tag{6-4}$$

$$x_i^{k+1}=x_i^k+v_i^{k+1} \tag{6-5}$$

式中，v_i^{k+1}为第 i 个粒子在第 $k+1$ 次迭代时的速度；x_i^{k+1}为第 i 个粒子在第 $k+1$ 次迭代时的位置；w 为惯性权重。

粒子群优化算法优化 ANFIS 的原理为，粒子群中每一个粒子的位置包含了 ANFIS 模型的前件参数和后件参数，本研究使用的 ANFIS 模型的输入变量（火险因子）共 14 个，采用高斯函数作为模糊化函数，且共包含 30 条规则，因此该系统有 840 个前件参数和 450 个结论参数，共计 1290 个参数，因此每一个粒子的位置实际上是一个 1290 维的有序向量；同时利用训练数据集的均方根误差（RMSE）作为适应度函数，个体历史最佳位置和全局最佳位置的选择是通过适应度函数值小的粒子的位置决定的，其计算公式为

$$\mathrm{RMSE}=\sqrt[2]{\frac{1}{n}\sum_{i=1}^{n}(s_i-t_i)^2} \tag{6-6}$$

式中，n 为训练样本的个数，共 63 万个样本点；s_i为样本点 i 的模型输出值；t_i为样本点 i 的真实值。利用粒子群优化算法优化 ANFIS 模型的具体步骤如图 6-6 所示。

（4）遗传算法

遗传算法是以达尔文的自然选择理论和遗传学中生物进化过程为基本思想的一种随机化的全局搜索算法。遗传算法有选择、交叉和变异这三个基本操作。选择：适应度函

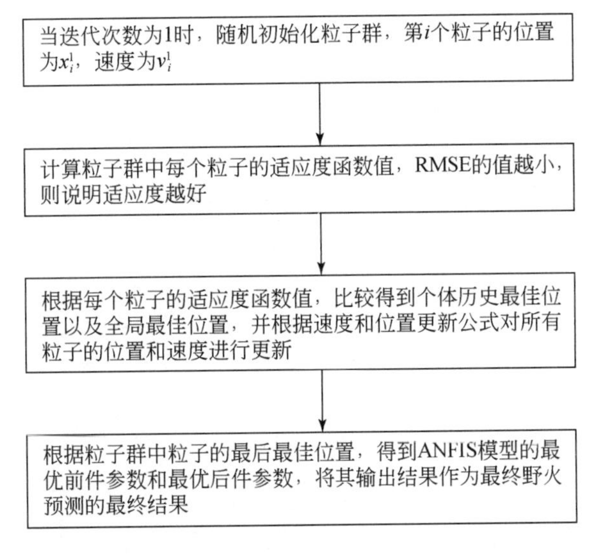

图 6-6　粒子群优化算法优化 ANFIS 参数流程图

数值大的个体被保留下来，使种群朝着最优解方向前进。交叉：对保留下来个体的部分基因片段进行交叉融合，使种群朝着最优解方向前进。变异：对交叉融合后的个体的基因进行突变，避免陷入局部误差。

同粒子群优化算法一致，遗传算法中每一个基因包含 ANFIS 模型的前件参数和后件参数，基因中的参数用特殊的编码方式来表示。目前主要的编码方法有二进制编码、浮点数编码、多参数级联编码等。二进制编码方法简单，具有快速编码和解码的优点，且交叉和变异算法方便，符合最小字符集编码的原则，因此本研究采用二进制编码方法对参数进行编码。由于本研究采用轮盘赌的方法对种群中的基因进行选择，该方法使得适应度函数值大的基因被选择的概率增大，因此本研究采用训练数据集的均方根误差（RMSE）的倒数作为适应度函数，用如下公式计算种群中各基因的适应度均值

$$f=\frac{1}{\mathrm{RMSE}} \tag{6-7}$$

利用遗传算法优化 ANFIS 模型的具体步骤如图 6-7 所示。

6.1.4.4　最佳火险因子选择

随机森林通过计算各火险因子在每棵决策树中的袋外误差，进而得到每个火险因子的重要性得分，并根据计算得到的各火险因子重要性得分对火险因子的重要性进行排序。其具体步骤为：对于火险因子 X_i，首先，计算各棵决策树 t 的原始袋外误差 errOOB_t；然后，保持袋外样本中的其他火险因子的序列顺序不变，仅改变火险因子 X_j值的序列顺序，并重新计算每棵决策树的袋外误差 errOOB_t'；最后，计算前后两种情况下每棵决策树袋外误差的平均增加量，即火险因子 X_i的重要性得分（VI）。其计算公式为

$$\mathrm{VI}(X_i)=\frac{1}{n}\sum_{t=1}^{n}(\mathrm{errOOB}_t'-\mathrm{errOOB}_t) \tag{6-8}$$

式中，n 为决策树的总数。

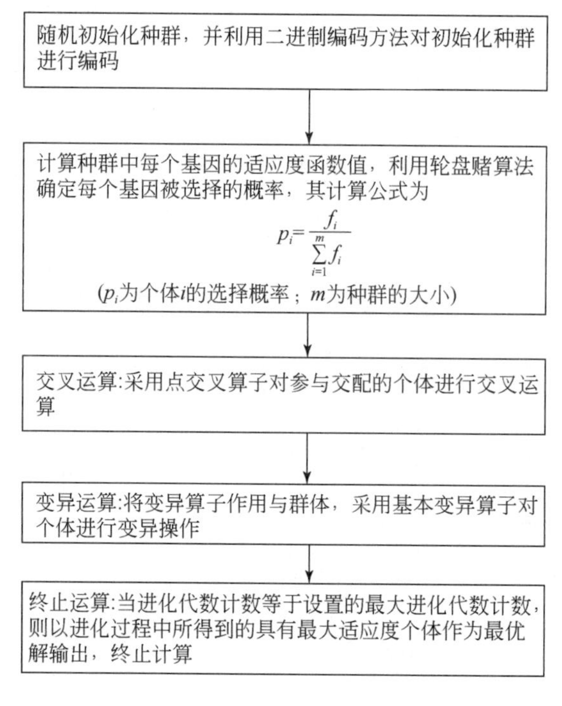

图 6-7　遗传算法优化 ANFIS 参数流程

随机森林算法根据火险因子的重要性得分不断对火险因子进行选择而获得不同火险因子组合下的袋外误差，选择能够使袋外误差达到最小的火险因子作为随机森林算法的最佳火险因子，其最佳火险因子选择的具体步骤为：

第一步：计算每个火险因子的重要性得分，并根据得到的火险因子的重要性得分进行排序，确定火险因子的重要性顺序；

第二步：根据火险因子的重要性顺序，按照一定的比例将重要性较低的火险因子进行剔除；

第三步：利用剩下的火险因子作为输入变量，重新建立随机森林模型；

第四步：重复第二步和第三步，直到火险因子的个数达到最小；

第五步：对不同火险因子组合下的袋外误差进行比较，将袋外误差最小时的火险因子的组合作为随机森林算法的最佳火险因子组合。

6.1.4.5　受试者工作特征曲线

受试者工作特征曲线（receiver operating characteristic curve，ROC Curve）是通过不断地改变分界值（cut-off 值），然后计算每个分界值下模型所对应的真阳性率（即敏感度）和假阳性率（即误判率），并以真阳性率为纵轴，假阳性率为横轴，形成平面直角坐标系。将坐标系各阈值对应的点用平滑的曲线连接起来，称为 ROC 曲线，常用 ROC 曲线下部区域的面积（area under the curve，AUC）来判断模型拟合结果的好坏，其主要用于二分类研究。AUC 值越大，表示模型的预测准确率越高，AUC 值的范围通常在 0.5～1。一般来说，当 AUC 值在 0.8～1 时，表示模型的拟合效果很好。

6.2 中蒙俄跨境地区野火时空分布特征

通常情况下，在一定的研究区域内，不同的年份、季节以及月份内，野火发生和蔓延的情况和方式不尽相同，但是对于长时间序列的野火数据，或许可能呈现出一定的变化规律和特征。了解这些可能存在的变化规律及特征，有助于加强我们对野火的防范能力，提高警惕性。

6.2.1 野火发生的空间动态

6.2.1.1 野火发生频次及其空间格局

野火发生频次为 2001 ~ 2017 年每个像元上发生野火的总次数。由图 6-8 可见，2001 ~2017 年，绝大部分像元仅发生 1 次野火，过火面积达 17.21 万 km^2，占近 17 年总过火面积的65.92%，发生 2 次野火的面积为5.49 万 km^2，占总过火面积的21.23%，发生 5 次野火的像元非常少。

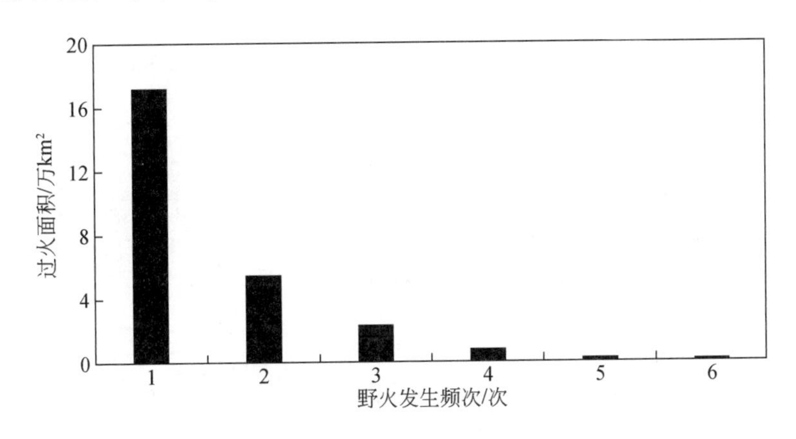

图 6-8　研究区野火发生频次图

图 6-9 表明，中蒙俄跨境地区野火主要发生在蒙古国东北部的东方省、苏赫巴托尔省以及肯特省，俄罗斯的布里亚特共和国以及后贝加尔边疆区。中国内蒙古野火集中分布在大兴安岭林区附近以及中国与俄罗斯、蒙古国接壤的区域。发生频次在 2 次以上的区域主要分布在蒙古国东方省、苏赫巴托尔省以及俄罗斯后贝加尔边疆区，中国内蒙古的大部分地区野火发生频次仅为 1 次。

6.2.1.2 行政区上野火发生空间格局

图 6-10 表明，俄罗斯远东地区、蒙古国中东部以及中国内蒙古 2001 ~2017 年总过火面积分别为 22.97 万 km^2、13.52 万 km^2和 3.71 万 km^2，总火点个数分别为 48.34 万个、6.02 万个和 8.19 万个。可以看出，俄罗斯野火总过火面积和总火点个数均远高于其他两个国家，其总过火面积可占整个研究区总过火面积的 57.14%，总火点个数占整

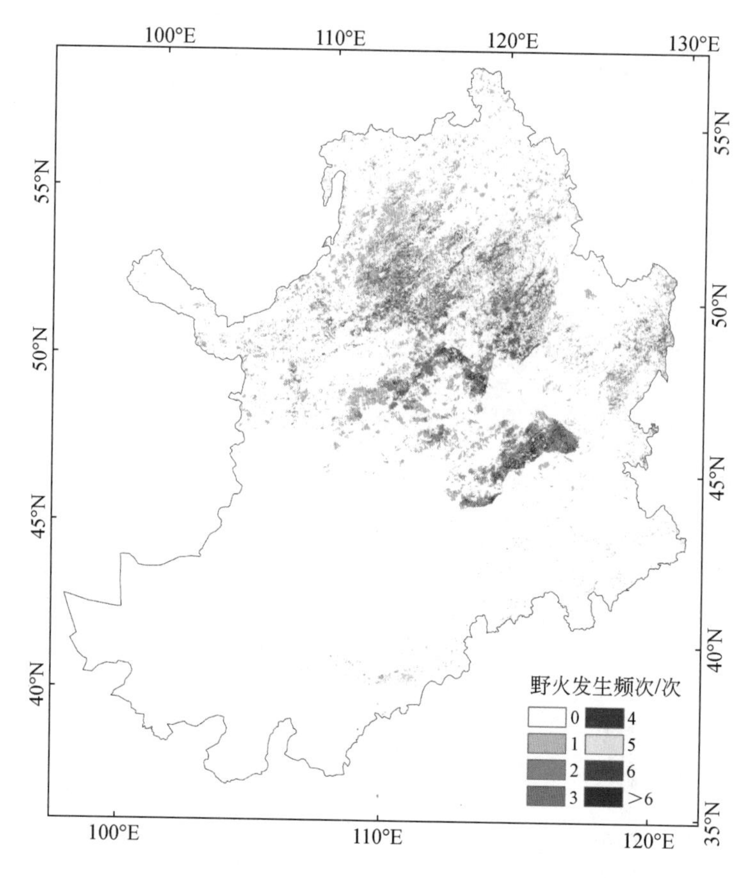

图 6-9 研究区野火发生频次空间分布

个研究区总火点个数的比例高达 77.28%。蒙古国中东部的总过火面积是中国内蒙古的近四倍，但其总火点个数却仅为中国内蒙古的 73.5%。

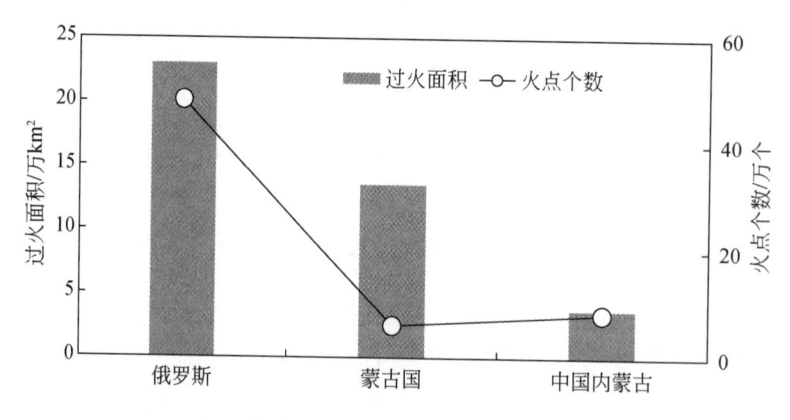

图 6-10 不同行政区划上过火面积和火点个数情况

6.2.1.3　土地覆盖上野火发生空间格局

从野火发生的土地利用类型看，草原火和森林火是中蒙俄跨境地区最主要的野火发生类型（图6-11）。2001～2017年，草原火总过火面积最大，达到22.21万km^2，占该地区总过火面积的55.25%；森林火次之，为16.21万km^2；农业用地野火总过火面积为1.42万km^2，仅占3.53%；其他用地野火过火面积不足1000km^2，几乎可以忽略不计。火点个数在不同土地利用类型上的分布与过火面积具有较大差异，森林火的火点个数最多，为38.82万个，约占四种土地利用类型总火点个数的61.96%；其次为草原火，其火点总个数为19.43万个；农业用地和其他用地上的火点个数分别为3.05万个和1.35万个。

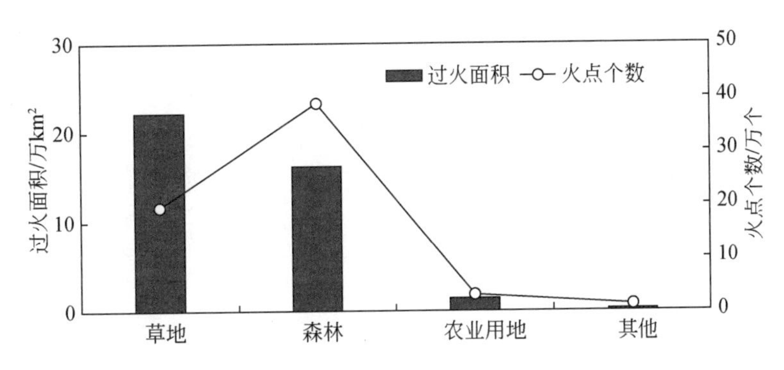

图6-11　2001～2017年各土地利用类型的过火面积和火点个数

6.2.2　野火发生的时间动态

6.2.2.1　野火发生的年内动态

图6-12表示，中蒙俄跨境地区野火主要发生于年内第68～320日，其他时段几乎无野火发生，存在3个波峰时段：第76～87日、第110～130日、第279～301日，最大过火面积主要在第110～130日。第124日过火面积最大，多年平均过火面积达0.80万km^2，其次为第87日和第80日，多年平均过火面积分别达0.76万km^2和0.75万km^2。

图6-13表示中蒙俄跨境地区野火具有明显的季节特征，野火发生主要集中在春季，夏秋和季次之。春季野火过火面积最大，多年平均过火面积为1.60万km^2，占全年总过火面积的67.66%；夏季和秋季次之，且过火面积基本持平，分别为0.45万km^2和0.29万km^2，分别占全年总过火面积的19.02%和12.26%；冬季基本无野火发生。研究区野火火点个数在季节上的变化趋势和过火面积保持高度的一致性。春季野火火点个数最多，多年平均火点个数达2.35万个，占全年总火点个数的一半以上，达63.87%；夏秋季火点个数的分布与过火面积的分布略有差异，夏季火点个数为0.95万个，可占全年总火点点个数的25.82%，而秋季火点个数仅占8.35%；冬季火点个数可忽略不计。

在月尺度上，野火过火面积和火点个数变化规律较明显（图6-14），从图6-14可以

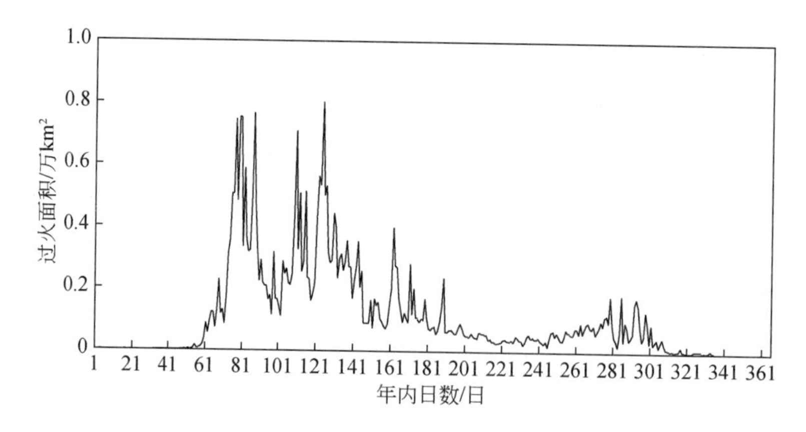

图 6-12　中蒙俄跨境地区过火面积和火点个数日际变化特征

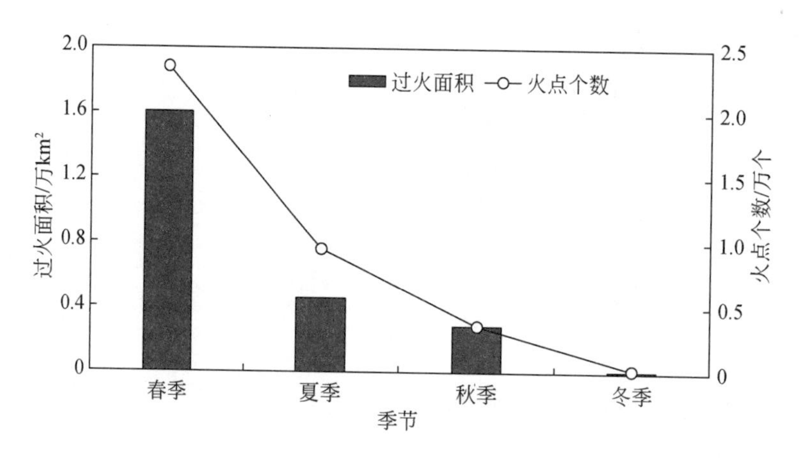

图 6-13　中蒙俄跨境地区过火面积和火点个数季节变化特征

看出，其统计曲线大致呈马鞍形，3～5 月野火过火面积远高于其他月份，这三个月的总野火过火面积可占全年总过火面积的 68.16%，其中 3 月平均过火面积最大，达 0.59 万 km^2，占全年总过火面积的 25.12%；5 月次之，平均过火面积为 0.55 万 km^2，占全年总过火面积的 23.49%。10 月是野火过火面积的另一个波峰时段，其平均过火面积达 0.15 万 km^2。8 月是 6～10 月野火的低发期，平均过火面积为 0.07 万 km^2。每年 11 月至次年 2 月几乎无野火发生，四个月总过火面积仅占全年总过火面积的 1.49%。

除 3 月外，中蒙俄跨境地区野火火点个数与野火面积在月尺度上的分布基本一致。3 月火点个数为 0.29 万个，仅占全年总火点数的 7.95%，而该月平均过火面积最高，可占全年总过火面积的 25.12%。4 月和 5 月是火点个数分布较多的月份，总平均火点个数为 2.06 万个，占全年总火点数的一半以上，为 55.95%。其中，5 月平均火点个数最多，为 1.12 万个，占总火点数的 30.55%，4 月份次之，平均火点个数为 0.94 万个。同野火面积一样，10 月也是野火火点个数的另一个波峰时段，其平均火点个数为 0.17 万个，可占全年总火点数的 4.63%，每年 11 月至次年 2 月，野火火点个数最少。

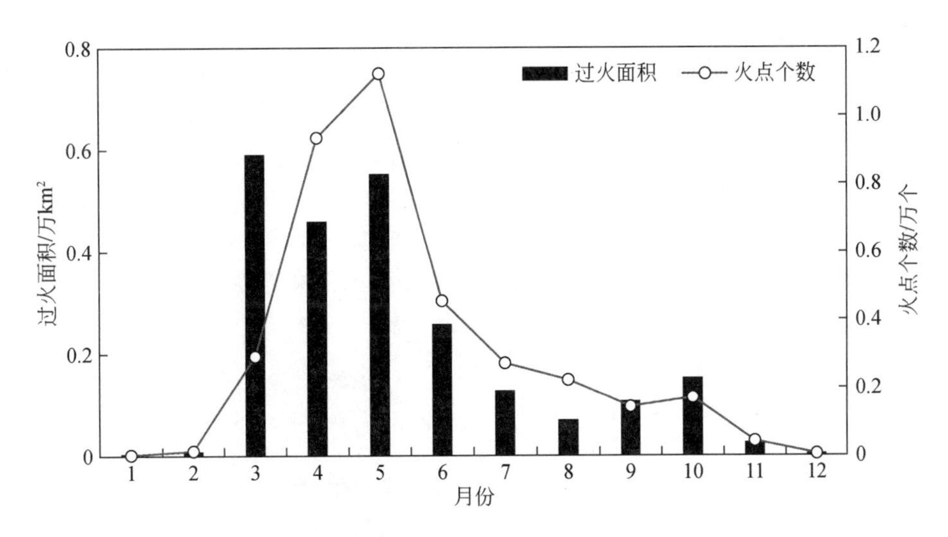

图 6-14　中蒙俄跨境地区过火面积和火点个数月际变化特征

6.2.2.2　野火发生的年际动态

2001 ~ 2017 年，中蒙俄跨境地区过火面积年际波动较大，整体呈下降的趋势，但并不显著（图 6-15），年均过火面积高达 2.35 万 km^2。2003 年、2008 年、2011 年、2014 年和 2015 年是野火发生最为活跃的年份，过火面积分别为 8.68 万 km^2、2.81 万 km^2、3.07 万 km^2、4.16 万 km^2 和 4.3 万 km^2。几乎每隔 2 ~ 3 年便会出现一次严重的野火。2003 年野火发生面积最大，占中蒙俄跨境地区 17 年（2001 ~ 2017 年）野火总过火面积的 32.78%，是研究区野火发生的极端年份；其次为 2015 年和 2014 年，分别占野火总过火面积的 16.41% 和 15.75%，且与其他野火发生高峰年的过火面积相差不大。2001 年的过火面积最小，仅为 0.41 万 km^2。

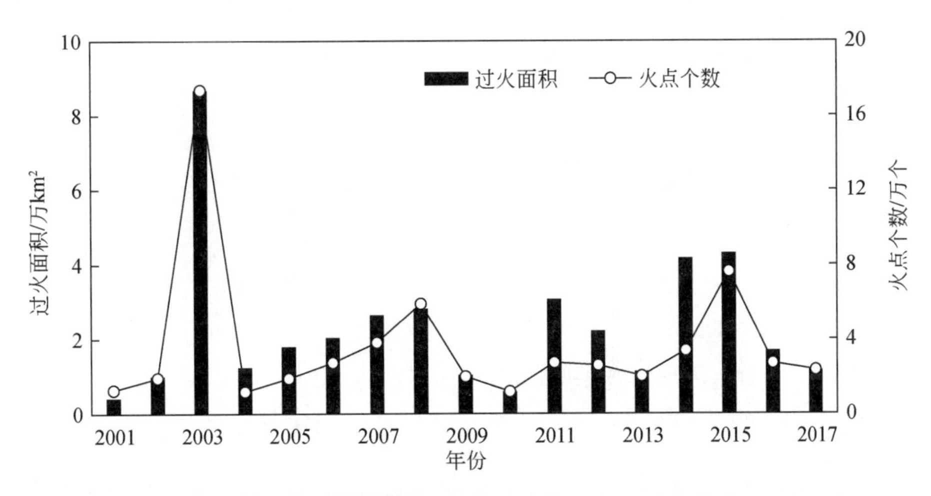

图 6-15　2001 ~ 2017 年中蒙俄跨境地区过火面积与火点个数年际变化动态

2001～2017年中蒙俄跨境地区总火点个数为62.56万个，年均火点个数为3.68万个。中蒙俄跨境地区火点个数与过火面积的年际变化情况基本一致。2003年、2008年和2015年野火总火点个数约占2001～2017年研究区总火点个数的49.38%。其中，2003年总火点个数为17.37万个，占总火点个数的27.77%，为野火火点个数最多的年份。2015年和2018年次之，分别为7.62万个和5.9万个。火点最少的年份为2001，可检测到的火点有0.42万个，仅占总火点个数的0.67%。整体来看，2001～2017年中蒙俄跨境地区野火火点个数同过火面积一致，呈现出一种下降趋势，但同样也并不显著。

6.2.2.3 不同区域野火分布的年际动态

（1）不同区域野火过火面积年际动态

图6-16显示了中国内蒙古、蒙古国中东部以及俄罗斯远东地区2001～2017年过火面积年际变化特征。在各年份中，野火主要发生在蒙古国中东部和俄罗斯远东地区，中国内蒙古野火过火面积很小。2003年、2014年和2015年是俄罗斯远东地区野火过火面积最大的三个年份，分别为6.80万km^2、2.99万km^2和2.61万km^2，三年总过火面积占俄罗斯总过火面积的一半以上，为53.96%，并且这三年俄罗斯远东地区过火面积均远高于蒙古国中东部，而在2004年和2012年，俄罗斯远东地区过火面积远低于蒙古国中东部。2001年俄罗斯远东地区野火过火面积最小，为0.11万km^2，仅占俄罗斯境内总过火面积的0.42%。同时可以看出，蒙古国中东部野火高发年份与俄罗斯远东地区存在差异，2003年、2007年、2011年、2012年和2015年蒙古国中东部过火面积较大，分别为1.31万km^2、1.24万km^2、1.29万km^2、1.40万km^2和1.45万km^2。其中，2015年过火面积最大，但与其他年份过火面积差距不大，基本持平。

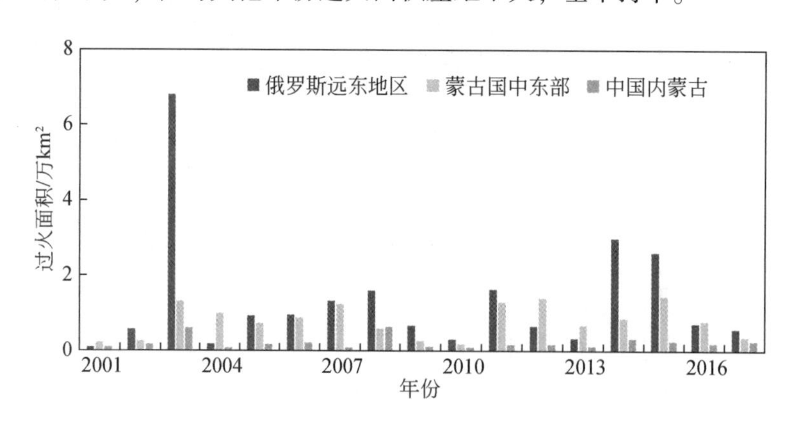

图6-16　2001～2017年不同区域过火面积年际变化

（2）不同区域野火火点个数年际动态

图6-17表明，2001～2017年，俄罗斯远东地区火点个数在大部分年份中均远高于蒙古国中东部和中国内蒙古，并且其火点个数与过火面积的年际变化趋势基本一致。2003年、2008年和2015年是俄罗斯火点个数的波峰年，其中2003年可监测火点的个数最多，为16.39万个，占俄罗斯17年（2001～2017年）总火点个数的33.90%，其次为2015年和2008年，分别为6.12万个和4.65万个，火点个数远少于2003年，两年

总火点数占 22.31%。蒙古国中东部野火发生和蔓延的面积在绝大部分年份与俄罗斯远东地区大体相等，并远高于中国内蒙古，但其火点个数在大部分年份中要略低于中国内蒙古，2015 年是蒙古国中东部火点个数最多的年份，为 0.77 万个，2008 年和 2007 年次之，分别为 0.74 万个和 0.59 万个，2010 年最低，一年的总火点个数仅为 800 个。中国内蒙古火点个数与过火面积的分布恰恰与蒙古国中东部地区完全相反，每年的火点个数较多，但过火面积相比之下却要低得多。2013 年、2014 年和 2015 年是中国内蒙古火点个数最多的三年且基本相等，分别为 0.71 万个、0.78 万个和 0.71 万个，2004 年火点个数最少，仅为 0.19 万个。

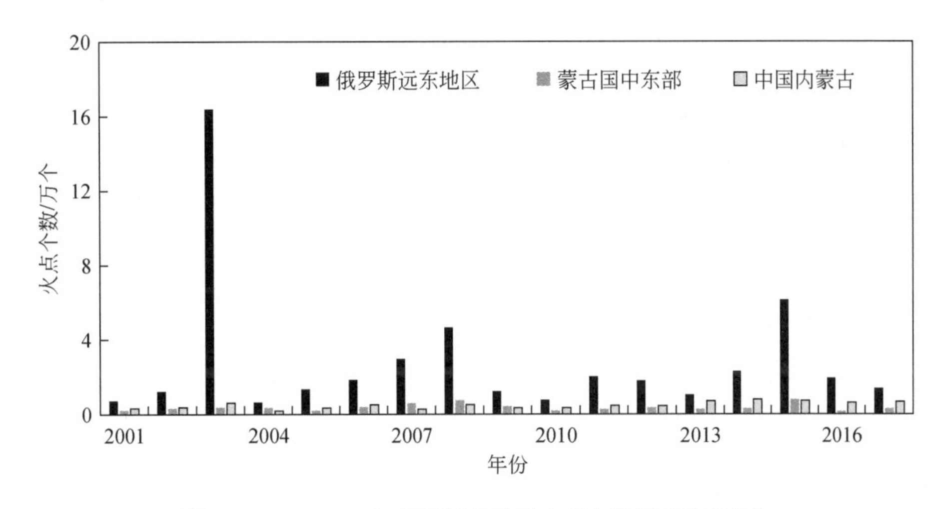

图 6-17　2001 ~ 2017 年不同行政区火点个数年际动态变化

6.2.2.4　土地利用类型上野火分布的年际动态

（1）土地利用类型上过火面积年际动态

图 6-18 显示了 2001 ~ 2017 年中蒙俄跨境地区野火在森林、草地、农业用地和其他用地上过火面积的年际分布特征。2001 ~ 2017 年森林火和草原火过火面积年际波动明显，而在各年份中，农业用地和其他用地上野火发生较少。2003 年、2007 年、2011 年、2012 年、2014 年和 2015 年是草原火过火面积的波峰时段。其中，2003 年草原火过火面积为 3.31 万 km^2，为草原火过火面积最大的一年，2015 年和 2014 年次之，分别为 2.52 万 km^2 和 1.87 万 km^2。2001 年草原火过火面积最小，为 0.31 万 km^2。绝大多数年份，草原火过火面积均高于森林火，或与森林火基本持平，仅 2003 年森林火过火面积远高于草原火。2003 年、2008 年、2011 年、2014 年和 2015 年是森林火过火面积的波峰时段，与草原火过火面积的波峰时段存在较小差异。其中，2003 年森林火过火面积最大，为 5.17 万 km^2，远高于其余年份，可占研究区总过火面积的 32.95%；其次为 2014 年和 2015 年，分别为 2.08 万 km^2 和 1.64 万 km^2；和草原火一致，森林火过火面积最小年份是 2001 年，为 0.07 万 km^2。

（2）土地利用类型上火点个数年际动态

图 6-19 表明，2001 ~ 2017 年，草地和森林的火点个数在大部分年份基本相等，

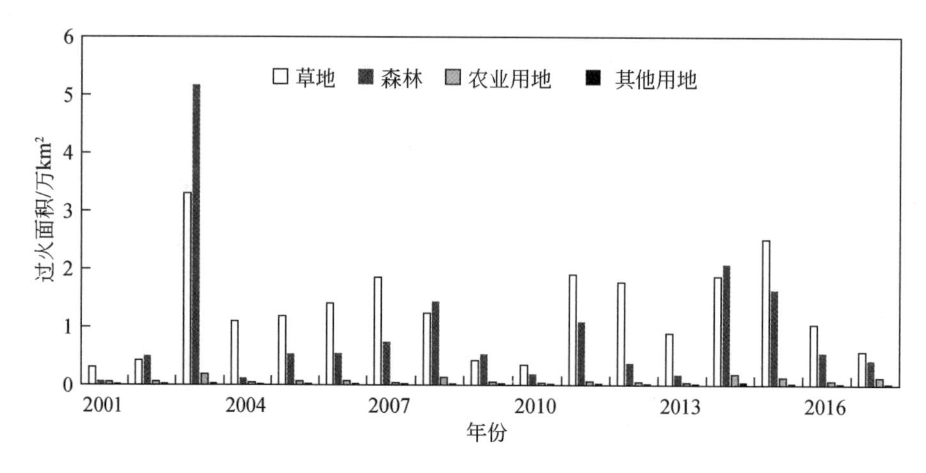

图 6-18　不同土地利用类型上过火面积年际动态变化

2003 年、2008 年、2015 年是森林火的火点个数最集中的三年。其中，2003 年是森林火点个数最多的年份，为 14.32 万个；2015 年和 2008 年次之，分别为 4.96 万个和 4.06 万个，并且在这三年森林火点个数均远高于草地火点个数；2001 年为林地火点个数最少的一年，为 0.41 万个。草原火点最集中的时期与森林火大致一样，2003 年同样为草原火点最多的一年，为 2.80 万个；其次为 2015 年和 2007 年，分别为 2.25 万个和 1.61 万个。森林火点个数最少的年份为 2010 年，可监测到的火点个数近 0.57 万个。农业用地和其他用地火点个数在各个年份都较少，其中 2015 年是农业用地火点个数最多的一年，为 0.34 万个，其他用地火点个数最多的年份为 2008 年，仅有 0.1 万个。

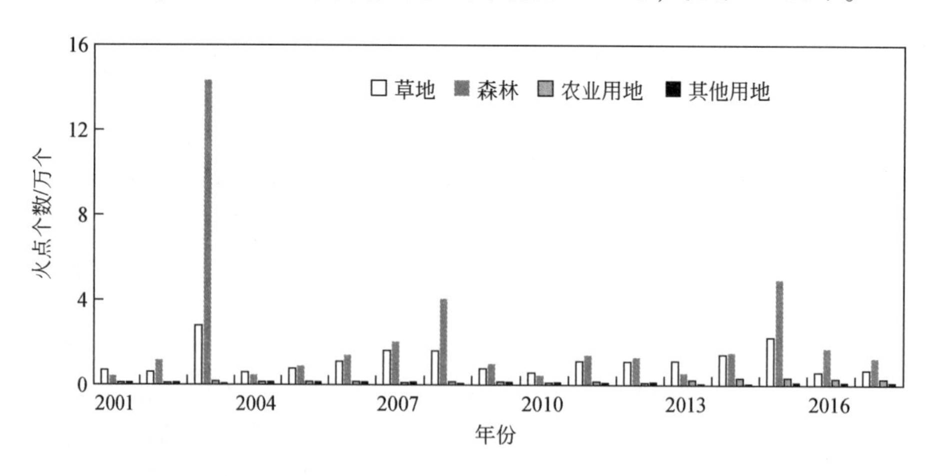

图 6-19　不同土地利用类型上火点个数年际动态变化

6.3　中蒙俄跨境地区野火过火面积的驱动因素分析

野火的发生是由多种因素共同决定的，是一个非常复杂的过程。研究表明，野火发生受地形地势、气候、可燃物特征以及人类活动等因素的影响。不同的环境条件下，野火发生的主要驱动因素也并不相同，需综合考虑气象、地形、可燃物、人为活动以及大气环流等多方面因素的作用，解耦不同区域野火发生的主要驱动因素。

6.3.1　2001 ~ 2017 年气候变化时空特征

6.3.1.1　降水变化特征

中蒙俄跨境地区全区域，以及跨境区内的俄罗斯、蒙古国、中国内蒙古降水的年际变化基本一致（图 6-20），年降水峰值均出现在 2012 年，年降水量分别为 338mm，以及 484mm、220mm、304mm，俄罗斯的降水量在 2012 年最高，且俄罗斯各个年份的降水量均远高于整个研究区、蒙古国以及中国内蒙古的降水量。同时，2005 年、2008 年和 2013 年均为全区域和各地区的降水高峰年。2007 年和 2015 年均为全区域和各地区降水较少的年份。

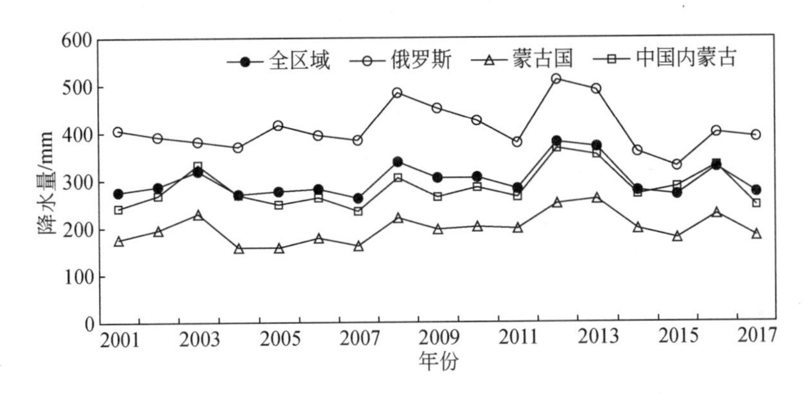

图 6-20　2001 ~ 2017 年研究区年降水量时间变化趋势

2001 ~ 2017 年中蒙俄跨境地区年降水量变化趋势率空间分布情况如图 6-21 所示，降水年际变化趋势率在-6.27 ~ 5.73mm/a，可以看出俄罗斯布里亚特共和国的年降水量呈现下降趋势，在中国、蒙古国和俄罗斯三国接壤的区域，降水量呈现上升趋势，同时中国内蒙古东部的降水量在年际上也出现升高趋势，其余地区降水量在年际上的变化趋势较小。

6.3.1.2　温度变化特征

如图 6-22 所示，中蒙俄跨境地区全区域，以及跨境区内俄罗斯、蒙古国、中国内蒙古降水的年际变化的一致性非常高，且温度的年际变化幅度较小。2001 ~ 2017 年，各地区温度最高和最低的年份均保持一致，2007 年为年均温度最高的一年，2012 年为年均温度最低的一年，跨境区内俄罗斯各年年均温度均在 0℃ 以下，要远低于全区域、蒙古国和中国内蒙古，将年均温度按从大到小进行排序，结果为中国内蒙古>蒙古国>全区域>俄罗斯。

2001 ~ 2017 年中蒙俄跨境地区年均温度变化趋势率空间分布情况如图 6-23 所示，

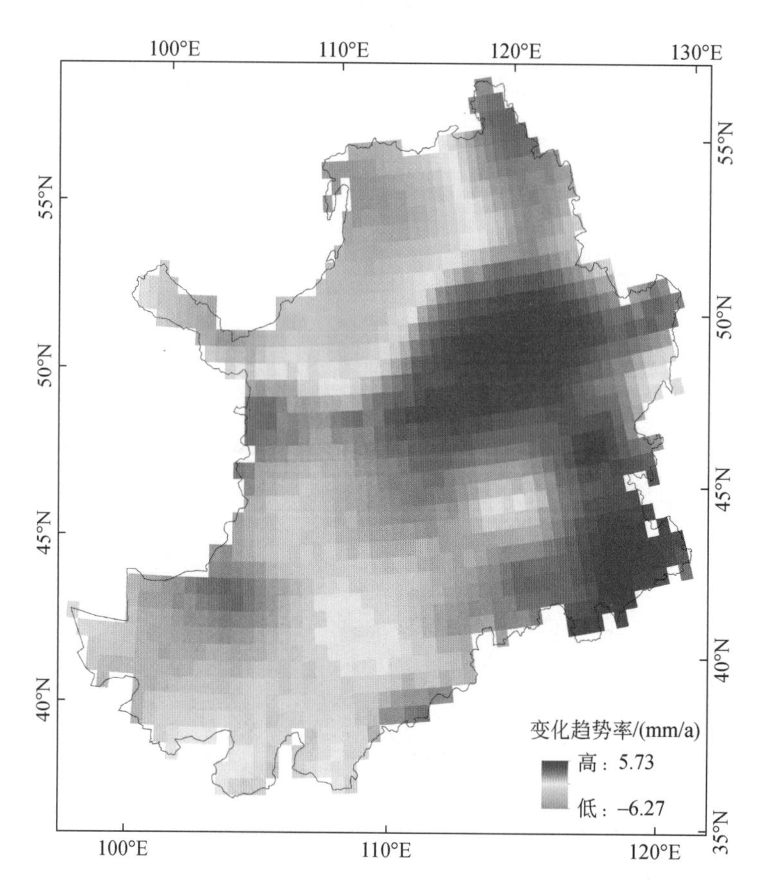

图 6-21　2001～2017 年研究区年降水量变化趋势率空间分布

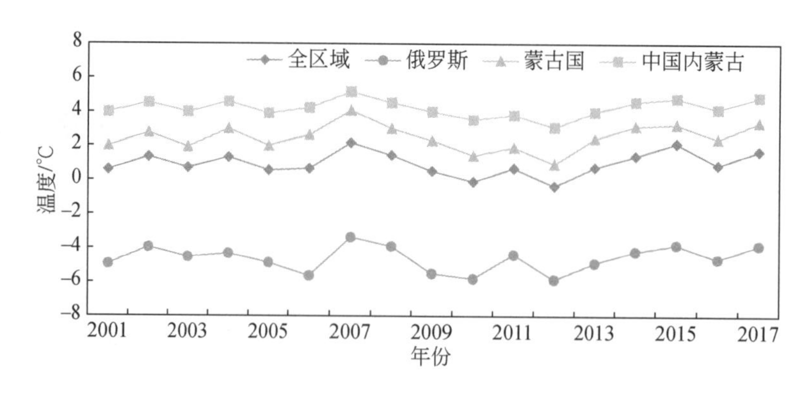

图 6-22　2001～2017 年研究区年均温度变化趋势

研究区温度变化趋势率的区间在-0.3～0.6℃/10a，波动范围极小。俄罗斯后贝加尔边疆区的中部、中国内蒙古东北部以及蒙古国东方省的温度在年际变化上呈现微弱下降的趋势，其最高下降趋势率为-0.3℃/10a，而在研究区中俄罗斯的东部和北部地区，温度呈现微弱升高的趋势，蒙古国的大部分地区的温度都处在年际上升的趋势当中，尤其以蒙古国的南部地区上升最为明显，同时中国内蒙古西部温度上升的速度也比其他的区域要快很多。

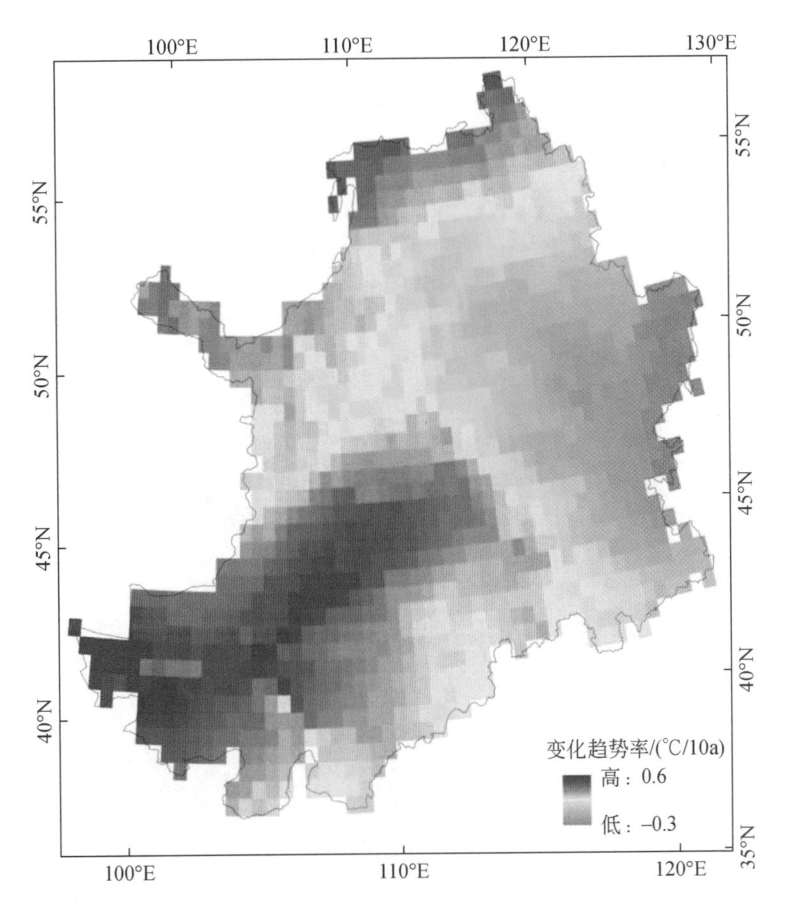

图6-23　2001～2017年研究区年均温度变化趋势率空间分布

6.3.1.3　干旱程度变化特征

从图6-24可看出，研究区干旱程度年际波动大，2013年中蒙俄跨境地区全区域以及各子区域的湿润程度最高，其中俄罗斯地区的scPDSI可达到2.13。2006年和2007年是全区域、蒙古国以及中国内蒙古干旱情况最为严重的一年，其scPDSI均在-0.23以下，而俄罗斯在2015～2017年干旱最为严重的，其scPDSI在-2.1以下，同时这三年，其他地区的干旱程度也较为严重。

scPDSI越高，表示越湿润，则当变化趋势率的值为负值时，代表干旱状况变得更加严重。2001～2017年中蒙俄跨境地区年均scPDSI变化趋势率空间分布如图6-25所示，研究区scPDSI变化趋势率的区间介于-0.38～0.26，波动范围较大。俄罗斯布里亚特共和国大部分区域scPDSI变化趋势率为负值，且最低值为-0.38，表示该区域干旱变得更加严重，而研究区其余地区干旱问题在一定程度上得到了减缓，特别是中国内蒙古。

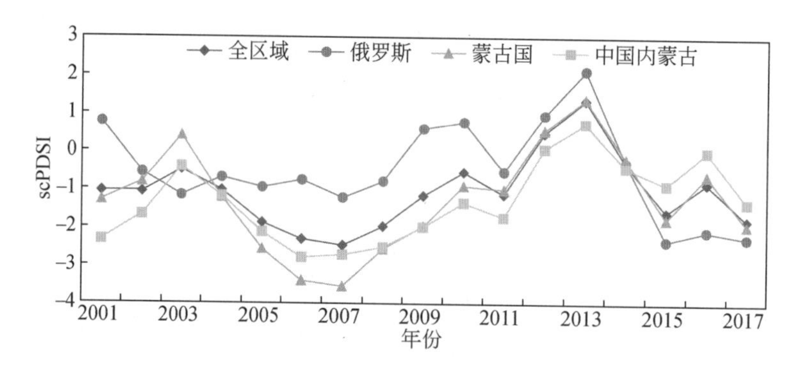

图 6-24　2001 ~ 2017 年研究区干旱指数的变化趋势

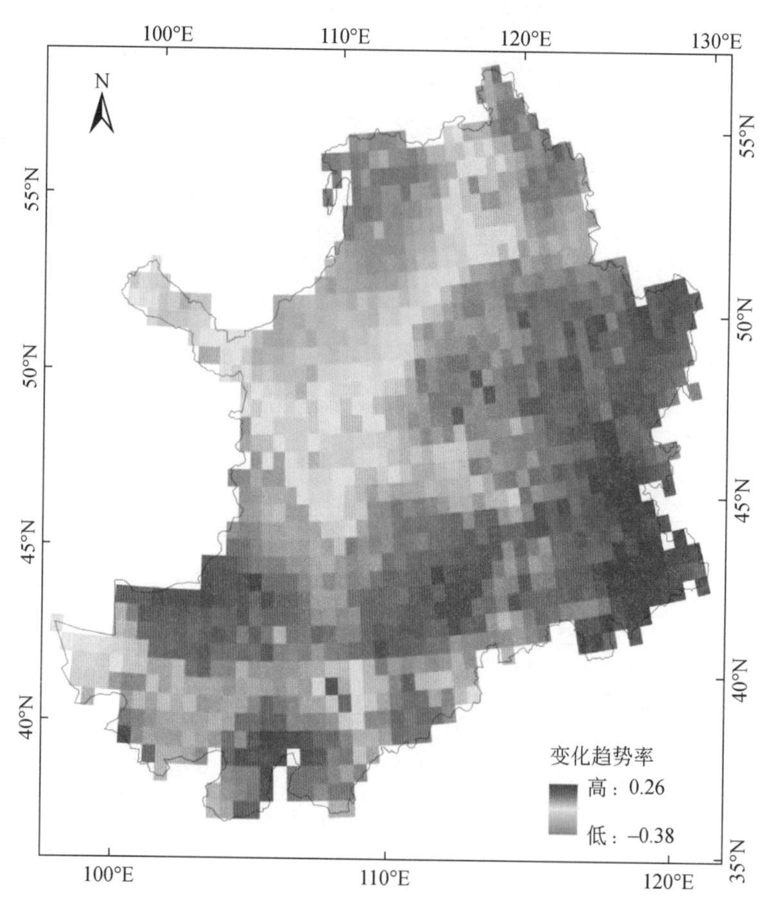

图 6-25　2001 ~ 2017 年研究区干旱指数变化趋势率空间分布

6.3.2　气候对野火过火面积的影响

6.3.2.1　降水对野火过火面积的影响

降水可以减缓或扑灭森林和草原火灾。本研究发现（图 6-26），在中蒙俄跨境研究区范围内，7月和11月的过火面积与火前第一个月降水量呈极显著负相关（$p<0.01$），并且与火前第二个月、两个月累积和三个月累积降水量呈显著负相关（$p<0.05$），因此，野火过火面积受火灾之前月份降水量的影响较大，其他月份过火面积与降水均无明显的相关性（$p>0.05$）。

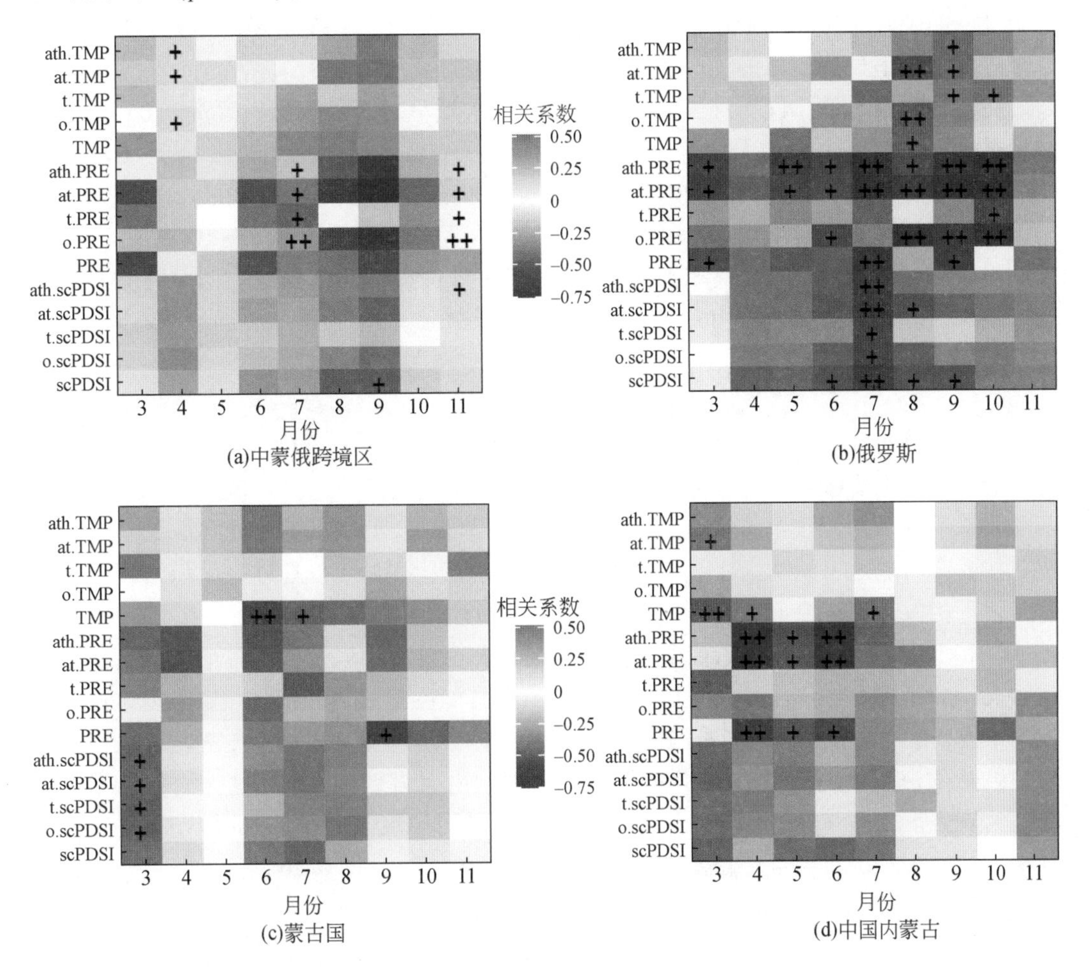

图6-26 不同区域各月过火面积与气象因子的显著性相关关系

PRE、o. PRE、t. PRE、at. PRE、ath. PRE分别为当月、火前第一个月、火前第二个月、两个月累积、三个月累积降水量；TMP、o. TMP、t. TMP、at. TMP、ath. TMP分别为当月、火前第一个月、火前第二个月、两个月平均、三个月平均温度；scPDSI、o. scPDSI、t. scPDSI、at. scPDSI、ath. scPDSI分别为当月、火前第一个月、火前第二个月、两个月平均、三个月平均改进型帕默尔干旱指数。+代表0.05水平显著，++代表0.01水平显著

然而，三国境内的过火面积与降水多少的关系存在一定的差异。在俄罗斯，除4月份和11月份的过火面积与降水量没有明显相关性外，其他月份均与降水量呈显著（$p<0.05$）或极显著（$p<0.01$）负相关，3月过火面积与当月、两个月累积和三个月累积降水量呈显著负相关（$p<0.05$），5月过火面积与两个累积降水量呈显著负相关的同时，与三个月累积降水量呈极显著负相关（$p<0.01$），6月过火面积与火前第一个月、两个月累积和三个月累积降水量均呈显著负相关（$p<0.05$），7月过火面积与当月、两个月

累积和三个月累积降水量均呈极显著负相关（$p<0.01$），8 月过火面积与火前第一个月、两个月累积降水量呈极显著负相关（$p<0.01$），而与三个月累积降水量呈显著负相关（$p<0.05$），9 月过火面积与当月降水量呈显著负相关（$p<0.05$），与火前第一个月降水量、两个月累积和三个月累积降水量呈极显著负相关（$p<0.01$），10 月降水量与火前第一个月、两个月累积和三个月累积降水量在 $p<0.01$ 水平上呈极显著负相关，与火前第二个月降水量呈显著负相关（$p<0.05$）（图 6-26）。

在蒙古国中东部，仅 9 月过火面积与当月降水量呈显著负相关性（$p<0.05$），其他月份过火面积与降水量均无显著相关关系。在中国内蒙古，降水主要影响 4～6 月过火面积，其中 4 月和 6 月过火面积均与两个月累积和三个月累积降水量在 $p<0.01$ 水平上呈极显著负相关，同时 4 月降水量还与当月降水量呈极显著负相关（$p<0.01$），6 月过火面积与当月降水量呈显著负相关（$p<0.05$），5 月过火面积与当月、两个月累积以及三个月累积降水量呈显著负相关（$p<0.05$）（图 6-26）。

6.3.2.2 温度对野火过火面积的影响

温度主要通过影响蒸散发而影响区域火灾的发生。在本研究中（图 6-26），中蒙俄跨境地区温度主要影响 4 月过火面积，4 月过火面积与火前第一个月温度、两个月平均温度和三个月平均温度呈显著正相关（$p<0.05$），而其他月份过火面积不受温度的影响。在俄罗斯地区，温度主要对 8～10 月过火面积产生影响。8 月过火面积与当月温度呈显著正相关性（$p<0.05$），与火前第一个月温度、两个月平均温度呈极显著正相关（$p<0.01$），9 月过火面积与火前第二个月温度、两个月平均以及三个月平均温度呈显著正相关（$p<0.05$），10 月过火面积与火前第二个月温度呈显著正相关（$p<0.05$）；对蒙古国来说，6 月过火面积与当月温度在 $p<0.01$ 水平上呈极显著正相关，7 月过火面积与当月温度在 $p<0.05$ 水平上呈显著正相关；在中国内蒙古地区，3 月过火面积与当月温度呈极显著正相关（$p<0.01$），并且还与两个月平均温度呈显著正相关（$p<0.05$），4 月和 7 月过火面积均与当月温度呈显著正相关（$p<0.05$）（图 6-26）。

6.3.2.3 干旱对野火过火面积的影响

通常研究认为，持续干旱是火灾发生的重要气象条件。PDSI 综合考虑了降水量、土壤含水量、径流和潜在蒸散量，是一个良好的干旱程度代用指标。在整个中蒙俄跨境地区尺度上，过火面积与 scPDSI 的相关性大多不显著，特别是在火灾高峰时段（3～5 月），研究区干旱程度与过火面积没有显著的相关关系，仅 9 月过火面积与当月 scPDSI 具有显著的负相关性（$p<0.05$），11 月过火面积与三个月平均 scPDSI 呈显著的负相关性（$p<0.05$）（图 6-26）。

不同的区域，PDSI 对野火的影响存在较明显的差异。对俄罗斯来说，7 月过火面积与当月、两个月平均及三个月平均 scPDSI 呈极显著负相关（$p<0.01$），与火前第一个月和火前第二个月 scPDSI 呈显著负相关（$p<0.05$），6 月、8 月和 9 月过火面积与当月 scPDSI 具有显著的负相关（$p<0.05$），且 8 月过火面积还与两个月平均 scPDSI 呈显著负相关（$p<0.05$）。而蒙古国中东部仅 3 月过火面积与火前第一个月，火前第二个月、两个月平均和三个月平均 scPDSI 呈显著正相关性（$p<0.05$）。中国内蒙古地区各个月份与

scPDSI 均不存在显著的相关关系（图 6-26）。

6.3.3　植被对野火过火面积的影响

野火发生的最根本条件是有充足的可燃物及可燃物含水率较低，即植被生物量和含水率。植被指数可以反映植被的健康状况以及覆盖度。如图 6-27 所示，在中蒙俄跨境范围内，仅 3 月过火面积与当月 NDVI 和三个月平均 NDVI 呈显著正相关（$p<0.05$）。在研究区的俄罗斯境内，3 月过火面积与火前第二个月 NDVI 呈显著正相关（$p<0.05$），而 7 月的过火面积却与当月 NDVI 呈显著负相关（$p<0.05$）。同时，在蒙古国中东部，6 月过火面积也与当月 NDVI 呈显著负相关（$p<0.05$），这是由于 6 月、7 月正是植被快速变绿的时期，植被绿度增加，降水量大，可燃物含水率高，有效阻止了野火的发生。在中国内蒙古地区，3 月和 4 月过火面积均与当月 NDVI 呈显著正相关（$p<0.05$），且 3 月过火面积还与三个月平均 NDVI 呈显著正相关（$p<0.05$），8 月过火面积与火前第二个月 NDVI 呈显著正相关（$p<0.05$）。

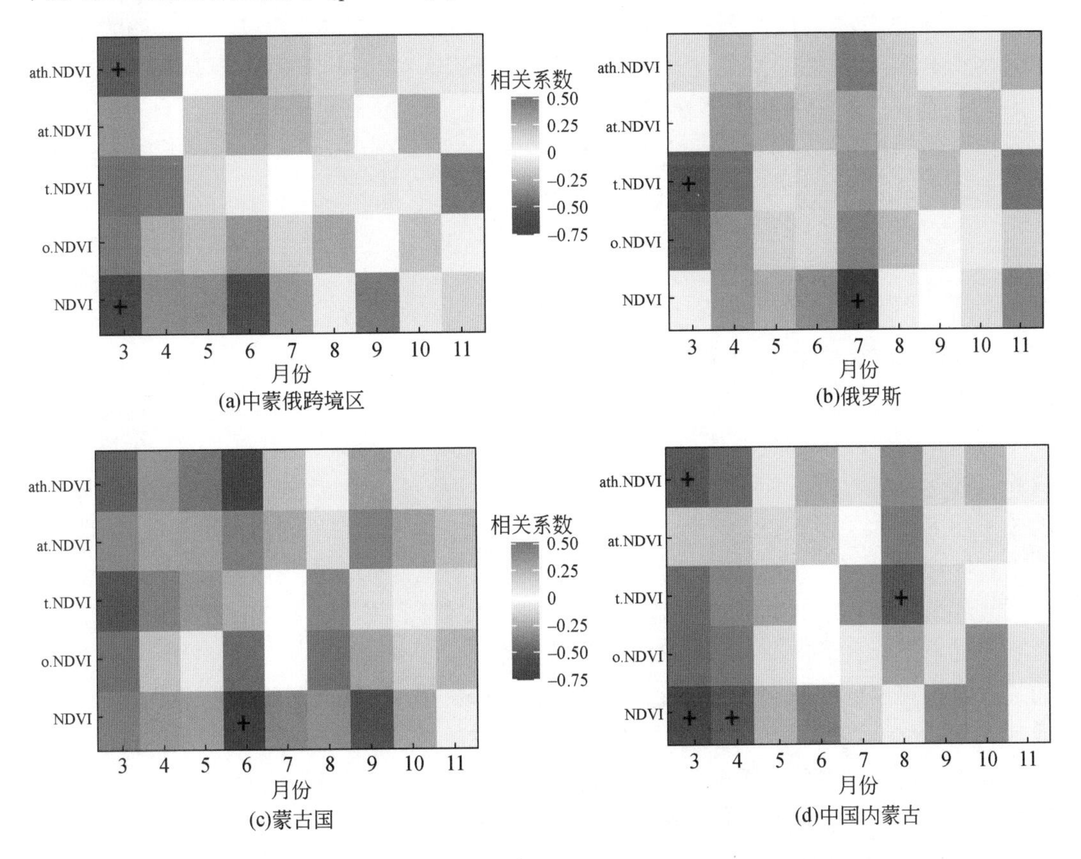

图 6-27　不同区域各月过火面积与 NDVI 的显著性相关关系

NDVI、o. NDVI、t. NDVI、at. NDVI、ath. NDVI 分别为当月、火前第一个月、火前第二个月、两个月平均、三个月平均归一化植被指数。+代表 0.05 水平显著，++代表 0.01 水平显著

6.3.4 大气环流对野火过火面积的影响

图6-28显示了不同区域各月过火面积与大气环流指数的相关性。太平洋十年涛动（PDO）用以表征太平洋20°N以北区域表层海水温度异常偏暖或偏冷的一种现象，“暖相位”表征了西太平洋偏冷而东太平洋偏暖，“冷相位”则相反。在中蒙俄跨境地区，7月和8月的过火面积均与PDO有较强的正相关关系，特别是7月过火面积与当月、火前第一个月、两个月平均以及三个月平均PDO呈极显著正相关（$p<0.01$），并且还与火前第二个月PDO呈显著正相关性（$p<0.05$），8月过火面积与当月、火前第一个月、两个月平均以及三个月平均PDO呈显著正相关（$p<0.05$），11月过火面积与三个月平均PDO呈显著正相关（$p<0.05$）。在俄罗斯远东地区，其7月和8月的过火面积也受PDO影响剧烈，7月过火面积与当月PDO呈极显著正相关（$p<0.01$），与两个月平均和三个月平均PDO在$p<0.05$水平上呈显著正相关，8月过火面积与当月、火前第一个月以及三个月平均PDO呈显著正相关（$p<0.05$）；而蒙古国中东部7月和11月过火面积与火前第一个月PDO呈极显著正相关性（$p<0.01$），且均与火前第二个月、两个月平均及三个月平均PDO呈显著正相关（$p<0.05$）。对于中国内蒙古地区来说，各月过火面积与PDO均没有显著的相关性（图6-28）。

南方涛动指数（SOI）通过南太平洋大溪地与达尔文两地的气压差来表征，反映了厄尔尼诺现象的活跃程度。若SOI持续性地为负值，表示该年为厄尔尼诺现象，反之则为拉尼娜现象。对于整个研究区来说，8月的过火面积与火前第一个月SOI呈极显著负相关（$p<0.01$），与三个月平均SOI呈显著负相关（$p<0.05$）。对于俄罗斯西伯利亚地区来说，7月和8月的过火面积均受SOI的影响，其中7月和8月过火面积均与火前第一个月SOI呈显著负相关（$p<0.05$），且7月过火面积还与两个月平均和三个月平均SOI呈显著负相关（$p<0.05$）。但在蒙古国中东部地区，11月过火面积与当月、火前第一个月以及三个月平均SOI存在显著负相关关系（$p<0.05$）；对中国内蒙古地区来说，仅6月的过火面积与当月SOI显著极显著负相关（$p<0.05$），其他月份过火面积与SOI的关系均不显著（图6-28）。

北极涛动（AO）指征北半球中纬度地区与北极地区气压差的变化，代表着北极地区大气环流的强弱。北大西洋涛动（NAO）反映西风的强弱，对亚洲的气候也有一定影响。本研究分析了二者对研究区过火面积的影响，分析表明，中蒙俄跨境全区仅7月的过火面积与3个月平均AO呈较显著正相关（$p<0.05$），其他月份过火面积均不与AO或者NAO存在显著的相关关系；同时俄罗斯远东地区各个月份过火面积与AO和NAO均不存在显著的相关关系（$p>0.05$），表明AO和NAO对俄罗斯远东地区的火灾面积无明显影响；对于蒙古国东部地区来说，4月过火面积与火前第一个月、两个月平均以及三个月平均AO存在显著正相关（$p<0.05$），9月过火面积与当月和两个月平均NAO呈显著负相关（$p<0.05$）。在中国内蒙古地区，4月和7月的过火面积与当月AO呈显著正相关（$p<0.05$），而6月的过火面积与两个月和三个月的AO指数显著正相关（$p<0.05$），7月的过火面积还与火前三个月AO呈显著正相关（$p<0.05$）（图6-28）。

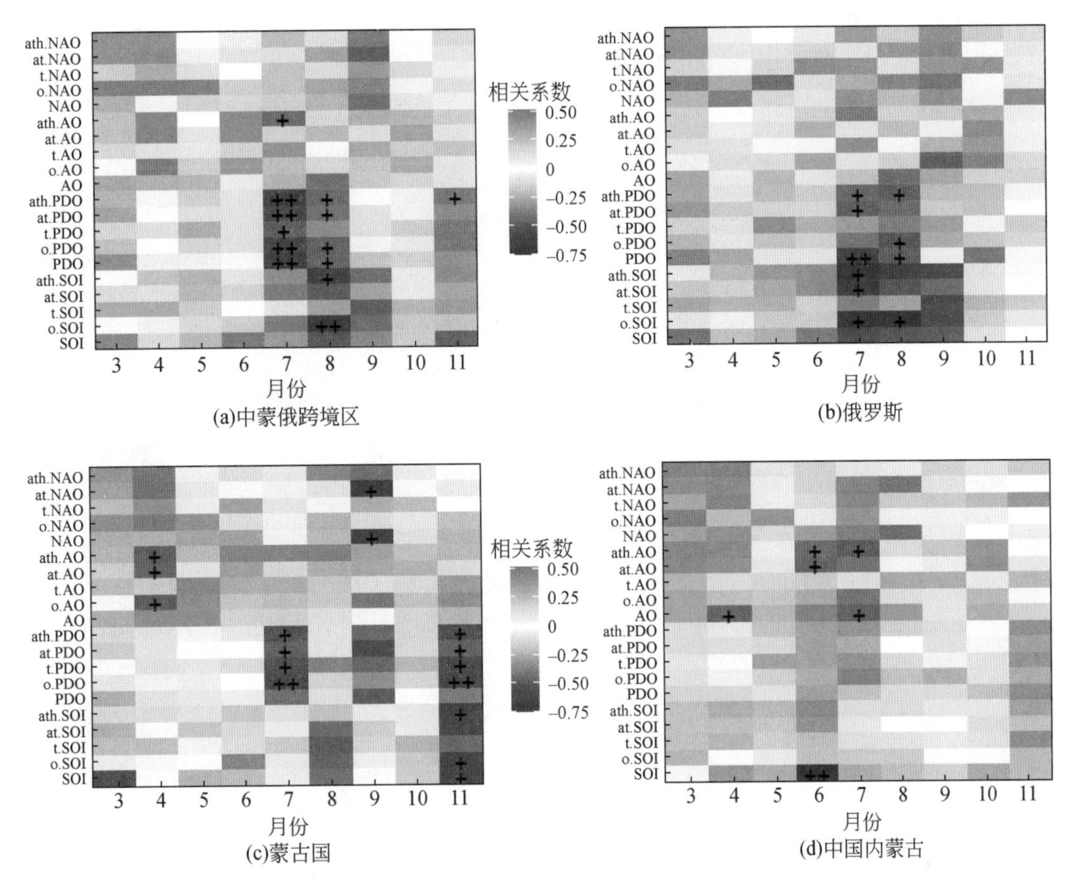

图6-28　不同区域各月过火面积与大气环流指数的显著性相关关系

SOI、o. SOI、t. SOI、at. SOI、ath. SOI 分别为当月、火前第一个月、火前第二个月、两个月平均、三个月平均南方涛动指数；PDO、o. PDO、t. PDO、at. PDO、ath. PDO 分别为当月、火前第一个月、火前第二个月、两个月平均和三个月平均太平洋十年涛动指数；AO、o. AO、t. AO、at. AO、ath. AO 分别为当月、火前第一个月、火前第二个月、两个月平均、三个月平均北极涛动指数；NAO、o. NAO、t. NAO、at. NAO、ath. NAO 分别为当月、火前第一个月、火前第二个月、两个月平均、三个月平均北大西洋涛动指数。+代表 0. 05 水平显著，++代表 0. 01 水平显著

6. 3. 5　野火过火面积的多因素综合作用

6. 3. 5. 1　中蒙俄跨境地区

图 6-29 表明，在中蒙俄跨境地区，北极涛动和 TMP 对野火过火面积有直接的显著正相关作用（路径系数分别为 0. 202，$p<0.01$；0. 695，$p<0.01$），归一化植被指数与野火过火面积存在显著的负相关作用（路径系数为 0. 628，$p<0.01$）。同时，月平均温度、月累积降水量通过对归一化植被指数产生直接的显著正相关影响，从而间接影响该地区过火面积，而改进型帕默尔干旱指数通过对归一化植被指数直接的显著负相关作用，来间接影响过火面积。同时，北大西洋涛动指数通过对北极涛动指数的直接显著正相关作用，进而间接对过火面积产生影响。北太平洋十年震荡和改进型帕默尔干旱指数与过火

面积呈正相关关系，但并不显著（$p>0.05$），南方涛动指数和月累积降水量与过火面积呈负相关关系，但并不显著（$p>0.05$）。

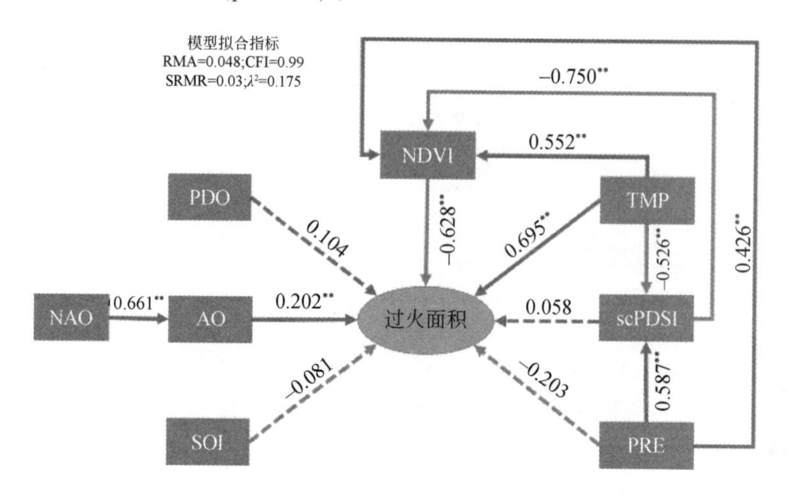

图 6-29　气候、NDVI 与大气环流指数与中蒙俄全境全区域过火面积关系的结构方程模型

PDO 为太平洋十年涛动指数；SOI 为南方涛动指数；AO 为北极涛动指数；NAO 为北大西洋涛动指数；NDVI 为归一化植被指数；TMP 为温度；scPDSI 为改进型帕默尔干旱指数；PRE 为月累积降水量。＊代表 0.05 水平显著，＊＊代表 0.01 水平显著。后同

6.3.5.2　俄罗斯远东地区

图 6-30 表明，在俄罗斯远东地区，月平均温度对过火面积有直接的显著正相关作用（路径系数为 0.416，$p<0.05$）；月累积降水量与过火面积存在直接的显著负相关关系（路径系数为-0.315，$p<0.05$）；北极涛动指数和改进型帕默尔干旱指数与过火面积无显著相关关系（$p>0.05$），月平均温度和月累计降水量会对归一化植被指数产生直接正影响，但归一化植被指数与过火面积之间并无显著的直接关系；北极涛动指数受北大西洋涛动指数的直接显著正影响作用（$p<0.01$），但对过火面积的影响不显著（$p>0.05$）。

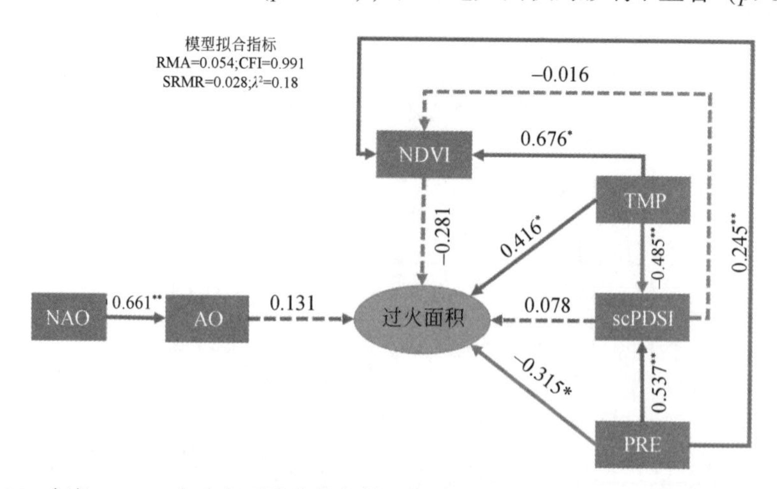

图 6-30　气候、NDVI 与大气环流指数与俄罗斯地区远东过火面积关系的结构方程模型

6.3.5.3　蒙古国中东部地区

图 6-31 表明，在蒙古国中东部地区，野火过火面积受北极涛动较显著的直接正影响（$p<0.05$），以及月平均温度显著的直接正影响（$p<0.01$），同时受归一化植被指数显著的直接负影响。月累积降水量没有直接对过火面积产生显著影响，但其直接对归一化植被指数产生显著的正影响，从而对野火过火面积产生间接影响，同样的北大西洋涛动指数与过火面积并不存在直接的显著相关关系，但其可通过对北极涛动指数产生直接的显著正影响，进而对过火面积产生间接影响。

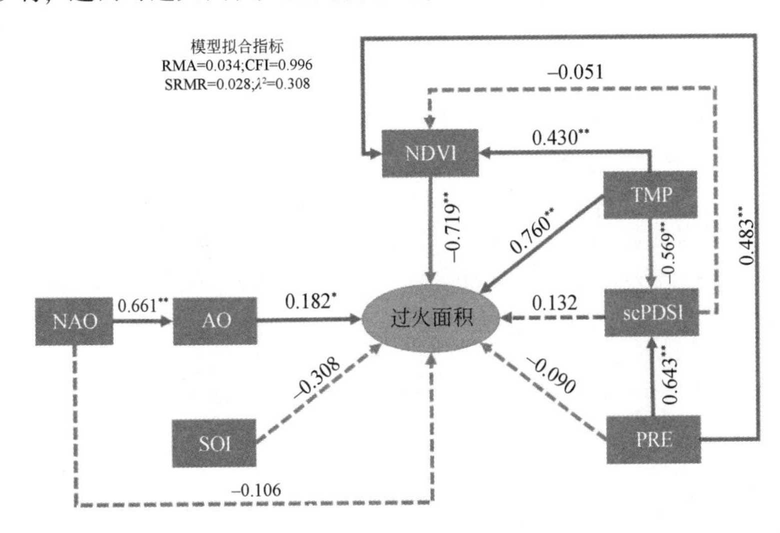

图 6-31　气候、NDVI 与大气环流指数与蒙古国中东部过火面积关系的结构方程模型

6.3.5.4　中国内蒙古地区

图 6-32 表明，在中国内蒙古地区，仅北极涛动指数对野火过火面积产生直接的显

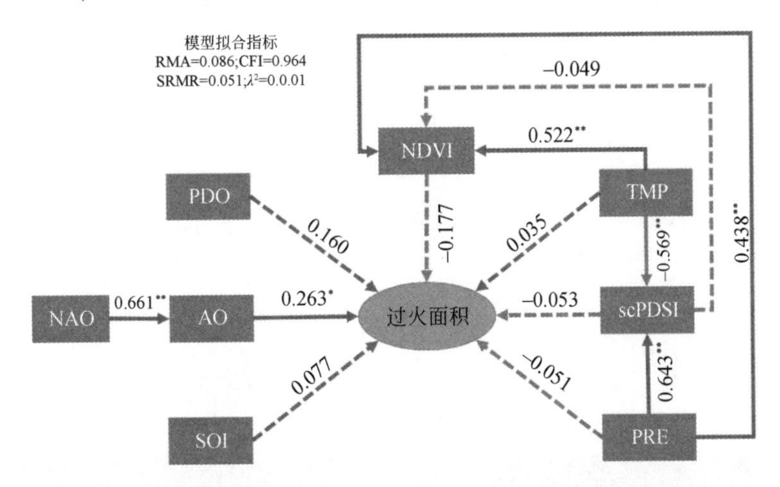

图 6-32　气候、NDVI 与大气环流指数与中国内蒙古地区过火面积关系的结构方程模型

著正影响（路径系数为0.263，$p<0.01$），同时北大西洋涛动指数通过对北极涛动指数产生直接显著的正影响，进而间接对过火面积产生影响。而太平洋十年期震荡指数、南方涛动指数、归一化植被指数、月累积降水量、月平均温度以及改进型帕默尔干旱指数均未直接对过火面积产生显著影响（$p>0.05$）。

6.4 中蒙俄跨境地区野火发生风险评估

6.4.1 火险因子重要性得分排序

考虑到训练样本的分布情况对随机森林模型预测结果所造成的不确定性和不稳定性，本研究将2013～2016年全部火点和非火点进行随机划分，将其分成70%训练样本和30%测试样本，其中训练样本用来进行模型的建立，测试样本用来检验模型的泛化能力，并且重复5次随机划分，得到5组不同的训练样本和测试样本。通过对火险因子的重要性得分进行排序可知（图6-33），日温差对野火发生的影响最大，雨日频率对野火发生的影响次之，坡度、坡向和夜光强度对野火发生的影响最小，同时，由于中蒙俄跨境地区畜牧业发达，造成载畜量对该地区野火发生产生较大影响，可以看出各火险因子对中蒙俄跨境地区的影响程度相对稳定。

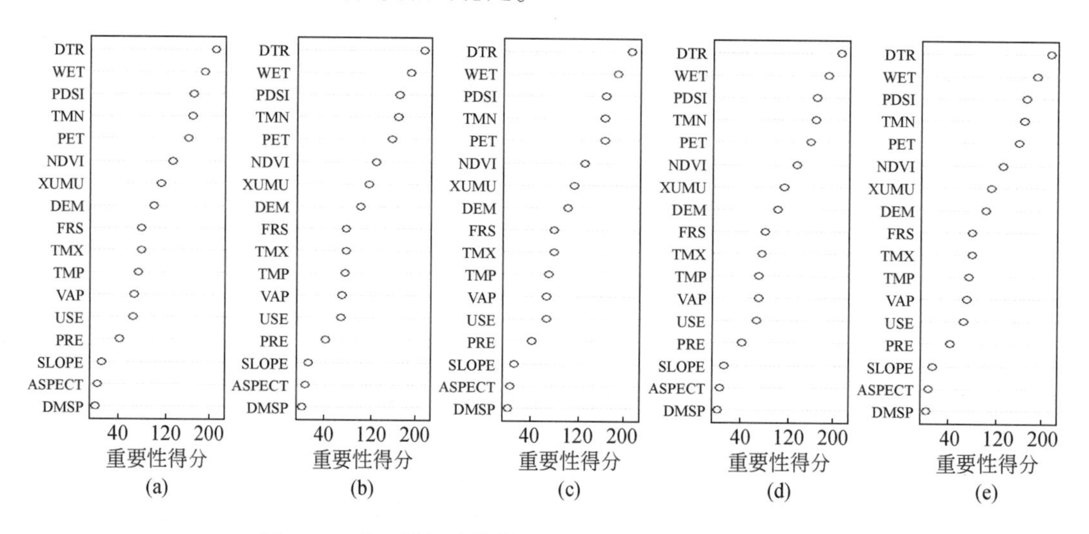

图6-33　基于随机森林算法的火险因子重要性得分排序

DTR为日温差，WET为雨日频率，PDSI为改进型帕默尔干旱指数，TMN为月最低温度，PET为潜在蒸散量，NDVI为归一化植被指数，XUMU为载畜量，DEM为高程；FRS为霜冻日频率，TMX为月最高温度，TMP为月平均温度，VAP为饱和蒸气压，USE为土地利用类型，PRE为降水量；SLOPE为坡度，ASPECT为坡向，DMSP为灯光强度

6.4.2 最佳火险因子选择

对5个不同的训练样本数据集分别进行随机森林最佳火险因子的选择计算，可以得到五组最佳火险因子选择结果（图6-34），然后在五组最佳火险因子中选择出现3次及以上的火险因子作为随机森林最终的最佳火险因子，利用最终得到火险因子作为随机森林及后续ANFIS模型的输入变量进行预测。

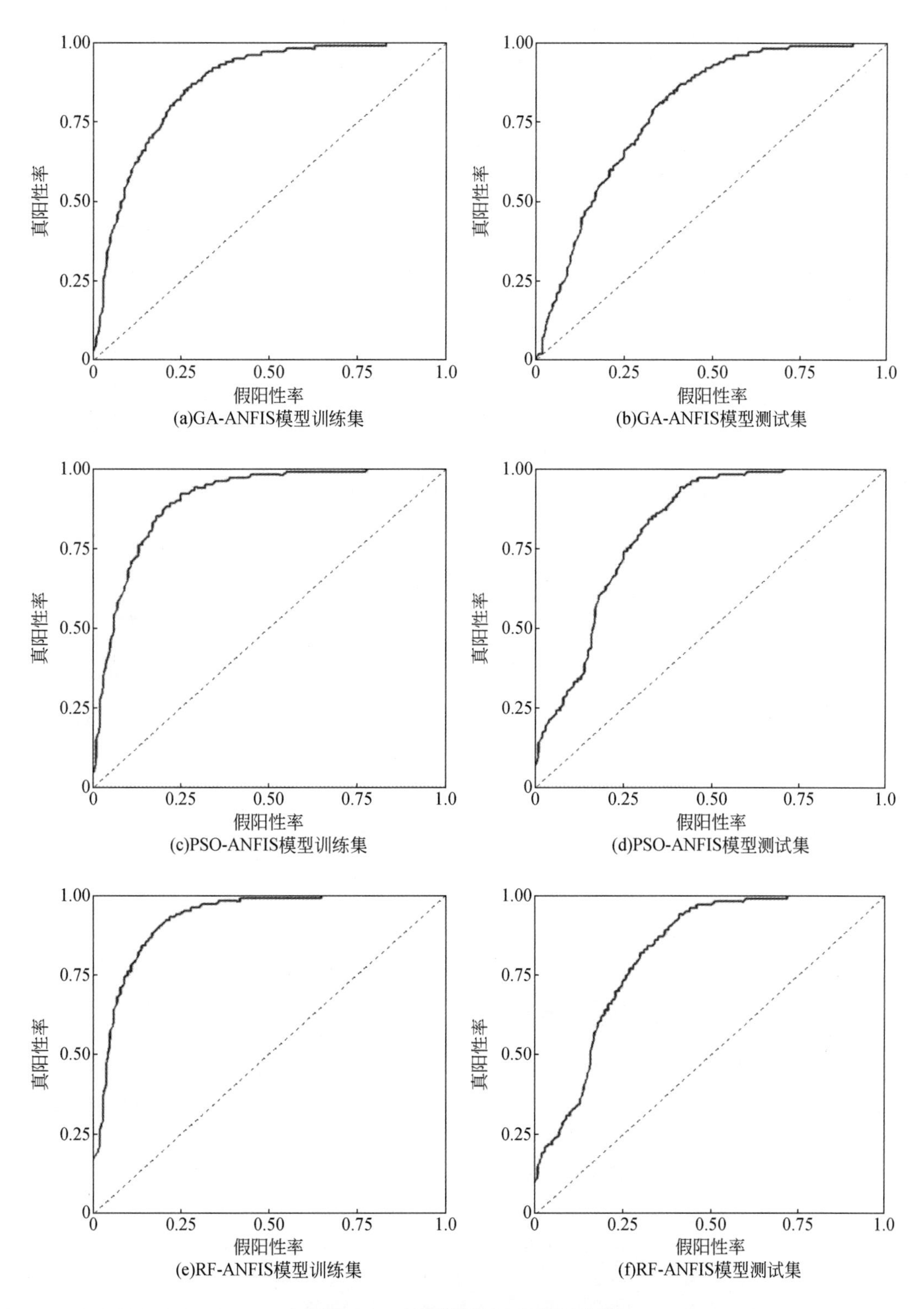

图 6-34　三种模型的 ROC 拟合曲线

由表6-4可知，最终的最佳火险因子共有14个，其分别是日温差、雨日频率、改进型帕默尔干旱指数、月最低温度、月最高温度、载畜量、归一化植被指数、高程、霜冻日数频率、月均温度、土地利用类型、降水量、饱和蒸气压以及潜在蒸散量。

表6-4　基于随机森林的最佳火险因子选择结果

火险因子	样本1	样本2	样本3	样本4	样本5
日温差	+	+	+	+	+
雨日频率	+	+	+	+	+
改进型帕默尔指数	+	+	+	+	+
月最低温度	+	+	+	+	+
月最高温度	+	+	+	+	+
载畜量	+	+	+	+	+
归一化植被指数	+	+	+	+	+
高程	+	+	+	+	+
霜冻日频率	+	+	+	+	+
月平均温度	+	+	+	+	+
土地利用类型	+	+	+	+	+
降水量	+	+	+	+	+
饱和蒸气压	+	+	+	+	+
潜在蒸散量	+	+	+	+	+
坡向	–	–	–	–	–
坡度	–	–	–	–	–
灯光强度	–	–	–	–	–

6.4.3　不同预测模型精度的比较

图6-34表明，RF-ANFIS模型、GA-ANFIS模型以及PSO-ANFIS模型在训练数据集上的AUC值均大于0.80，表明三种模型在训练数据集上的拟合效果很好，其AUC大小顺序为：RF-ANFIS模型>PSO-ANFIS模型>GA-ANFIS模型。但是测试集上，PSO-ANFIS表现出来的泛化能力更好，其次为RF-ANFIS，而GA-ANFIS模型在测试集上的AUC值最小，且低于0.80，这可能是由于在利用遗传算法对ANFIS模型进行优化时，在选择的初期，个别超常基因控制了选择的过程，即个别超常基因在选择的过程中被选择的概率相当大，也可能是由于各个基因在选择的末期差异太小导致陷入局部极值。通过对这三种模型精度的对比，确定PSO-ANFIS模型为中蒙俄跨境地区野火预测的最佳模型。

6.4.4　中蒙俄跨境地区野火风险等级划分

根据PSO-ANFIS模型的输出结果，利用克里金插值的方法，得到整个中蒙俄跨境地区野火可能性值，并利用自然断点法，将野火发生风险划分为很低、低、中等、高以及很高五个等级。图6-35表明，野火风险等级很高的区域主要集中在蒙古国的东方省以及俄罗斯的后贝加尔边疆区以及布里亚特共和国，特别是中国、蒙古国和俄罗斯接壤的区域，同时，中国内蒙古也存在风险很高的区域，但并不呈现集中分布的状况，主要在中国内蒙古的东北部有少量且分散的存在。俄罗斯远东大部分区域都处于中等火险等级及以上，而蒙古国西南部和中国内蒙古西南部不易发生火灾，这主要是由于该区域以荒漠为主。同时中国、蒙古国和俄罗斯接壤地带的中国境内，其发生野火的可能性要远低于其他两个国家，这主要是中国完善的防火政策和防火机构的作用。

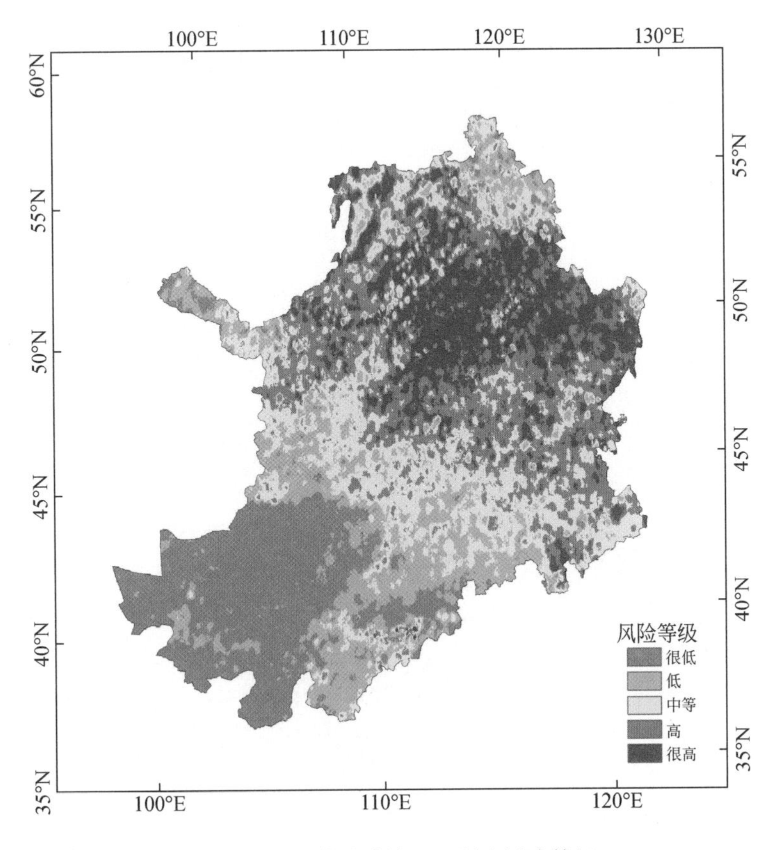

图6-35　中蒙俄跨境地区野火风险等级

6.5　小结

本研究基于MCD64A1过火迹地产品、MOD14A1/MYD14A1热异常产品，并结合气象数据、大气环流数据、植被指数数据等其他辅助数据，分析了中蒙俄跨境地区野火过火面积和火点个数的时空动态格局；探讨了蒙俄跨境地区全区域、俄罗斯远东地区、中国内蒙古野火过火面积与气候因子、植被状况以及大气环流之间的影响关系；建立了中蒙俄跨境地区野火风险评估模型，实现了中蒙俄跨境地区野火风险的评估与等级划分，主要得出以下结论。

1）中蒙俄跨境地区野火主要发生在蒙古国东北部的东方省、苏赫巴托尔省和肯特省，以及俄罗斯的布里亚特共和国和后贝加尔边疆区。中国内蒙古地区野火发生相对较少，集中分布在大兴安岭林区附近。野火发生频次在 2 次以上的区域主要集中在蒙古国东方省、苏赫巴托尔省以及俄罗斯后贝加尔边疆区。

2）2001 ~2017 年，中蒙俄跨境地区年平均过火面积为 2.35 万 km^2，年平均火点个数为 3.68 万个，且火点个数与过火面积的年际变化情况基本一致，都呈现微弱下降的趋势。2003 年、2008 年、2011 年、2014 年和 2015 年是野火发生最为活跃的年份。春季野火过火面积和火点个数均远高于其他季节，3 ~5 月和 10 月是研究区野火发生最集中的月份。

3）从地区来看，俄罗斯远东地区近 17 年野火总过火面积和火点个数远高于蒙古国中东部和中国内蒙古。蒙古国中东部在绝大部分年份野火发生和蔓延的面积远高于中国内蒙古，但其火点个数在大部分年份要略低于中国内蒙古地区。中国内蒙古地区火点个数与过火面积的分布恰恰与蒙古国中东部地区完全相反，每年的火点个数较多，但过火面积相比之下却要低得多，这主要是由于中国内蒙古地区具有完善的防火机构和防火政策，可以在野火发生的第一时间进行扑灭，从而减少了大规模野火的蔓延。

4）从不同土地利用类型来看，草原火和森林火是中蒙俄跨境地区最主要的野火发生类型。2001 ~2017 年，草原火总过火面积占所有土地利用类型总过火面积的一半以上，森林火次之。而火点个数与过火面积在不同土地利用类型上的分布存在较大的差异，其中森林火的火点个数最多，为 38.82 万个，约为草地火点个数的两倍，占四种土地利用类型总火点个数的 62.32%。

5）基于 Pearson 相关分析，整个中蒙俄跨境地区野火过火面积主要与归一化植被指数（NDVI）、月平均温度、北极涛动（AO）指数以及太平洋十年震荡期指数（PDO）存在显著的正相关关系，与降水、南方涛动指数（SOI）存在显著负相关关系；在研究区内的俄罗斯远东地区，降水是影响野火过火面积的主要因素，3 月和 5 ~10 月的过火面积均与降水量呈显著负相关关系，同时野火过火面积还与改进型帕默尔干旱指数（scPDSI）、SOI 存在显著负相关关系，与 PDO 和月平均温度存在显著的正相关关系；蒙古国中东部地区过火面积主要与月平均温度、scPDSI、PDO 存在显著的正相关关系；中国内蒙古地区过火面积主要与月平均温度、AO 存在显著正相关关系，与降水量呈显著负相关关系。

6）基于结构方程模型分析发现，全区域野火过火面积直接受北极涛动指数和月平均温度的显著正影响，直接受归一化植被指数的显著负影响，受月平均温度、月累积降水量、改进型帕默尔干旱指数以及北大西洋涛动指数的间接影响；俄罗斯远东地区过火面积主要受气象因素的影响，其月平均温度和月累积降水量分别直接对该区域过火面积产生显著的正影响和负影响；蒙古国中东部过火面积直接受北极涛动指数的显著正影响和归一化植被指数的显著负影响，月累积降水、月平均温度以及北大西洋涛动指数对过火面积产生间接影响；在中国内蒙古地区，野火过火面积仅受北极涛动指数的直接显著正影响和北大西洋涛动的间接影响。

7）基于RF-ANFIS模型分析了野火发生影响因素重要性，发现日温差对野火发生的影响最大，其次为雨日频率，坡度、坡向和夜光数据的影响最小；最终获得的最佳火险因子共有14个，分别为改进型帕默尔干旱指数、日温差、雨日频率、月最低温度、载畜量、高程、霜冻日频率、归一化植被指数、月平均温度、土地利用类型、降水量、饱和蒸气压以及潜在蒸散量、月最高温度。RF-ANFIS在训练数据集上的拟合效果最好，其次是PSO-ANFIS，但是PSO-ANFIS的泛化能力要强于随机森林算法，GA-ANFIS在训练数据集和测试数据集上的表现均较差，尤其是其泛化能力要远弱于RF-ANFIS模型和PSO-ANFIS模型。

8）基于PSO-ANFIS风险评估模型，评估了区域野火风险程度，发现野火风险等级高的区域主要集中在蒙古国的东方省以及俄罗斯的后贝加尔边疆区以及布里亚特共和国，中国内蒙古东北部存在少量且分散的高风险区域。蒙古国西南部和中国内蒙古自治区西南部野火风险等级较低，且中国、蒙古国和俄罗斯接壤地区的中国境内的火险等级要远低于其他两国。

第7章 中蒙俄国际经济走廊生态灾害防控对策

作为“一带一路”倡议的重要组成部分，中蒙俄国际经济走廊区域生态环境十分脆弱，荒漠化、沙尘暴等生态灾害非常严重。在我国实施“一带一路”倡议背景下，习近平主席在2017年“一带一路”国际合作高峰论坛开幕式上的演讲中提出，“加强生态环保合作，建设生态文明，共同实现2030年可持续发展目标”。减少植被退化、荒漠化、沙尘暴以及林草火灾等生态灾害的发生与危害，共同建设绿色丝绸之路是中蒙俄三国共同的愿景。2021年3月以来又连续发生了10年来最大的两场沙尘暴，对我国北方和东部地区的大气环境造成了极大影响，而这两次沙尘暴事件均主要来源于蒙古国；同时，蒙古国与俄罗斯两国的森林与草原火灾发生频率也非常高，经常发生跨境火灾影响我国的森林草原安全，使我国的森林草原生态灾害发生风险陡增。为此，加强中国、蒙古国与俄罗斯三国共同应对荒漠化和沙尘暴、森林草原火灾等重大生态灾害风险的联合防控，对于减少土地荒漠化及沙尘暴、跨境森林草原火灾对我国林草植被以及生态安全的危害，共建绿色的中蒙俄国际经济走廊具有非常大的意义。

经过长期的研究和科学调研，在分析开展联合防控中蒙俄国际经济走廊生态灾害风险的重大意义的基础上，针对区域生态灾害风险的现状与存在的问题，结合中蒙俄三国的基本国情，提出了生态灾害防控的对策建议。

7.1 灾害联合防控的重大意义

（1）联合开展生态保护、防控生态灾害是建设中蒙俄国际经济走廊，发展绿色丝绸之路的客观要求

党中央和政府非常重视绿色丝绸之路建设，习近平总书记多次强调要践行绿色发展理念，深化生态环保合作，加大生态环境保护力度，共建绿色丝绸之路。《推动共建丝绸之路经济带和21世纪海上丝绸之路的愿景与行动》也倡议，在投资贸易中突出生态文明理念，加强生态环境、生物多样性和应对气候变化合作，共建绿色丝绸之路。《中蒙俄经济走廊规划纲要》也明确，需要加强生态环保合作，开展生物多样性、自然保护区、湿地保护、森林防火及荒漠化领域的合作，扩大防灾减灾方面的合作，在跨境森林和草原火灾等跨境高危自然灾害发生时，加强信息交流，积极开展生态环境保护领域的技术交流合作。目前，中蒙俄三国跨境地区生态环境脆弱，干旱、土地退化与荒漠化、沙尘暴、森林草原火灾等生态灾害频发，三国深受其害，但三国在绿色发展行动以及荒漠化、沙尘暴和森林草原火灾防控能力方面差异较大，迫切需要加强中蒙俄跨境地区灾害联合防控合作与能力建设，减少荒漠化与沙尘暴以及森林草原火灾的发生风险及其造成的重大损失。推进中蒙俄三国在干旱、土地退化与荒漠化、沙尘暴、森林草原火灾等灾害上的联合防控，是中蒙俄国际经济走廊全方位合作的重要内容，也是践行生态文明理念，提升经济走廊绿色化水平，打造中蒙俄三国生态命运共同体的客观要求。

（2）联合防控干旱、荒漠化与沙尘暴以及森林草原火灾等灾害是共同保障区域生态安全，保护我国北方绿色生态屏障的必然要求

我国“三北”地区和蒙古国中南部是生态环境极其脆弱的地区，是受干旱、土地荒漠化与沙尘暴危害十分严重的地区，土地荒漠化问题比较突出。蒙古国近年来由于过度放牧、矿产开采等人类活动加之气候变暖的影响，大部分地区正在遭受着不同程度的土地荒漠化问题。同时，中蒙跨境地区，特别是蒙古国中南部戈壁荒漠是亚洲沙尘暴的重要策源地之一，两国的荒漠化与沙尘暴灾害风险均较高，每年都会威胁我国的大气与生态环境安全。例如，2021年3月14～17日的特大沙尘暴事件是近10年来最大的一场沙尘暴，这次沙尘暴起源于蒙古国中西部地区，在蒙古国中南部和我国内蒙古地区加强，严重影响了我国华北和华东地区的大气环境质量。为保障我国北方的生态安全，国家实施了京津风沙源治理、三北防护林、退耕还林还草、天然林保护等重大生态工程，构建起了一条绿色生态屏障。联合防控中蒙荒漠化与沙尘暴灾害是共同保障两国区域生态安全的重要举措，也是减轻沙尘暴对我国的影响、保护我国北方重大生态工程建设成果的必然要求。

在蒙古国东部和俄罗斯以森林草原为主体植被的区域，每年森林草原火灾发生的风险非常高，特别是蒙古国东方省以及俄罗斯后贝加尔边疆区森林草原火灾频发，经常会导致我国边境地区森林草原火灾的发生，对我国沿边地区森林草原生态安全造成影响，加强三国之间跨境地区森林草原火灾的协同综合防控，对于减少跨境地区森林草原火灾的发生非常必要。

（3）联合防控生态灾害是传播我国生态治理成功经验、提升我国生态治理能力的重要途径

我国政府大力推进了生态环境治理工作，提出生态文明的发展理念，形成了独具中国特色的生态治理经验。近几十年来，国家林业和草原局、生态环境部等部门狠抓生态建设和重大工程，在荒漠化治理、自然保护地、生物多样性保护、森林草原火灾防控等领域取得了一系列重大成就，为遏制荒漠化蔓延、减少重大沙尘暴的发生、防控森林草原火灾、增强区域生态安全、提升生态治理能力、应对气候变化等做出了卓越贡献。我国也形成了大量成功退化土地生态治理范式与经验，如“库布齐模式”和“塞罕坝模式”，并建立了世界上最为完善的森林草原防火专业技术团队。开展中蒙俄三国在土地退化、荒漠化与沙尘暴以及森林草原火灾等灾害上的联合防控是交流和学习中蒙俄三国生态治理经验，提升三国生态治理能力的重要途径，对改善我国北部和东部环境质量大有裨益。

7.2 灾害防控现状与问题

7.2.1 灾害风险及其危害

（1）荒漠化与沙尘暴

近几十年来，中蒙俄跨境地区干旱灾害频发，气候明显变暖，降水微弱减少，暖干化趋势加剧，影响范围明显扩大。干旱灾害频繁发生于蒙古国和我国内蒙古等沙尘源区，导致草原退化，破坏了生态畜牧业的稳定发展。另外，蒙古高原湖泊也呈明显萎缩趋势，导致区域经济与社会损失严重。频繁而严重的干旱还加剧了荒漠化、沙尘暴、森林与草原火灾等重大生态灾害。

中蒙两国跨境地区，即中国的内蒙古、蒙古国的东部和南部是荒漠化灾害最为严重的区域，虽然我国实施的京津风沙源治理、三北防护林和退耕还林还草等重大生态治理工程有效控制了荒漠化程度，但荒漠化及沙尘暴灾害风险仍然很大。蒙古国由于气候变化加之人类活动的影响，约 80% 的土地正在遭受着各种程度的荒漠化问题，荒漠化灾害风险依然非常大。

（2）沙尘暴

沙尘暴是土地荒漠化的重要后果之一，中蒙两国跨境地区是亚洲沙尘暴的重要策源地，仅蒙古国南部戈壁荒漠就提供了亚洲沙尘 29% 的物质源，沙尘暴呈高发态势。由于我国处于下风向地区，经常会受到来自蒙古国跨境沙尘暴的危害，每年都会对我国造成较大的经济社会损失。另外，最近几十年全球风速普遍降低，加之一系列的重大生态治理工程，我国的沙尘暴灾害发生风险有所降低，然而一旦未来风速明显或突然增加，蒙古国沙尘暴灾害对我国的影响将会明显增加，从而对我国经济和社会发展产生重大影响。

（3）森林草原火灾

森林草原火灾是一种突发性强、破坏性大、处置救助较为困难的自然灾害，给森林草原、生态系统和人类带来一定危害和损失。中蒙俄国际经济走廊区域是全球森林草原火灾频发的区域之一。近年来，气候干旱、全球变暖以及厄尔尼诺现象，引起全世界范围内的气候变化，森林草原火灾处于高度活跃期。我国东北部的大兴安岭是森林火灾的高发区域，蒙古国东方省以及俄罗斯后贝加尔边疆区是草原火灾的高发区域，经常发生影响我国的跨境森林草原火灾，严重影响着我国边境地区的森林草原生态安全。

7.2.2 灾害风险防控现状

为有效防控荒漠化与沙尘暴、森林草原火灾等生态灾害，我国已经建立了较为完善的荒漠化与沙尘暴、森林草原火灾灾害防控法律法规、管理、科技创新、工程治理等制度与管理措施，取得了较好的防控效果。

（1）中国防控制度较为完善，制度保障能力明显加强

中国为推进和规范荒漠化治理、降低沙尘暴灾害发生风险，先后制定了《中华人民共和国防沙治沙法》《国务院关于进一步加强防沙治沙工作的决定》《营利性治沙管理办法》等法律法规，强化了中国荒漠化治理的制度保障能力。在区域层面，内蒙古制定并实施了《内蒙古基本草原保护条例》，深化草原“双权一制”制度落实工作，积极推进了基本草原保护制度，63.6% 的草原被划定为基本草原。同时，作为《联合国防治荒漠化公约》缔约国，我国通过多种形成参与国际合作，如我国与蒙古国、韩国联合开展的东北亚次区域荒漠化、土地退化与干旱网络、联合国可持续发展大会等合作，有效保障和提升了我国的荒漠化治理能力。

为了有效预防和扑救森林草原火灾，保障人民生命财产安全，保护森林草原资源，维护生态安全，依据《中华人民共和国森林法》，制定了《森林防火条例》和《中华人民共和国草原防火条例》，强化了中国森林草原火灾防控的制度基础。内蒙古制定了《内蒙古自治区森林草原防火条例》，深化了森林草原火灾的防控工作。另外，我国也非常重视森林草原防火工作。2020年3月李克强总理对森林草原防灭火工作作出重要批示，提出森林草原防灭火“预防为主、防灭结合、高效扑救、安全第一”的工作方针。

（2）荒漠化、沙尘暴以及森林草原火灾监测与应急处置能力得到了有效加强

国家林业和草原局建立了荒漠化定期监测制度，每五年发布全国荒漠化与沙化监测报告。国家林业和草原局陆地生态系统监测网络建立了24个荒漠生态站，中国科学院建立了12个荒漠生态试验示范站，国家林业和草原局、中国科学院以及农业农村部等联合成立了“中国荒漠-草地生态系统野外监测研究站联盟”，基本形成了基于地面和遥感相结合的天地一体化监测网络。另外，国家林业和草原局还建立了沙尘暴监测网络，并与中国气象局共同建立了沙尘暴监测预警和应急处置机制，使我国的荒漠化与沙尘暴监测与应急处置能力得到了有效加强。

国务院办公厅于2020年11月23日发布了《国家森林草原火灾应急预案》，成立了国家森林草原防灭火指挥部，加强了森林草原火灾监测与应急处理预案，分级建立了森林草原火灾应急组织指挥体系，使我国的森林草原防火应急指挥与处置能力得到加强。

（3）以国家重大生态工程为主导，大大加强了荒漠化与沙尘暴防治工作

我国先后投入大量资金实施了京津风沙源治理、三北防护林、退耕还林还草等重大生态保护工程，仅京津风沙源治理工程（二期）投入就达877.92亿元。中央仅在内蒙古草原生态建设资金就达近70亿元，京津风沙源治理工程区与工程初期相比，植被覆盖度提高了14%～16%，产量提高了25%～34%，沙地面积减少了24.7%～30.7%，工程大大加强了我国荒漠化治理工作。另外，我国还建立了大量的沙化土地封禁保护区，完善了草原草-畜平衡制度和生态补助奖励机制等生态治理措施，成功地加强了我国的荒漠化与沙尘暴防控工作。

（4）荒漠化与森林草原火灾防控科技创新能力不断提升，技术不断突破

近年来，我国在荒漠化和沙尘暴、森林草原火灾防控方面的科技创新投入力度较大，在荒漠化治理与森林草原火灾防控基础与应用基础研究、应用技术研究、监测预警、技术推广与示范等方面取得了重要进展和成效。在荒漠化治理方面，我国建立了固沙植物材料快速繁育技术体系，研发并基本建成了流沙快速固定与植被恢复、绿洲生态防护体系构建、交通干线生态防护体系、盐碱地生态恢复与治理等一系列成功的荒漠化治理技术体系与模式，并创造出一条独具中国特色的沙产业技术发展模式。

7.2.3　灾害风险防控存在的问题

（1）俄蒙两国荒漠化治理与森林草原火灾防控能力薄弱，科技创新能力不足

蒙古国在荒漠化治理与防控人员、资金与技术、基础设施建设与应急能力投入等方面相对薄弱，特别是在土地荒漠化治理与防控方面的科技创新能力不足。在森林草原火灾防控方面，由于蒙古国和俄罗斯人口密度低，森林草原火灾监测、预警与防控能力相对较弱，俄罗斯在灾害的基础理论研究方面能力较强，但其防控能力不足，俄蒙两国森林草原火灾扑救专业力量不足，森林草原火灾造成的林草植被损失比较严重。

（2）中蒙两国政府间荒漠化与沙尘暴风险防控协调机制尚不健全

目前为止蒙古国还未建立起较为完善的荒漠化与沙尘暴灾害风险防控与监测网络。虽然中蒙两国在荒漠化与沙尘暴防控方面已开展了双边合作，取得了一定的成效，但两国在荒漠化与沙尘暴防控方面的协调与合作方面还较弱，特别是两国跨境地区荒漠化治理与沙尘暴灾害风险联合防控项目较少，相关的联合协调防控机制还不够健全，不利于长期维护我国在荒漠化治理方面的成果。

（3）缺乏三国间荒漠化与沙尘暴、森林草原火灾灾害防控系统性的科技合作与创新研究

近年来，中蒙俄之间的联合研究越来越密集，其中不乏荒漠化与沙尘暴、森林草原火灾等灾害防控相关研究。蒙古国荒漠化与沙尘暴方面的研究主要集中于蒙古科学院地理与地质生态研究所、蒙古国立大学等科研机构，从事荒漠化方面研究的科技人员数量较少，其本身开展系统性研究的能力不足。俄罗斯在西伯利亚及远东地区的科学研究机构较多，如俄罗斯科学院西伯利亚分院的很多研究所对其自然资源的监测与评估、气候变化的影响、冻土变化等方面的研究力量较强。近年来，中国林业科学研究院、中国科学院地理科学与资源研究所、中国科学院新疆生态与地理研究所、中国科学院西北生态环境资源研究院、北京大学、内蒙古大学等研究机构在蒙古国和俄罗斯开展了一些荒漠化与沙尘暴灾害、气候变化响应方面的研究，但多为国内科研项目在蒙古国的延伸研究，内容较为单一，很少开展集中两国或三国优质科研团队的跨领域、跨学科的系统性联合研究，很难形成系统性成果，制约了中蒙俄跨境地区荒漠化与沙尘暴、森林草原火灾灾害防控工作。

（4）缺乏跨境大型自然生态保护区，特别是我国一侧自然生态保护力度相对不足

蒙古国非常重视自然生态保护工作，建立了多个自然生态保护区，对减轻荒漠化和沙尘暴灾害起到了一定的作用，特别是中蒙边境蒙古国一侧建立了大量的自然生态保护区，然而我国一侧的自然生态保护区却很少，缺乏跨越中蒙两国的大型自然生态保护区，我国在此方向上的自然生态保护力度亟须加强。

7.3 中蒙俄国际经济走廊生态灾害风险防控与应对建议

（1）搭建政府间生态风险防控国际合作平台，建立中蒙俄应急管理与林草管理部门定期沟通协调机制

推动中蒙俄三国政府间高层对话，强化生态风险防控国际合作与交流，搭建“中蒙俄经济走廊生态安全与风险防控联盟”，构建三边或双边生态安全与风险防控国际合作平台，充分利用中蒙俄国际经济走廊、上海合作组织等国际合作机制，在大中亚林业合作机制的基础上，同俄罗斯和蒙古国应急管理与林业草原部门建立部门定期沟通协调机制，重点加强荒漠化与沙尘暴防控、森林草原保护与治理修复、森林草原防火等相关法律、法规、科技等创新方面的政策对接与互联互通，推动中蒙俄三国跨境地区生态保护、恢复与治理。

（2）建立标准统一的生态风险监测与预警网络和平台，成立中蒙俄生态灾害应急管理联合防控中心

充分利用三国现有生态监测点，提升生态监测点装备信息化水平，在中国生态系统研究网络（CERN）、中国国家林业和草原局陆地生态系统生态研究网络基础上，积极推进三国毗邻地区生态监测站点信息的互联互通，构建中蒙俄生态安全与风险监测网络体系。发挥中国生态监测网络的资金、技术与人才等优势，按照中国标准援助蒙古国建立天地一体化的生态风险与灾害监测网络和平台；在北京、乌兰巴托和伊尔库茨克建立中蒙俄生态灾害应急管理联合防控中心，负责中蒙俄三国毗邻地区的荒漠化与沙尘暴、野火、干旱、雪灾害的遥感与地面监测网络的建设、管理与运行，定期联合发布中蒙俄生态灾害与风险报告，推广我国荒漠化防治与沙尘暴防控、森林草原火灾管理、干旱与雪灾应急管理方面的成功经验，推动中蒙俄"土地退化零增长"目标的实现。

（3）建立中蒙俄跨境自然保护地，促进自然生态保护与恢复

在中国、蒙古国和俄罗斯三国现有自然保护地的基础上，发挥蒙古国和俄罗斯边境地区自然保护地较多的优势，考虑我国沿边地区的生态环境与生态保护需求，整合我国与蒙古国、俄罗斯边境地区的自然保护区、国家公园，建立若干个跨境自然保护地或国家公园；在土地荒漠化较为严重的戈壁荒漠地区，结合我国的沙化土地封禁保护区建设经验，联合建立若干个跨境沙化土地封禁保护区，促进荒漠化土地自然恢复，减轻荒漠化与沙尘暴灾害对我国的影响。

（4）建立生态风险信息服务共享机制，强化跨境地区重点突发灾害防控

中蒙俄三国合作建设"中蒙俄经济走廊生态环保大数据平台"，加强生态环境与风险信息共享，提升生态风险监测、评估与防控能力，建立生态环保大数据共享机制，推动生态风险信息产品、技术和服务的合作。建立跨境地区森林草原火灾、跨界河流水污染等重点突发生态灾害的及时通报、沟通和联防联控机制，减少灾害损失。

（5）加强生态安全与风险防控相关人才双向交流与培训

加强中蒙俄三国生态安全与风险防控专业技术人员的合作与交流，吸引蒙古国和俄罗斯自然地理、生态学、水土保持与荒漠化防治等相关专业人才来华留学，交流我国在荒漠化与沙尘暴防控、退化草原治理、生态保护等方面的专业知识和成功经验。增加荒漠化与沙尘暴、森林草原火灾防控技术培训次数，培训对象主要为相关专业技术人员和地方政府官员，强化中国经验与模式的输出与输入。

（6）加强中蒙俄生态灾害防控系统性科技创新合作

建议中国、蒙古国和俄罗斯三国科技部门牵头，联合三国相关科研单位，将荒漠化与沙尘暴、野火、雪灾和干旱等自然灾害作为三方合作重点或共同研究内容之一，开展中蒙俄跨境地区荒漠化与沙尘暴、野火、干旱及雪灾等灾害防控的系统性研究，开展生态灾害形成机制与演化规律，灾害成因、过程与机制，天地一体化的监测预警，以及林草生态保护与恢复等研究；加强政府间科技合作与沟通，设立中蒙俄生态风险防控相关科技合作项目，加强对中蒙俄跨境地区的生态灾害成因与驱动机制、治理与管理、退化森林草原植被恢复等合作研究。此外，建议定向增加对蒙古国荒漠化与沙尘暴科技防控的援助资金，增强蒙古国荒漠化与沙尘暴灾害风险科技防控能力。

（7）提升中蒙俄跨境地区灾害防控与应急管理能力

中蒙俄跨境地区，特别是中蒙边境地区生态灾害风险较高，干旱频发，荒漠化程度重，沙尘暴时有发生，森林草原火灾危害较重。建议三国在相关区域加强合作，提升灾害防控与应急管理的能力。

建议三国联合加强水相关设施建设工作，充分利用地下水与地表水，实行总量控制，协调区域用水矛盾，加强跨区域调水能力，着力解决区域性缺水问题。在哈拉哈河、克鲁伦河、额尔古纳河等跨境河流，完善水资源共享合作机制，避免流域开发造成流域水资源恶化与生态环境恶化，共同保护跨境河流、湖泊和湿地生态安全，提升流域抗旱能力。

加强荒漠化治理与沙尘暴防控能力，调整产业结构，改善畜牧业养殖结构，保护和改善林草植被，加强沙漠化土地治理，坚持自然与人为相结合的手段治理荒漠化。

加强森林草原防火减灾能力建设，在我国内蒙古与蒙古国跨境地区加强林草防火能力建设，增强火灾扑救能力。

参考文献

包刚，包玉龙，包玉海．2014. 2001～2012年蒙古高原火行为时空格局变化趋势．风险分析和危机反应中的信息技术：中国灾害防御协会风险分析专业委员会第六届年会论文集，中国内蒙古呼和浩特．
曹鑫，辜智慧，陈晋，等．2006. 基于遥感的草原退化人为因素影响趋势分析．植物生态学报，30：268-277.
常清．2017. 北半球及典型区遥感植被物候提取验证及动态研究．生态学报，17：1-16.
常禹，冷文芳，贺红士，等．2010. 应用证据权重法估测林火发生的可能性——以呼中林区为例．林业科学，46（2）：103-109.
陈宽，杨晨晨，白力嘎，等．2021. 基于地理探测器的内蒙古自然和人为因素对植被NDVI变化的影响．生态学报，41（12）：4963-4975.
陈立奇．1985. 中国沙漠尘土向北太平洋的长距离大气输送．海洋学报，7（5）：554-559.
陈文倩，丁建丽，谭娇，等．2018. 基于DPM-SPOT的2000～2015年中亚荒漠化变化分析．干旱区地理，41（1）：119-126.
陈艳英，游扬声，唐云辉．2015. 局域地形和林火数量对区划方法的影响规律研究．自然灾害学报，2：228-234.
陈云浩，李晓兵，陈晋．2002. 1983～1992年中国陆地植被NDVI演变特征的变化矢量分析．遥感学报，6（1）：12-17.
陈云浩，李晓兵，史培军．2001. 1983～1992年中国陆地NDVI变化的气候因子驱动分析．植物生态学报，25（6）：716-720.
陈正洪．1992. 鄂西山区森林火灾的分布特征及与地形气候的关系．地理研究，11（3）：100-102.
陈志军，李志忠，杨清华．2000. 用遥感图像提取土地利用变化信息的特征变异增强方法．国土资源遥感，（3）：49-52.
成天涛，吕达仁，陈洪滨，等．2005. 浑善达克沙地沙尘气溶胶的粒谱特征．大气科学，29：147-153.
程水英，李团胜．2004. 土地退化的研究进展．干旱区资源与环境，18（3）：38-41.
慈龙骏．1998. 我国荒漠化发生机理与防治对策．第四纪研究，2：97-107.
崔林丽，史军．2012. 中国华东及其周边地区NDVI对气温和降水的季节响应．资源科学，34（1）：81-90.
丁国栋．1998. 荒漠化评价指标体系的研究——以毛乌素沙区为例．北京：北京林业大学博士学位论文．
董玉祥，刘毅华．1992. 土地沙漠化监测指标体系的探讨．干旱环境监测，6（3）：179-182.
董玉祥，刘玉璋，刘毅华．1995. 沙漠化若干问题研究．西安：西安地图出版社．
杜加强，贾尔恒·阿哈提，赵晨曦，等．2015. 1982～2012年新疆植被NDVI的动态变化及其对气候变化和人类活动的响应．应用生态学报，26（12）：3567-3578.
杜玉娥．2018. 柴达木盆地植被与湖泊时空格局及其对气候变化的响应．兰州：兰州大学博士学位论文．
范广洲，华维，黄先伦，等．2008. 青藏高原植被变化对区域气候影响研究进展．高原山地气象研究，28（1）：72-80.

峰芝．2015. 近30年内蒙古牧区草原火时空演化特征分析．呼和浩特：内蒙古师范大学硕士学位论文．
高会旺，祈建华，石金辉，等．2009. 亚洲沙尘的远距离输送对海洋生态系统的影响．地球科学进展，24（1）：1-10.
高尚武，王葆芳，朱灵益，等．1998. 中国沙质荒漠化土地监测评价指标体系．林业科学，34（2）：3-12.
高卫东．2008. 新疆土壤元素含量特征及其对沙尘气溶胶贡献分析．干旱区资源与环境，2（8）：155-158.
高志海，李增元，丁国栋，等．2005. 基于植被降水利用效率的荒漠化遥感评价方法．中国水土保持科学，3（2）：37-41.
龚道溢，史培军，何学兆．2002. 北半球春季植被NDVI对温度变化响应的区域差异．地理学报，57（5）：505-514.
顾海燕，闫利，李海涛，等．2016. 基于随机森林的地理要素面向对象自动解译方法．武汉大学学报（信息科学版），41（2）：228-234.
何玉杰，孔泽，户晓，等．2022. 水热条件分别控制了中国温带草地NDVI的年际变化和增长趋势．生态学报，42（2）：766-777.
何月，樊高峰，张小伟，等．2013. 浙江省植被物候变化及其对气候变化的响应．自然资源学报，28（2）：220-233.
侯美亭，赵海燕，王筝，等．2013. 基于卫星遥感的植被NDVI对气候变化响应的研究进展．气候与环境研究，18（3）：353-364.
胡海清．2005. 林火生态与管理．北京：中国林业出版社．
胡孟春．1991. 奈曼旗土地沙漠化系统动态仿真研究．地理学报，46（1）：84-92.
花立民，杨思维，周建伟，等．2012. 气候变化和干扰对河西走廊北部风沙源区NDVI的影响．草地学报，20（6）：995-1003.
黄宝华，张华，孙治军，等．2015. 基于GIS与RS的山东森林火险因子及火险区划．生态学杂志，34（5）：1464-1472.
黄豪奔，徐海量，林涛，等．2022. 2001～2020年新疆阿勒泰地区NDVI时空变化特征及其对气候变化的响应．生态学报，42（7）：2798-2809.
黄萌田，周佰铨，翟盘茂．2020. 极端天气气候事件变化对荒漠化、土地退化和粮食安全的影响. 气候变化研究进展，16（1）：17-27.
贾旭，高永，齐呼格金，等．2017. 基于MODIS数据的内蒙古野火时空变化特征．中国生态农业学报，（1）：127-135.
贾旭．2018. 基于遥感数据的内蒙古火灾时空分异特征与风险评估研究．呼和浩特：内蒙古农业大学硕士学位论文．
江泽慧．2013. 全球变化背景下土地退化防治的挑战与创新发展．世界林业研究，26（6）：1-4.
焦琳琳，常禹，申丹，等．2015. 利用增强回归树分析中国野火空间分布格局的影响因素．生态学杂志，34（8）：2288-2296.
金凯，王飞，韩剑桥，等．2020. 1982～2015年中国气候变化和人类活动对植被NDVI变化的影响．地理学报，75（5）：961-974.
靳瑰丽，朱进忠．2007. 论草地退化．草原与草坪，5：79-81.
景可．1999. 土地退化、荒漠化及土壤侵蚀的辨识与关系．中国水土保持，2：29-30.
亢庆．2006. 土地退化评价中土壤因子的遥感信息提取研究．北京：中国科学院遥感应用研究所博士学位论文．
柯新利，韩冰华，刘蓉霞，等．2012. 1990年以来武汉城市圈土地利用变化时空特征研究．水土保持研究，19（1）：76-81.
李本纲．2000. AVHRR/NDVI 与气候因子的相关分析．生态学报，20（5）：899-902.
李博．2000. 中国北方草地退化及其防治对策．中国农业科学，30（6）：1-8.
李春晖，杨志峰．2004. 黄河流域 NDVI 时空变化及其与降水/径流关系．地理研究，23（6）：753-759.
李锋，孙司衡．2001. 景观生态学在荒漠化监测与评价中应用的初步研究-以青海沙珠玉地区为例. 生态学报，21（3）：481-485.
李晶，刘乾龙，刘鹏宇．2022. 1998～2018 年呼伦贝尔市植被覆盖度时空变化及驱动力分析．生态学报，42（1）：220-235.
李鹏杰，何政伟，李璇琼．2012. 基于 RS 和 GIS 的土地利用/植被覆盖动态变化监测：以九龙县为例. 水土保持研究，19（2）：38-42.
李瑞．2012. 植被动态研究进展及展望．中国水土保持科学，10（2）：115-120.
李谢辉．2006. 基于 MODIS 数据的土地覆盖变化与气候因子敏感性分析研究．资源科学，28（3）：102-107.
李旭谱，张福平，胡猛，等．2012. 基于 SPOT NDVI 的植被覆盖时空演变规律分析．干旱地区农业研究，30（5）：180-184.
李艳芳．2005. 我国土地退化的成因与防治法律制度的完善．环境保护，2：24-27.
梁慧玲，郭福涛，王文辉，等．2015. 小兴安岭伊春地区林火发生自然影响因子及其影响力．东北林业大学学报，43（12）：29-35.
林晓利．2007. 基于“3S”技术的流沙河流域土地退化评价研究．成都：四川农业大学硕士学位论文．
刘爱霞．2004. 中国及中亚地区荒漠化遥感监测研究．北京：中国科学院研究生院遥感应用研究所博士学位论文．
刘慧．1995. 我国土地退化类型与特点及防治对策．资源科学，4：26-32.
刘家福，马帅，李帅，等．2018. 1982～2016 年东北黑土区植被 NDVI 动态及其对气候变化的响应．生态学报，38：1-21.
刘炜，焦树林，安全，等．2021. 气候变化及人类活动对贵州省 1998-2018 年 NDVI 的影响．长江流域资源与环境，30（12）：2883-2895.
刘毅，周明煜．1999. 中国东部海域大气气溶胶入海通量的研究．海洋学报，21：38-45.
刘玉平．1998. 荒漠化评价的理论框架．干旱区资源与环境，12（3）：74-82.
刘志有，蒲春玲，余慧容，等．2013. 干旱半干旱区绿洲土地利用区划研究：以新疆伊犁州为例. 水土保持研究，20（3）：283-288.
柳本立，彭婉月，刘树林，等．2022. 2021 年 3 月中旬东亚中部沙尘天气地面起尘量及源区贡献率估算．中国沙漠，42（1）：79-86.
罗明，龙花楼．2005. 土地退化研究综述．生态环境，14（2）：287-293.
马迪，刘征宇，吕世华，等．2013. 东亚季风区植被变化对局地气候的短期影响．科学通报，58：1661-1669.
毛德华，王宗明，罗玲，等．2012. 基于 MODIS 和 AVHRR 数据源的东北地区植被 NDVI 变化及其与气温和降水间的相关分析．遥感技术与应用，27（1）：77-85.
苗文辉．2018. 西北地区植被变化对中国夏季气候的影响．兰州：兰州大学硕士学位论文．
钱云，符淙斌，淑瑜．1999. 沙尘气溶胶与气候变化．地球科学进展，14（4）：391-394.
乔泽宇，房磊，张悦楠，等．2020. 2001-2017 年我国森林火灾时空分布特征．应用生态学报，31（1）：55-64.
曲熠鹏，郑淑霞，白永飞．2010. 蒙古高原草原火行为的时空格局与影响因子．应用生态学报，21

(4)：807-813.
时忠杰，高吉喜，徐丽宏，等. 2011. 内蒙古地区近25年植被对气温和降水变化的影响. 生态环境学报，20（11）：1594-1601.
舒立福. 2016. 森林防火学概论. 北京：中国林业出版社.
舒立福，田晓瑞，李红. 1998. 世界森林火灾状况综述. 世界林业研究，11（6）：42-48.
苏立娟，何友均，陈绍志. 2015. 1950～2010年中国森林火灾时空特征及风险分析. 林业科学，51（1）：88-96.
苏漳文. 2020. 基于地理信息系统的大兴安岭林火发生驱动因子及预测模型的研究. 哈尔滨：东北林业大学博士学位论文.
苏漳文，宋禹辉，郭福涛，等. 2015. 地形环境因素对塔河林业局人为森林火灾发生的影响. 火灾科学，24（1）：16-25.
苏漳文，曾爱聪，蔡奇均，等. 2019. 基于Gompit回归模型的大兴安岭林火预测模型及驱动因子研究. 林业工程学报，4（4）：135-142.
孙红雨，王长耀，牛铮，等. 1998. 中国地表植被覆盖变化及其与气候因子关系. 遥感学报，2（3）：204-210.
孙华，张桃林，王兴祥. 2001. 土地退化及其评价方法研究概述. 农业环境保护，20（4）：283-285.
孙倩，石强，刘雪，等. 2018. 玛纳斯河流域10年间植被时空动态变化研究. 西南农业学报，31：1-8.
孙锐，陈少辉，苏红波. 2019. 2000～2016年黄土高原不同土地覆盖类型植被NDVI时空变化. 地理科学进展，38（8）：1248-1258.
孙武，李森. 2000. 土地退化评价与监测技术路线的研究. 地理科学，20（1）：92-96.
孙武，南忠仁，李保生，等. 2000. 荒漠化指标体系设计原则的研究. 自然资源学报，15（2）：160-163.
覃先林，陈小中，钟祥清，等. 2015. 我国森林火灾预警监测技术体系发展思考. 林业资源管理，（6）：45-48.
谭仲辉，马烁，韩丁，等. 2019. 基于随机森林算法的FY-4A云底高度估计方法. 红外与毫米波学报，38（3）：381-388.
田智慧，任祖光，魏海涛. 2022. 2000～2020年黄河流域植被时空演化驱动机制. 环境科学，23（2）：743-751.
王晨鹏，黄萌田，翟盘茂. 2022. IPCC AR6报告关于不同类型干旱变化研究的新进展与启示. 气象学报，80（1）：168-175.
王鸽. 2012. 金沙江流域植被覆盖度时空变化特征. 长江流域资源与环境，21（10）：1191-1196.
王建，李文君，宋冬梅，等. 2004. 近30年来民勤土地荒漠化变化遥感分析. 遥感学报，8（3）：280-288.
王明星，张仁健. 2001. 大气气溶胶研究的前沿问题. 气候与环境研究，6（1）：119-124.
王彦颖. 2016. 中国东北植被时空动态变化及其对气候响应的研究. 长春：东北师范大学博士学位论文.
吴剑，何挺，程朋根. 2006. 基于Hyperion高光谱数据的土地退化制图研究. 地理科学进展，25（2）：131-138.
席来旺，吴云. 2010-8-8. 联合国启动防治荒漠化10年计划大约110个国家和地区、10多亿人口正遭受土地荒漠化威胁，全球每年因土地荒漠化造成的经济损失超过420亿美元. 人民日报.
谢力，温刚，符淙斌. 2002. 中国植被覆盖季节变化和空间分布对气候的响应. 气象学报，60（2）：181-188.
徐浩杰，杨太保，曾彪. 2012. 2000～2010年祁连山植被MODIS NDVI的时空变化及影响因素. 干旱区资源与环境，26（11）：87-91.
徐敏云，曹玉凤，李运起，等．2011. 河北省粗饲料生产力及草食家畜容量．中国农学通报，27（3）：298-302.
徐明超，马文婷．2012. 干旱气候因子与森林火灾．冰川冻土，34（3）：603-608.
徐勇，戴强玉，黄雯婷，等．2022. 2000～2020 年西南地区植被 NDVI 时空变化及驱动机制探究. 环境科学，44（1）：323-335.
杨达，易桂花，张廷斌，等．2021. 青藏高原植被生长季 NDVI 时空变化与影响因素．应用生态学报，32（4）：1361-1372.
杨丹，王晓峰．2022. 黄土高原气候和人类活动对植被 NPP 变化的影响．干旱区研究，39（2）：584-593.
杨霞．2007. 内蒙古土地退化与地区贫困研究．呼和浩特：内蒙古师范大学硕士学位论文．
杨延征．2012. 基于 SPOT-VGT NDVI 的陕北植被覆盖时空变化．应用生态学报，23（7）：1897-1903.
姚文俊．2014. 陕北黄土区植被恢复对气候与水沙变化的影响．北京：北京林业大学硕士学位论文．
于惠．2013. 青藏高原草地变化及其对气候的响应．兰州：兰州大学博士学位论文．
于敏，程明虎，刘辉．2011. 地表温度–归一化植被指数特征空间干旱监测方法的改进及应用研究. 气象学报，69（5）：922-931.
岳超，罗彩访，舒立福，等．2020. 全球变化背景下野火研究进展．生态学报，40（2）：385-401.
张德二．1984. 我国历史时期以来降尘的天气气候初步分析．中国科学，14（3）：278-288.
张戈丽，徐兴良，周才平，等．2011. 近 30 年来呼伦贝尔地区草地植被变化对气候变化的响应．地理学报，66（1）：47-58.
张广军．2005. 水土流失及荒漠化监测与评价．北京：中国水利出版社．
张浩，赵芳，李先．2007. 太白山地区森林火灾相关性分析．陕西林业科技，4：46-48.
张佳，谢玉凤，李权．2017. 基于 Landsat8 NDVI 的荒漠化地区植被动态分析．安徽农学通报，23（12）：160-161，164.
张熙川，赵英时．1999. 应用线性光谱混合模型快速评价土地退化的方法研究．中国科学院研究生院学报，16（2）：69-175.
张小曳，沈志宝，张光宇，等．1996. 青藏高原远源西风粉尘与黄土堆积．中国科学（D 辑），26（2）：147-153.
张心茹，曹茜，季舒平，等．2022. 气候变化和人类活动对黄河三角洲植被动态变化的影响．环境科学学报，42（1）：56-69.
赵静，郑忍侠，王俊明．2012. 秦岭林区森林火灾危险地形透析．北京农业，12：110-111.
赵其国．1991. 土地退化及其防治．中国土地科学，5（2）：22-25.
赵卓文，张连蓬，李行，等．2017. 基于 MOD13Q1 数据的宁夏生长季植被动态监测．地理科学进展，36（6）：741-752.
郑琼，邸雪颖，金森．2013. 伊春地区 1980～2010 年森林火灾时空格局及影响因子．林业科学，49（4）：157-163.
朱震达，刘恕．1981. 中国北方地区的沙漠化过程及其治理区划．北京：中国林业出版社．
朱震达，刘恕．1984. 关于沙漠化概念及其发展程度的判断．中国沙漠，4（3）：2-8.
庄国顺，郭敬华，袁蕙，等．2001. 2000 年我国沙尘暴的组成、来源、粒径分布及其对全球环境的影响．科学通报，46（3）：191-197.
庄艳芬．2018. 气候变化背景下森林防火工作的影响及对策．绿色科技，11：201-202.
左小安，赵学勇，张铜会，等．2005. 中国北方农牧交错带植被动态研究进展．水土保持研究，(1)：162-166.

Adewuyi T, Baduku A. 2012. Recent consequences of land degradation on farm land in the peri-urban area of Kaduna Metropolis, Nigeria. Journal of Sustainable Development in Africa, 14: 179-193.

Adger W N, Benjaminsen T A, Brown K, et al. 2000. Advancing a political ecology of global environmental discourse. Centre of Social and Economic Research on the Global Environment, University of East Anglia, London.

Aghakouchak A, Mirchi A, Madani K, et al. 2021. Anthropogenic drought: Definition, challenges, and opportunities. Review of Geophysics, 59 (2): e2019RG000683.

Andela N, Var D W G R, Kaiser J W, et al. 2016. Biomass burning fuel consumption dynamics in the (sub) tropics assessed from satellite. Biogeosciences, 13 (12): 3717-3734.

Andreae M O, Fishman J, Lindesay J. 1996. The Southern Tropical Atlantic Region Experiment (STARE): Transport and Atmospheric Chemistry near the Equator-Atlantic (TRACE A) and Southern African Fire-Atmosphere Research Initiative (SAFARI): An introduction. Journal of Geophysical Research: Atmospheres, 101 (D19): 23519-23520.

Bai Z G, Dent D L, Olsson L, et al. 2008a. Global assessment of land degradation and improvement. 1. Identification by remote sensing. Report 2008/01, ISRIC-World Soil Information, Wageningen.

Bai Z G, Dent D L, Olsson L, et al. 2008b. Proxy global assessment of land degradation. Soil Use Management, 24: 223-234.

Bajocco S, Dragoz E, Gitas I, et al. 2015. Mapping Forest fuels through vegetation phenology: The role of coarse-resolution satellite time-series. Plos One, 10 (3): e0119811.

Berry L. 1997. Recommendations for a system to monitor critical indicator in areas prone to desertification. Massachusetts: Clark University.

Bisigato A J, Campanella M V, Pazos G E. 2013. Plant phenology as affected by land degradation in the arid Patagonian Monte, Argentina: A multivariate approach. Journal of Arid Environments, 91: 79-87.

Bistinas I, Harrison S P, Prentice I C, et al. 2014. Causal relationships versus emergent patterns in the global controls of fire frequency. Biogeosciences, 11 (18): 5087-5101.

Bui D T, Bui Q T, Nguyen Q P, et al. 2017. A hybrid artificial intelligence approach using GIS-based neural-fuzzy inference system and particle swarm optimization for forest fire susceptibility modeling at a tropical area. Agricultural and Forest Meteorology, 233: 32-44.

Cao X M, Feng Y M, Wang J L, 2017. Remote sensing monitoring the spatio-temporal changes of aridification in the Mongolian Plateau based on the general Ts-NDVI space, 1981–2012. Journal of Earth System Science, 126: 58, doi: 10.107/sl2040-017-0835-x.

Cao X M, Feng Y M, Shi Z J. 2020. Spatio-temporal Variations in drought with remote sensing from the Mongolian Plateau during 1982-2018. Chinese Geographical Science, 30 (6): 1081-1094.

Carcaillet C, Bergeron Y, Richard P, et al. 2010. Change of fire frequency in the eastern Canadian boreal forests during the Holocene: Does vegetation composition or climate trigger the fire regime? Journal of Ecology, 89 (6): 930-946.

Carlson T, 2007. An overview of the "Triangle Method" for estimating surface evapotranspiration and soil moisture from satellite imagery. Sensors, 7 (8): 1612-1629.

Chavez P S. 1996. Image-based atmospheric corrections revisited and revised. Photogrammetric Engineering and Remote Sensing, 62 (9): 1025-1036.

Chen L Q. 1985. Long-distance atmospheric transport of dust from Chinese desert to the north Pacific. Acta Oceanologica Sinica, 4: 527-534.

Chin M, Rood R B, Lin S J, et al. 2000. Atmospheric sulfur cycle simulated in the global model GOCART:

Model description and global properties. Journal of Geophysical Research, 105: 24671-24687.

Chuvieco E, Mouillot F, van der Werf G R, et al. 2019. Historical background and current developments for mapping burned area from satellite earth observation. Remote Sensing of Environment, 225: 45-64.

Diouf A, Lambin E. 2001. Monitoring land-cover changes in semi-arid regions: Remote sensing data and field observations in the Ferlo, Senegal. Journal of Arid Environments, 48: 129-148.

Dregne H E, Boyadgiev T G, Fao L, et al. 1984. Provisional Methodology for Assessment and Mapping of Desertification. Rome.

Duce R A, Unni C K, Ray B J, et al. 1980. Long range atmospheric transport of soil dust from Asia to the tropical North Pacific: temporal variability. Science, 209: 1522-1524.

Duce R A, Liss P S, Merrill J T, et al. 1991. The atmospheric input of trace species to the world ocean. Global Biogeochemical Cycles, 5 (3): 193-259.

Duguy B, Alloza J A, Röder A, et al. 2007. Modelling the effects of landscape fuel treatments on fire growth and behavior in a Mediterranean landscape (eastern Spain). International Journal of Wildland Fire, 16 (5): 619-632.

Emilio C, González I, Verdú F, et al. 2009. Prediction of fire occurrence from live fuel moisture content measurements in a Mediterranean ecosystem. International Journal of Wildland Fire, 18 (4): 430-441.

Fang M, Zheng M, Wang F, et al. 1999. The long-range transport of aerosols from northern China to Hong Kong—a multi-technique study. Atmospheric Environment, 33 (11): 1803-1817.

FAO. 1976. A Framework for Land Evaluation. Rome: Soils Bulletin No 32.

Fiona E. 1997. An investigation into the use of maximum likelihood classifiers, decision trees, neural networks and conditional probabilistic networks for mapping and predicting. International Journal of Remote Sensing, 7 (6): 1235-1252.

Frey C M, Kuenzer C, Dech S. 2012. Quantitative comparison of the operational NOAA-AVHRR LST product of DLR and the MODIS LST product V005. International Journal of Remote Sensing, 33 (22): 7165-7183.

Gao Y, Arimoto R, Duce R A, et al. 1997. Temporal and spatial distributions of dust and its deposition to the China Sea. Tellus, B: Chemical and Physical Meteorology, 49 (2): 172-189.

Ginoux P, Chin M, Tegen I, et al. 2001. Sources and distributions of dust aerosols simulated with the GOCART model. Journal of Geophysical Research: Atmospheres, 106 (D17): 20255-20273.

Goetz S J. 1997. Multi-sensor analysis of NDVI, surface temperature and biophysical variables at a mixed grassland site. International Journal of Remote Sensing, 18 (1): 71-94.

Gong S L, Zhang X Y, Zhao T L, et al. 2003. Characterization of soil dust aerosol in China and its transport/distribution during 2001 ACE-Asia 2. Model Simulation and validation. Journal of Geophysical Research, 108: 4262-4273.

Goudie A S, Middleton N J. 2001. Saharan dust storms: Nature and consequences. Earth Science Reviews, 56 (1-4): 179-204.

Gumming S G. 2001. Forest type and wildfire in the Alberta boreal mixed wood: What do fires burn? Ecological Applications, 11: 97-110.

Guo F T, Innes J L, Wang G Y, et al. 2015. Historic distribution and driving factors of human-caused fires in the Chinese boreal forest between 1972 and 2005. Journal of Plant Ecology, 8 (5): 480-490.

Guo F T, Su Z W, Wang G Y, et al. 2016a. Wildfire ignition in the forests of southeast China: Identifying drivers and spatial distribution to predict wildfire likelihood. Applied Geography, 66: 12-21.

Guo F T, Wang G Y, Su Z W, et al. 2016b. What drives forest fire in Fujian, China? Evidence from logistic regression and Random Forests. International Journal of Wildland Fire, 25 (5): 505-519.

Hargrove W W, Gardner R H, Turner M G, et al. 2000. Simulating fire patterns in heterogeneous landscapes. Ecological Modelling, 135 (2): 243-263.

Herman J R, Bhartia P K, Torres O, et al. 1997. Global Distribution of UV-absorbing aerosols from Nimbus-7/TOMS data. Journal of Geophysical Research, 102: 911-922.

Holben B. 1986. Characteristics of maximum- value composite images from temporal AVHRR data. Int. J. Remote Sens, (7): 1417-1434.

Holm A M, Cridland S W, Roderick M L. 2003. The use of time-integrated NOAA NDVI data and rainfall to assess landscape degradation in the arid shrub land of Western Australia. Remote Sensing of Environment, 85: 145-158.

Holmgren M, Stapp P, Dickman C R, et al. 2006. Extreme climatic events shape arid and semiarid ecosystems. Frontiers in Ecology & the Environment, 4 (2): 87-95.

Houghton R A. 2002. Temporal patterns of land use change and carbon storage in China and tropical Asia. Science in China: Series C, 45 (Supp): 10-17.

Huenneke L F, Anderson J P, Remmenga M, et al. 2002. Desertification alters patterns of aboveground net primary production in Chihuahuan ecosystems. Global Change Biology, 8: 247-264.

Husar R B, Prospero J M, Stowe L L, 1997. Characterization of tropospheric aerosols over the oceans with the NOAA advanced very high-resolution radiometer optical thickness operational Product. Journal of Geophysical Research, 102 (1): 889-909.

Ibrahim Y Z, Balzter H, Kaduk J, et al. 2015. Land Degradation assessment using residual trend analysis of GIMMS NDVI3g, Soil moisture and Rainfall in Sub- Saharan West Africa from 1982 to 2012. Remote Sensing, 7: 5471-5494.

Ichii K, Yamaguchi Y, Kawabata A. 2001. Global decadal changes in NDVI and its relationships to climate variables//IEEE International Geoscience & Remote Sensing Symposium. Sydney, NSW, Australia.

Imeson A C. 2000. Indicators of land degradation in the Mediterranean basin. American Journal of Physiology, 262: 47-58.

IPCC. 2001. Climate Change 2001: The Scientific Basis//Houghton J T, Ding Y H, Griggs D J. Contribution of Working Group I to the Third Assessment Report of the Intergovernmental Panel on Climate Change. Cambridge, UK: Cambridge University Press.

IPCC. 2021. Climate Change 2021: The Physical Science Basis//Lee J Y, Marotzke J, Bala G, et al. Future Global Climate: Scenario-42 Based Projections and Near-term Information. Cambridge: Cambridge University Press.

Jaafari A, Termeh S, Bui D T. 2019. Genetic and firefly metaheuristic algorithms for an optimized neuro-fuzzy prediction modeling of wildfire probability. Journal of Environmental Management, 243: 358-369.

Jenkins J M, Page G W, Hebertson G E, et al. 2012. Fuels and fire behavior dynamics in bark beetle-attacked forests in Western North America and implications for fire management. Forest Ecology and Management, 275 (3): 23-34.

Jickells T, An Z S, Anderson K K, et al. 2005. Global iron connections between dust, ocean biogeochemistry and climate. Science, 308: 67-71.

Kasischke E S, Verbyla D L, Rupp T S, et al. 2010. Alaska's changing fire regime—implications for the vulnerability of its boreal forests. Canadian Journal of Forest Research, 40 (7): 1313-1324.

Kawabata A, Ichii K, Yamaguehi Y. 2001. Global monitoring of interannual changes in vegetation activities using NDVI and its relationships to temperature and precipitation. International Journal of Remote Sensing, 22 (7): 1377-1382.

Kim B G, Park S U. 2001. Transport and evolution of a Winter- time yellows and observed in Korea. Atmospheric Environment, 35 (18): 3191-3201.

Krawchuk M A, Moritz M A, Parisien M A, et al. 2009. Global pyrogeography: The current and future distribution of wildfire. Plos One, 4 (4): e5102.

Ku B, Park R J. 2011. Inverse modeling analysis of soil dust sources over East Asia. Atmospheric Environment, 45: 5903-5912.

Lambin E F, Rounsevell M D A, Geist H J. 2000. Are current agriculture land use models able to predict changes in land-use intensity? Agriculture Ecosystem and Environment, 82 (1-3): 321-331.

Landmann T, Dubowyk O. 2014. Spatial analysis of human- induced vegetation productivity decline over eastern Africa using a decade (2001-2011) of medium resolution MODIS time- series data. International Journal of Applied Earth Observation and Geoinformation, 33: 76-82.

Laurent B, Marticorena B, Bergametti G, et al. 2006. Modeling mineral dust emissions from Chinese and Mongolian deserts. Global and Planetary Change, 52 (1-4): 121-141.

Lawrence C R, Neff J C. 2009. The contemporary physical and chemical flux of aeolian dust: A synthesis of direct measurements of dust deposition. Chemical Geology, 267: 46-63.

Lehmann R E C, Anderson M T, Sankaran M, et al. 2014. Savanna vegetation- fire- climate relationships differ among continents. Science, 343: 548.

Li A, Wu J, Huang J. 2012. Distinguishing between human-induced and climate-driven vegetation changes: A critical application of RESTREND in inner Mongolia. Landscape Ecology, 27 (7): 969-982.

Lin T H. 2001. Long-range transport of yellow sand to Taiwan in Spring 2000: Observed evidence and simulation. Atmospheric Environment, 35 (34) : 5873-5882.

Linn R R, Harlow F H. 1997. FIRETEC: A transport description of wildfire behavior. Office of Scientific & Technical Information Technical Reports.

Lopes A M G, Cruz M G, Viegas D X. 2002. FireStation—an integrated software system for the numerical simulation of fire spread on complex topography. Environmental Modelling & Software, 17 (3): 269-285.

Luo C, Mahowald N, del Corral J. 2003. Sensitivity study of meteorological parameters on mineral aerosol mobilization, transport, and distribution. Journal of Geophysical Research, 108 (D15): 4447.

Macias F M, Johnson E A. 2007. Climate and wildfires in the North American boreal forest. Philosophical Transactions of the Royal Society B: Biological Sciences, 363: 2315-2327.

Mahowald N M, Kohfeld K, Hansson M, et al. 1999. Dust sources and deposition during the last glacial maximum and current climate: A comparison of model results with paleodata from ice cores and marine sediments. Journal of Geophysical Research: Atmospheres, 104 (D13): 15895-15916.

Mahowald N M, Luo C. 2003. A less dusty future? Geophysical Research Letters, 30 (17): 1903.

Martell D L, Otukol S, Stocks B J. 1987. A logistic model for predicting daily people- caused forest fire occurrence in Ontario. Canadian Journal of Forest Research, 17 (5): 394-401.

Massada A B, Syphard A D, Hawbaker T J, et al. 2011. Effects of ignition location models on the burn patterns of simulated wildfires. Environmental Modelling & Software, 26 (5): 583-592.

Massada A B, Syphard A D, Stewart S I, et al. 2013. Wildfire ignition-distribution modelling: A comparative study in the Huron-Manistee National Forest, Michigan, USA. International Journal of Wildland Fire, 22 (2): 174-183.

Merrill J T, Uematsu M, Bleck R. 1989. Meteorological analysis of long- range transport of mineral aerosol over the North Pacific. Journal of Geophysical Research, 94: 8584-8598.

Milenkovic M, BabicV, Krstic M, et al. 2017. The north Atlantic Oscillation (NAO), the Arctic Oscillation

(AO) and forest fires in Lithuania. XXV International Conference "ECOLOGICAL TRUTH" ECO-IST', 12-15 June 2017, Vrnjacka Banja, Serbia.

Milenković M, Yamashkin A A, Ducić V, et al. 2017. Forest fires in Portugal—the connection with the Atlantic Multidecadal Oscillation (AMO). Journal of the Geographical Institute "Jovan Cvijic", 67 (1): 27-35.

Miller R L, Tegen I, Perlwitz J. 2004. Surface radiative forcing by soil dust aerosols and the hydrologic cycle. Journal of Geophysical Research: Atmospheres, 109: D04203.

Millington J D A, Walters M B, Matonis M S, et al. 2010. Effects of local and regional landscape characteristics on wildlife distribution across managed forests. Forest Ecology and Management, 259 (6): 1102-1110.

Mishra A K, Singh V P. 2010. A review of drought concepts. Journal of Hydrology, 391: 202-216.

Mollicone D, Eva H D, Achard F. 2006. Ecology: Human role in Russian wild fires. Nature, 440 (7083): 436-437.

Moulin S, Kergoat L, Viovy N, et al. 1997. Global-scale assessment of vegetation phenology using NOAA/AVHRR satellite measurements. Journal of Climate, 10: 1154-1170.

Narisma G T, Foley J A, Licker R, et al. 2007. Abrupt changes in rainfall during the twentieth century. Geophysical Research Letter, 34 (6): 710-714.

Nemani R, Keeling C, Hashimoto H, et al. 2003. Climate-driven increases in global terrestrial net primary production from 1982 to 1999. Science, 300: 1560-1563.

Nicholson S E, Tucker C J, Ba M B. 1998. Desertification, drought, and surface vegetation: An example from the West African Sahel. Bulletin of the American Meteorological Society, 79: 1-15.

Oliveira S, Oehler F, San-Miguel-Ayanz J, et al. 2012. Modeling spatial patterns of fire occurrence in Mediterranean Europe using Multiple Regression and Random Forest. Forest Ecology and Management, 275: 117-129.

Peng J, Liu Z H, Liu Y H, et al. 2012. Trend analysis of vegetation dynamics in Qinghai-Tibet Plateau using Hurst Exponent. Ecological Indicators, 14: 28-39.

Penner J E, Hegg D, Leaitch R. 2001. Unraveling the role of aerosols in climate change. Environmental Science & Technology, 35 (15): 332-340.

Piao S L, Fang J Y, Chen A P. 2003. Seasonal dynamics of terrestrial net primary production in response to climate change in China. Acta Botanica Sinica, 45 (3): 269-275.

Piao S L, Mohammat A, Fang J, et al. 2006. NDVI-based increase in growth of temperate grasslands and its responses to climate changes in China. Global Environmental Change, 16: 330-348.

Piao S L, Wang X H, Ciais P, et al. 2011. Changes in satellite-derived vegetation growth trend in temperate and boreal Eurasia from 1982 to 2006. Global Change Biology, 17 (10): 3228-3239.

Pimont F, Parsons R, Rigolot E, et al. 2016. Modeling fuels and fire effects in 3D: Model description and applications. Environmental Modelling & Software, 80: 225-244.

Pinzon J E, Tucker C J. 2014. A non-stationary 1981-2012 AVHRR NDVI3g time series. Remote Sensing, 6: 6929-6960.

Poshtiri M P, Pal I. 2016. Patterns of hydrological drought indicators in major U. S. River basins. Climatic Change, 134 (4): 549-563.

Pradhan B, Suliman M D H B, Awang M A B. 2007. Forest fire susceptibility and risk mapping using remote sensing and geographical information systems (GIS). Disaster Prevention and Management: An International Journal, 16 (3): 344-352.

Reining P. 1978. Handbook on Desertification Indicators: Based on the Science Association's Nairobi Seminar on Desertification. Washington D. C. : American Association for the Advancement of Science, 1-30.

Prospero J M. 1996. The atmospheric transport of particles to the ocean//Ittekkot V, Schffer P, Honjo S, et al. Particle Flux in the Ocean. New York: John Wiley Press.

Prospero J M, Uematsu Savoie D L. 1989. Mineral Aerosol Transport to the Pacific Ocean//Riley J P, Clester R, Duee R A. Chemical Oceanography San Diego. London: Academic Press.

Sandberg V D, Ottmar D R, Cushon H G. 2001. Characterizing fuels in the 21st Century. International Journal of Wildland Fire, 10 (4): 381-387.

Schmidt H, Gitelson A. 2000. Temporal and spatial vegetation cover changes in Israeli transition zone: AVHRR-based assessment of rainfall impact. International Journal of Remote Sensing, 21: 997-1010.

Seager R, Nakamura J, Ting M F. 2019. Mechanisms of seasonal soil moisture drought onset and termination in the southern Great Plains. Journal of Hydrometeorology, 20 (4): 751-771.

Seneviratne S I, Zhang X, Adnan M, et al. 2021. Weather and climate extreme events in a changing climate//Masson-Delmotte V, Zhai P, Pirani A, et al. Climate Change 2021: The Physical Science Basis. Cambridge: Cambridge University Press.

Seol A, Lee B, Chung J. 2012. Analysis of the seasonal characteristics of forest fires in South Korea using the multivariate analysis approach. Journal of Forest Research, 17 (1): 45-50.

Shabanov V, Zhou L, Knyazikhin Y. 2002. Analysis of interannual changes in northern vegetation activity observed in AVHRR data during 1981 to 1994. IEEE Transaction on Geoscience and Remote Sensing, 40 (1): 115-130.

Shan N, Shi Z J, Yang X H, et al. 2018. Oasis irrigation-induced hydro-Climatic effects: A case study in the hyper-arid region of Northwest China. Atmosphere, 9: 142.

Stocks B J, Mason J A, Todd J B, et al. 2003. Large forest fires in Canada, 1959-1997. Journal of Geophysical Research: Atmospheres, 107: 8149.

Sturtevant B R, Scheller R M, Miran D B R, et al. 2009. Simulating dynamic and mixed-severity fire regimes: A process-based fire extension for LANDIS-Ⅱ. Ecological Modelling, 220 (23): 3380-3393.

Sun W Y, Song X Y, Mu X M, et al. 2015. Spatiotemporal vegetation cover variations associated with climate change and ecological restoration in the Loess Plateau. Agricultural and Forest Meteorology, 209: 87-99.

Sutton R T, Hodson D. 2003. Influence of the ocean on North Atlantic climate variability 1871-1999. Journal of Climate, 16 (20): 3296-3313.

Sutton R T, Norton W A, Jewson S P. 2010. The North Atlantic Oscillation—What Role for the Ocean? Atmospheric Science Letters, 1 (2): 89-100.

Symeonakis E, Drake N. 2004. Monitoring desertification and land degradation over sub-Saharan Africa. International Journal of Remote Sensing, 25: 573-592.

Tanaka T Y, Chiba M. 2006. A numerical study of the contributions of dust source regions to the global dust budget. Global and Planetary Change, 52: 88-104.

Tegen I, Fung I. 1994. Modeling of mineral dust in the atmosphere: Sources, transport, and optical thickness. Journal of Geophysical Research: Atmospheres, 99 (D11): 22897-22914.

Tegen I, Fung I. 1995. Contribution to the atmospheric mineral aerosol load from land surface modification. Journal of Geophysical Research: Atmospheres, 100 (D9): 18707-18726.

Tegen I, Harrison S P, Kohfeld K, et al. 2002. Impact of vegetation and preferential source areas on global dust aerosol: Results from a model study. Journal of Geophysical Research: Atmospheres, 107 (D21): 4576.

Tegen I, Werner M, Harrison S P, et al. 2004. Relative importance of climate and land use in determining present and future global soil dust emission. Geophysical Research Letter, 31: L05105.

Tongway D, Hindley N. 2000. Assessing and Monitoring Desertification with Soil Indicators//Arnalds O, Archer S. Rangeland Desertification. Dordrecht, The Netherlands: Kluwer Academic Publishers.

Turner D P, Ollinger S V, Kimball J S. 2004. Integrating remote sensing and ecosystem process models for landscape regional-scale analysis of the carbon cycle. Bioscience, 4 (6): 635-638.

Veron S R, Paruelo J M, Oesterheld M. 2006. Assessing desertification. Journal of Arid Environment, 66 (4): 751-763.

Vilar L, Woolford D G, Martell D L, et al. 2010. A model for predicting human-caused wildfire occurrence in the region of Madrid, Spain. International Journal of Wildland Fire, 19 (3): 325-337.

Wang C P, Huang M T, Zhai P M. 2021. Change in drought conditions and its impacts on vegetation growth over the Tibetan Plateau. Advance Climate Change Research, 12 (3): 333-341.

Wang J, Price K P, Rich P M. 2001. Spatial patterns of NDVI in response to precipitation and temperature in the central Great Plains. International Journal of Remote Sensing, 22: 3827-3844.

Weiss J L, Gutzler D S, Coonrod J E A, et al. 2004. Long-term vegetation monitoring with NDVI in a diverse semi-arid setting, central New Mexico, USA . Journal of Arid Environments, 58 (2): 249-272.

Werner M, Tegen I, Harrison S P, et al. 2002. Seasonal and interannual variability of the mineral dust cycle under present and glacial climate conditions. Journal of Geophysical Research, 107 (D24): 4744.

Wessels K J, Prince S D, Carroll M, et al. 2007. Relevance of rangeland degradation in semiarid northeastern South Africa to the nonequilibrium theory. Ecological Applications, 17: 815-827.

Wessels K J, Prince S D, Malherbe J, et al. 2012. Can human-induced land degradation be distinguished from the effects of rainfall variability? A case study in South Africa. Journal of Arid Environments, 68: 271-297.

Westerling A L. 2016. Increasing western US forest wildfire activity: Sensitivity to changes in the timing of spring. Philosophical Transactions of the Royal Society B: Biological Sciences, 371: 1696.

Westerling A L, Hidalgo H G, Cayan D R, et al. 2006. Warming and earlier spring increase Western US forest wildfire activity. Science, 313 (5789): 940-943.

Wotton B M. 2009. Interpreting and using outputs from the Canadian Forest Fire Danger Rating System in research applications. Environmental and Ecological Statistics, 16 (2): 107-131.

Xu L H, Shi Z J, Wang Y H, et al. 2017. Agricultural irrigation-induced climatic effects: A case study in the middle and southern Loess Plateau area, China. International Journal of Climatology, 37 (5): 2620-2632.

Xuan J, Liu G L, Du K. 2000. Dust emission inventory in Northern China. Atmospheric Environment, 34 (26): 4565-4570.

Yan X, Ohara T, Akimoto H. 2006. Bottom-up estimate of biomass burning in mainland China. Atmospheric Environment, 40 (27): 5262-5273.

Yu H Y, Luedeling E, Xu J C. 2010. Winter and spring warming result in delayed spring phenology on the Tibetan Plateau. Proceedings of the National Academy of Sciences of the United States of America, 107 (51): 22151-22156.

Yue X, Wang H, Wang Z, et al. 2009. Simulation of dust aerosol radiative feedback using the Global Transport Model of Dust: 1. Dust cycle and validation. Journal of Geophysical Research: Atmospheres, 114: D10202.

Yue X, Wang H, Liao H, et al. 2010. Simulation of dust aerosol radiative feedback using the GMOD: 2.

Dust-climate interactions. Journal of Geophysical Research: Atmospheres, 115: D04201.

Zender C S, Newman D, Torres O. 2003. Spatial heterogeneity in aeolian erodibility: Uniform, topographic, geomorphic, and hydrologic hypotheses. Journal of Geophysical Research: Atmospheres, 10 (D17): 4543.

Zhang C G, Liu F G, Shen Y J. 2018. Attribution analysis of changing pan evaporation in the Qinghai-Tibetan Plateau, China. International Journal of Climatology, 38 (S1): 1032-1043.

Zhang J, Liu S M, Lu X. 1993. Characterizing Asian wind-dust transport to the northwest Pacific Ocean: Direct measurements of dust flux for two years. Tellus B: Chemical and Physical Meteorology, 45 (4): 335-345.

Zhang K, Gao H W. 2007. The characteristics of Asian-dust storms during 2000-2002: From the source to the sea. Atmospheric Environment, 41: 9136-9145.

Zhang X Y. 2007. Review on sources and transport of loess materials on the Chinese loess plateau. Quaternary Sciences, 27 (2): 181-186.

Zhang X Y, Arimoto R, An Z S. 1997. Dust emission from Chinese desert sources linked to variations in atmospheric circulation. Journal of Geophysical Research: Atmospheres, 102 (D23): 28041-28047.

Zhang X Y, Gong S L, Zhao T L, et al. 2003. Sources of Asian dust and role of climate change versus desertification in Asian dust emission. Geophysical Research Letter, 30 (24): 2272.

Zhao T L, Gong S L, Zhang X Y, et al. 2003. Modeled size-segregated wet and dry deposition budgets of soil dust aerosol during ACE- Asia 2001: Implications for trans-Pacific transport. Journal of Geophysical Research: Atmospheres, 108 (D23), doi: 10.1029/2002JD003363.

Zhou F C, Li J L, Dong X G, et al. 2015. Quantitative assessment of the individual contribution of climate and human factors to desertification in northwest China using net primary productivity as an indicator. Ecological Indicators, 48: 560-569.

Zhou L M, Tucker C J, Kaufmann R K, et al. 2001. Variation in northern vegetation activity inferred from satellite data of vegetation index during 1981-1999. Journal of Geophysical Research: Atmospheres, 106 (D17): 20069-20083.

Zhou L, Kaufmann R K, Tian Y, et al. 2003. Relation between inter annual variations in satellite measures of northern forest greenness and climate between 1982 and 1999. Journal of Geophysical Research: Atmosphere, 108 (D1): ACL 3-1-ACL 3-16.

Zubkova M, Boschetti L, Abatzoglou J T, et al. 2019. Changes in fire activity in Africa from 2002 to 2016 and their potential drivers. Geophysical Research Letters, 46 (13): 7643-7653.

索　　引